职业教育本科土建类专业融媒体系列教材

U0736219

智能工程测量

朱　健　吴献丰　卜　璞　主编
胡六星　主审

中国建筑工业出版社

图书在版编目（CIP）数据

智能工程测量 / 朱健，吴献丰，卜璞主编；胡六星
主审. — 北京：中国建筑工业出版社，2023.9（2025.8重印）
职业教育本科土建类专业融媒体系列教材
ISBN 978-7-112-28758-1

Ⅰ. ①智⋯　Ⅱ. ①朱⋯ ②吴⋯ ③卜⋯ ④胡⋯　Ⅲ.
①智能技术-应用-工程测量-高等学校-教材　Ⅳ.
①TB22-39

中国国家版本馆 CIP 数据核字（2023）第 092190 号

　　本教材基于"学习情境-工作任务"的结构形式将全书内容分解成 6 大模块，
每个模块又分设若干个子模块，主要内容包括：测量基础知识、控制测量、地形
图测绘及应用、施工测量基本知识、建筑施工测量、道路施工测量等。

　　本书可作为职业教育土木建筑大类专业测量类课程教学用书，也可作为企业
岗位技能培训教材或土建工程技术人员的参考用书。

　　为了便于本课程教学，作者自制免费课件资源，索取方式为：1. 邮箱：jckj@
cabp. com. cn；2. 电话：（010）58337285；3. 建工书院：http://edu.cabplink.com；
4. QQ 交流群：760699638。

　　　　责任编辑：司　汉　周娟华
　　　　责任校对：张　颖

职业教育本科土建类专业融媒体系列教材
智能工程测量
朱　健　吴献丰　卜　璞　主编
胡六星　主审

*

中国建筑工业出版社出版、发行（北京海淀三里河路 9 号）
各地新华书店、建筑书店经销
北京鸿文瀚海文化传媒有限公司制版
北京市密东印刷有限公司印刷

*

开本：787 毫米×1092 毫米　1/16　印张：23½　字数：583 千字
2023 年 8 月第一版　　2025 年 8 月第四次印刷
定价：**68.00** 元（赠教师课件）
ISBN 978-7-112-28758-1
（41186）

本书编审委员会

主　编：朱　健　吴献丰　卜　璞

主　审：胡六星

副主编：廖　柯　吴红星　刘　娣
　　　　魏明明　曾　韬　李朝奎

编　委：郭宝宇　寻林辉

前　言

　　《智能工程测量》是主编院校联合广州南方测绘科技股份有限公司，基于双方共建产研学院，深度校企合作基础上共同开发的面向建筑工程测量等专业基础课程的配套教材。本教材依据专业教学标准和人才培养方案要求，在深入企业调研、岗位工作任务和职业能力分析的基础上，按照"做中学、做中教"的编写思路，以企业典型工作任务为载体进行教学内容设计，将企业真实工作任务、业务流程和生产过程融入教材之中。本教材全面贯彻党的二十大精神和习近平新时代中国特色社会主义思想，注重落实立德树人的根本任务，促进学生成为德智体美劳全面发展的社会主义建设者和接班人。教材内容融入思想政治教育，推进中华民族文化自信自强。

　　教材的特色与创新包括以下几方面：

　　1. 新型活页式教材，以学生学习为中心。采用"学习情境-工作任务"的结构形式，设计情境导入，基于学习目标设置课前导学和自学自测，结合实际工作内容设置工作任务单、作业单、评价单和课后反思。本教材可以按照完成工作任务的需要，选取活页式工作任务单，实现教材教学功能的有机拆分和实时聚合。

　　2. 配套教学资源丰富，线上平台作为支撑。教材融入二维码，方便学生扫码拓展观看，学生还可以登录"学习通"平台，自主学习教材编写团队设立的"工程测量"课程。

　　3. 全面融入行业技术标准、素质教育与能力培养。将"岗、课、赛、证"以及"课程思政"元素有效地融入教材，在完成学习性工作任务中，训练学生对于知识、技能、思政、劳动教育和职业素养等方面的综合职业能力。

　　本教材由湖南城建职业技术学院朱健任主编，负责确定教材编写的体例及统稿工作，并负责编写模块5；湖南城建职业技术学院吴献丰任主编，负责编写模块6；湖南城建职业技术学院卜璞任主编，负责编写模块2。湖南城建职业技术学院廖柯、吴红星任副主编，负责编写模块3；湖南城建职业技术学院刘娣、魏明明任副主编，负责编写模块1；中铁十二局湘潭铁路工程学校曾韬任副主编，负责编写模块4；湖南科技大学李朝奎任副主编，负责完成教材任务工单的实践性、操作性审核；广州南方测绘科技股份有限公司的郭宝宇和寻林辉任参编，负责完成本教材数字资源视频的编辑录制与剪辑。

　　本教材由湖南城建职业技术学院的胡六星教授任主审，针对教材提出了很多专业技术性修改建议，在此特别感谢。

　　由于编写团队的业务水平和经验之限，本教材难免有不妥之处，恳请广大读者指正。

目　录

模块1

测量基础知识

情境导入

　　小李今年刚毕业，到施工项目工地上实习，被安排到测量组，师傅一边带他协助测量，一边要他学习测量相关基础知识，那么他要学习哪些基础测量知识呢？

学习目标

素质目标	1. 培养学生家国情怀以及民族荣誉感、职业自豪感； 2. 培养学生爱岗敬业、团结协作的工作态度； 3. 培养学生认真细致、精益求精的工匠精神。
知识目标	1. 掌握测量相关基础知识； 2. 掌握普通水准测量原理，掌握相关技术要求与外业观测的方法及步骤； 3. 掌握水平角测量原理，掌握相关技术要求与外业观测方法与步骤； 4. 掌握竖直角测量原理，掌握相关技术要求与外业观测方法与步骤； 5. 掌握距离测量方法。
能力目标	1. 能根据点所在中央子午线经度计算带号（或者根据带号计算点所在经度）； 2. 能利用水准仪进行普通水准测量并完成外业表格记录与计算； 3. 能利用全站仪进行水平角测量并完成表格数据记录与计算； 4. 能利用全站仪进行竖直角测量并完成表格数据记录与计算； 5. 能利用全站仪进行距离测量并完成表格数据记录与计算。

工作任务

序号	任务名称	子任务名称	参考学时
1.1	测量基础知识认知	—	2
1.2	高差测量	子任务 1.2.1　水准仪的认识与使用	4
		子任务 1.2.2　普通水准测量	4
1.3	角度测量	子任务 1.3.1　全站仪的认识与使用	4
		子任务 1.3.2　水平角测量	4
		子任务 1.3.3　竖直角测量	4
1.4	距离测量	距离测量	2

任务 1.1 测量基础知识认知

任务单

模块 1	测量基础知识	任务 1.1	测量基础知识认知
计划学时		2 学时(课前 1 学时)	
布置任务			
任务描述	1. 写出测量学的定义、测量的基本任务、测量三项基本工作以及测量的基本原则,了解测量误差的来源。 2. 已知一国家控制点的坐标为:$x = 3102467.280$m,$y = 19367622.380$m。 试求出: (1)该点位于 6°带的第几带? (2)该带中央子午线经度是多少? (3)该点在中央子午线的哪一侧? (4)该点距中央子午线和赤道的距离分别为多少?		
工作目标	1. 掌握测量学基础知识。 2. 能准确绘出测量坐标系。 3. 能看懂点的坐标,并根据坐标判断点的带号,计算中央子午线经度。 4. 能够在完成任务过程中积极思考,了解测量的重要意义,增强责任感。		

学时安排	思	学	教	做	评
	(0.5 学时)	(0.5 学时)	0.5 学时	1 学时	0.5 学时

学习要求	1. 按照思维导图自主学习,完成课前测试。 2. 严格遵守课堂纪律,学习态度认真、端正,能够正确评价自己和同学在工作任务中的素质表现。 3. 能够完成作业单,对作业中的疑难点务必及时强化与突破。 4. 任务完成后,填写任务评价单,评判各小组成员的分数或等级。 5. 完成课后反思,以小组为单位提交。
考核评价办法	评价包括自我评价、小组互评、教师评价,按比例进行综合评价,并以不小于 40% 的比例计入期末总成绩。

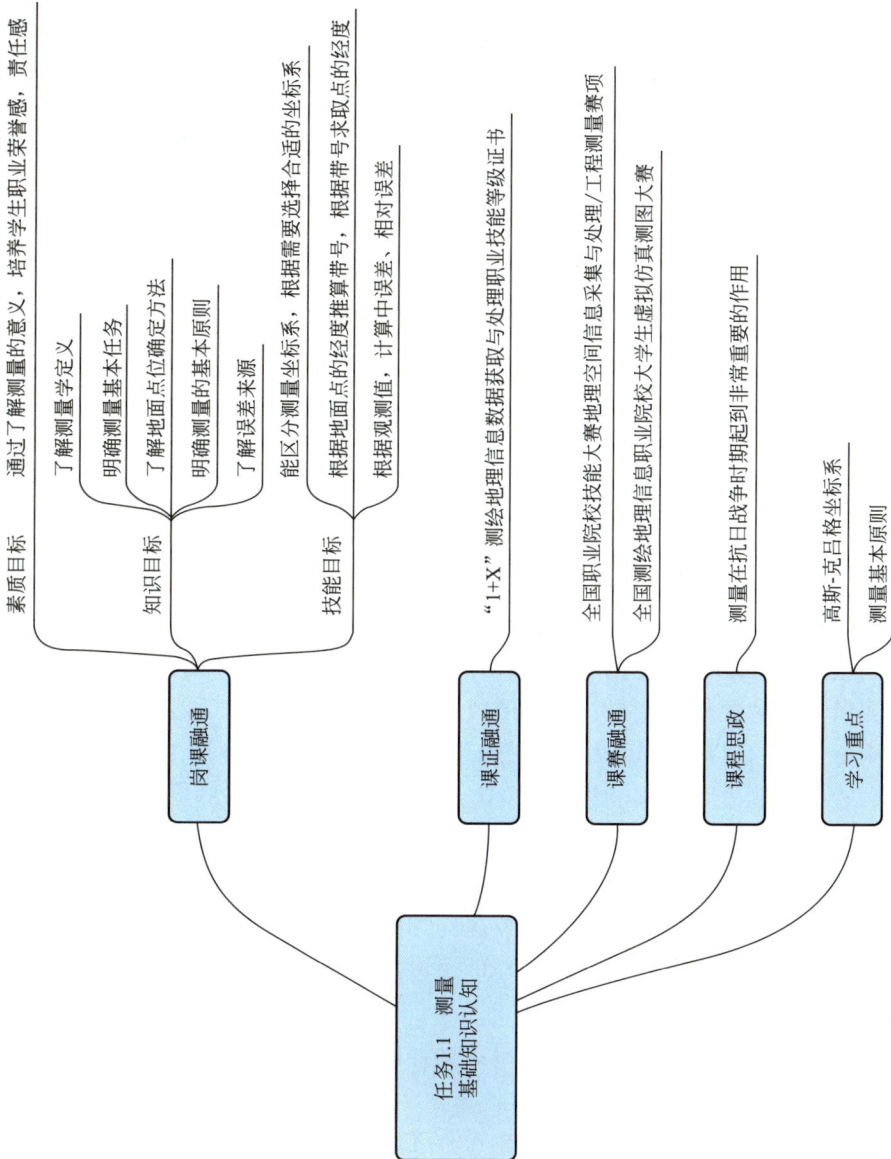

课前自学

知识点 1 测量学概念

测量学是研究整个地球的形状和大小以及确定地面点位关系的一门学科。其研究的对象主要是地球和地球表面上的各种物体，包括它们的几何形状及空间位置关系。测量学将地表物体分为地物和地貌。地物是指地球表面上各种自然物体和人工建筑物；地貌是指地势高低起伏的形态。地物和地貌总称为地形。

测量学是一门综合学科，测量学按照研究范围、研究对象及其采用的技术手段不同，可分为以下几个学科分支：

1. 大地测量

大地测量是研究整个地球的形状、大小和外部重力场及其变化、地面点的几何位置，解决大范围的控制测量工作。大地测量学是测量学各分支学科的理论基础，它的主要任务是为测绘地形图和工程建设提供基本的平面控制和高程控制。按照测量手段的不同，大地测量学又分为常规大地测量学、空间大地测量学及物理大地测量学等。

2. 普通测量

普通测量是研究地球表面一个较小的局部区域的形状和大小。由于地球半径很大，就可以把球面当成平面看待，而不考虑地球曲率的影响。地形测量学的主要任务是图根控制网的建立、地形图的测绘及工程的施工测量。

3. 工程测量

工程测量是研究工程建设在规划设计、施工和运营管理三个阶段所进行的各种测量工作。工程测量学的主要任务就是这三个阶段所进行的各种测量工作。

工程测量是一门应用学科，按其研究对象可分为建筑、水利、铁路、公路、桥梁、隧道、地下、管线（输电线、输油管）、矿山、城市和国防等工程测量。

4. 摄影测量与遥感

摄影测量与遥感技术主要是利用该技术来研究地表形状和大小的科学。其主要任务是将获取的地面物体影像进行分析处理后，建立相应的数字模型或直接绘制成地形图。根据影像获取方式的不同，摄影测量又分为地面摄影测量和航空摄影测量等。

5. 制图学

制图学主要是利用测量所获得的成果数据，研究如何投影编绘成图，以及地图制作的理论、方法和应用等方面的科学。

测量学各分支学科之间相互渗透、相互补充、相辅相成。本课程讲述的主要内容就属于工程测量的范畴。

知识点 2 工程测量的任务

工程测量的任务包括测定和测设两方面。测定是将地球表面上的地物和地貌缩绘成各种比例尺的地形图；测设是将图纸上设计好的建筑物的位置在地面上标定出来，作为施工的依据。它是研究各项工程在勘测设计、施工建设和运营管理各个阶段所进行的各种测量工作的理论和技术的学科。其任务主要有以下三方面：

1. 地形图测绘

要进行勘测设计，必须有设计底图。而该阶段测量工作的任务就是为勘测设计提供地形图，进行地形图测绘，也即测定。地形图测绘是使用各种测量仪器和工具，按一定的测量程序和方法，将地面上局部区域的各种地物和地势的高低起伏形态、大小，按规定的符号及一定的比例尺缩绘在图纸上，供工程建设使用。

2. 施工放样

在工程施工建设之前，测量人员要根据设计和施工技术的要求把建筑物的平面位置和高程在地面上标定出来，作为施工建设的依据，这项工作即为测设。施工放样是关联设计和施工的桥梁，一般来说，需要较高的精度。

3. 变形监测

在建筑物施工过程中，要进行变形监测，以指导和检查工程的施工，确保施工的质量符合设计的要求；在建筑物建成后的运营管理阶段，也要进行变形监测，对建筑物的稳定性及变化情况进行监督测量，了解其变形规律，以确保建筑物的安全。

总之，在工程建设的勘测设计、施工和运营管理各个阶段都要进行测量工作，测量工作贯穿于整个工程建设的始终。因此，从事工程建设的工程技术人员必须掌握工程测量的基本知识和技能。

知识点 3　点位确定的方法

1. 地球的形状和大小

地球是一个南北极稍扁，赤道稍长，平均半径约为 6371km 的椭球。测量工作是在地球表面进行的，地球自然表面有高山、丘陵、平原、盆地及海洋等，呈复杂的起伏形态，是一个不规则的曲面。地表上最高的珠穆朗玛峰高达 8848.86m（这个资料是 2020 年 5 月 28 日国家测绘局公布的最新测量资料，高程测量精度为 ±0.21m，峰顶冰雪深度为 3.50m）。最深的马里亚纳海沟深达 11022m。地表的高低起伏约 20km。虽然如此，但与地球的平均半径 6371km 比较起来仍是可以忽略不计的。通过长期的测绘工作和科学调查，了解到地球表面上海洋面积约占 71%，陆地面积约占 29%，因此，可以认为地球是被海水所包围的球体，如图 1-1 所示。

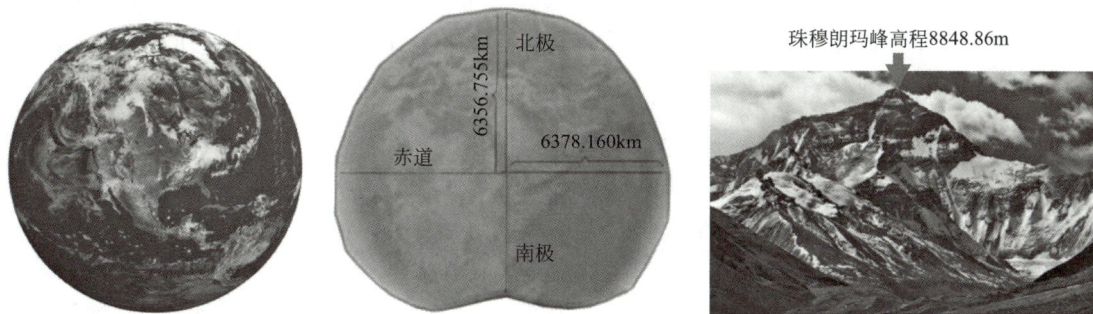

珠穆朗玛峰高程8848.86m

图 1-1　地球的形状与大小

2. 测量工作基准面和基准线

由于地球的自转运动，地球上任一点都要受到离心力和地球引力的双重作用，这两个力的合力称为重力。重力的方向线称为铅垂线，铅垂线是测量工作的基准线。设想一个静止的海水面向陆地延伸，通过大陆和岛屿形成一个包围地球的闭合的曲面，这个曲面就称为水准面。水准面是一个处处与铅垂线垂直的连续曲面，由于海水受潮汐的影响，海水面有高有低，所以水准面有无数个，其中与平均海水面相吻合的水准面，称为大地水准面，如图 1-2 所示。大地水准面是测量工作的基准面，大地水准面所包围的地球形体称为大地体。

用大地水准面代表地球表面的形状和大小是恰当的，但由于地球内部质量分布不均匀，引起铅垂线的方向产生不规则的变化，致使大地水准面成为一个复杂的曲面。如果将地球表面上的图形投影到这个复杂的曲面上，是无法进行测量工作的，为此选用一个非常接近大地水准面，并可用数学式表达的规则几何形体作为地球的参考和大小，这个旋转椭球体称为参考椭球体。

参考椭球体是由一椭圆绕其短半轴旋转而成的椭球体，如图 1-3 所示。椭圆的长半径 a、短半径 b、扁率 $\alpha\left(\alpha=\dfrac{a-b}{a}\right)$ 是决定旋转椭球体的形状和大小的元素。目前，我国采用参数：$a=6378140\mathrm{m}$，$b=6356755\mathrm{m}$，$\alpha=1:298.257$。

1-1

大地水准面

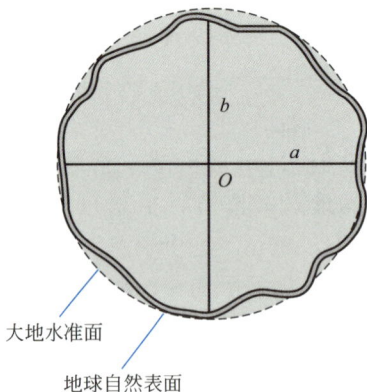

图 1-2　大地水准面

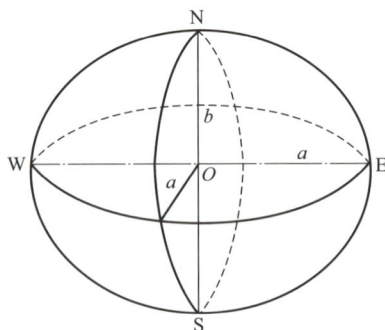

图 1-3　参考椭球体

采用参考椭球体定位得到的坐标系为国家大地坐标系。我国大地坐标系的原点在陕西省泾阳县永乐镇。由于地球椭球体的扁率很小，当测区面积不大时，可将地球近似地当作半径为 6371km 的圆球。

知识点 4　测量误差基本知识

1. 测量误差产生的原因

测量误差产生的原因，概括起来主要有以下三方面：

（1）观测者

由于观测者的感觉器官的鉴别能力有一定的局限性，在仪器的安置、照准、读数等方面都会产生误差。同时观测者的技术水平、工作态度及状态都对测量成果的质量有直接影响。

（2）测量仪器

测量工作是需要用测量仪器进行的，每一种测量仪器都有一定的精密程度，如在用刻有厘米分划的普通水准尺进行水准测量时，就难以保证估读的毫米位完全准确。同时，测量仪器本身在设计、制造、安装、校正等方面也存在一定的误差，如钢尺的刻画误差、度盘的偏心误差等。

（3）外界条件

测量工作进行时所处的外界条件（如温度、湿度、日光照射、大气折光等）时刻在变化，外界条件的变化使测量结果也产生变化。

上述三方面因素的影响是引起测量误差的主要来源，因此，把这三方面因素综合起来称为观测条件。测量成果中的误差是不可避免的，为了确保测量作业的观测成果具有较高的质量，就要在一定的观测条件下，通过正确的方法，将测量误差减少或控制在允许的限度内，从而得到符合精度要求的测量结果。

2. 测量误差的分类

测量误差按其观测结果的影响性质，可分为系统误差和偶然误差两大类。

（1）系统误差

在相同的观测条件下做一系列观测，如果出现的误差大小及其符号按一定的规律变化，这种误差称为系统误差。如：用一把名义长度为 30m，而实际正确长度为 30.02m 的钢尺测量距离，每量一尺段就产生 2cm 的误差，该 2cm 误差在数值上和符号上都是固定不变的，大小与所量距离的长度成正比，且具有累积性的特点。因此，系统误差的存在对观测成果的准确度有较大的影响，应尽可能减小或消除系统误差，其常用的处理方法有以下几种：

1）严格检校仪器，消除仪器本身对观测值产生的误差，把系统误差降低到最低程度。

2）加改正数，将观测值结果进行改正。如上述量距中尺长存在 2cm 的误差，可通过对每一尺段改正 2cm 的方法消除误差影响。

3）采用适当的观测方法，削弱或消除系统误差。如在角度测量时，采用盘左、盘右观测；在每个测回起始方向上改变度盘的配置等。

（2）偶然误差

在相同的观测条件下进行一系列的观测，如果误差出现的大小和符号都表现偶然性，即从单个误差来看没有任何规律性，但从大量误差的总体来看，具有一定的统计规律，这种误差称为偶然误差。

偶然误差是由人力所不能控制的因素或无法估计的因素（如人眼的分辨能力、仪器的极限精度和气象因素等）共同引起的测量误差，其数值的正负、大小纯属偶然。需要说明的是：偶然误差在测量工作中是不可避免的，其个体的数值大小与符号具有不确定性，但群体却符合统计学规律。削弱偶然误差影响的常用方法有：

1）提高仪器精度。

2）采用多余观测的方法。

3）调整闭合差。

通过对偶然误差统计学特性的分析，可以知道，用取多余观测值的平均值或分配闭合差、求改正后的平均差值的方法，可得到高精度的观测结果。在观测中，系统误差与偶然误差往往同时产生，当系统误差被设法消除或减弱后，决定观测值精度的关键是偶然误差。

除系统误差和偶然误差外，在测量工作中还可能产生粗差（错误）。粗差的数值大小超出规定的系统误差和偶然误差，主要是由于观测者的粗心大意（如读错、记错数值等）或受到干扰所造成的错误而引起的。包含有粗差的观测值应舍弃，并重新测量。

3. 衡量精度的标准

在一定的观测条件下进行的一组观测，对应着同一种确定的误差分布。若误差较集中于零附近，可以称其误差分布较为密集或离散度小；反之，称其误差较为离散或离散度大。离散度小，表明该组观测值质量比较好，也就是观测值具有较高的精度；离散度大，表明该组观测值质量较差，也就是观测值精度较低。若采用误差分布表或绘制频率直方图来评定观测值精度，十分麻烦，有时甚至不可能。因此，人们需要对精度有一个数字的概念，这种具体的数字能反映出误差分布的离散或密集的程度，称为衡量精度的指标。衡量精度的指标有多种，测量中常用的有中误差、容许误差与相对误差。

（1）中误差

设在相同观测条件下，对某个量进行了次重复观测，得到观测值分别为 l_1、l_2、……， 每次观测的真误差用 Δ_1、Δ_2、……、Δ_n 表示，则定义中误差为：

$$m = \pm \sqrt{\frac{[\Delta\Delta]}{n}} \tag{1-1}$$

式中，$[\Delta\Delta]$ 为真误差的平方和，n 为观测次数。

中误差所代表的是某一组观测值的精度，而不是这组观测值中某一次值的观测精度。

在实际工作中，由于未知量的真值往往是不知道的，真误差也就无法求得，所以不能直接利用式（1-1）求得中误差。可用式（1-2）来计算中误差：

$$m = \pm \sqrt{\frac{[vv]}{n-1}} \tag{1-2}$$

式中，$[vv]$ 为改正数的平方和，n 为观测次数。

（2）容许误差

在一定的观测条件下，偶然误差的绝对值不应超过一定的限值，这个限值称为极限误差，也称限差或容许误差。在一定的观测条件下，偶然误差绝对值不会超过一定的限值。根据误差理论和大量的实践证明，在等精度观测某量的一组误差中，超出 2 倍中误差的偶然误差，出现的机会占 5%，大于 3 倍中误差的偶然误差出现的机会仅占总数的 0.3%，因此可以认为，绝对值大于 3 倍中误差的偶然误差出现的机会很小，故在测量中通常取 3 倍的中误差作为偶然误差的极限误差，即：

$$\Delta_{极限} = 3m \tag{1-3}$$

实际工作中，一方面，观测次数是有限的，偶然误差大于 3 倍中误差的情况很少遇到；另一方面，若对观测值精度要求较高时，有时取 2 倍的中误差作为偶然误差的极限误差，一般称为容许误差或允许误差，即：

$$\Delta_{容许} = 2m \tag{1-4}$$

（3）相对误差

对于某些测量结果，有时单靠中误差还不能完全表达测量结果的好坏，如用钢尺测量长分别为 100m 与 200m 的两段距离，中误差均为 ±2cm。从中误差的角度看，二者的精度相同，但就单位长度而言，二者精度并不相同。因此，引入与观测值本身大小相关的精度指标——相对误差。

中误差 m 的绝对值与观测值 l 的比值称为相对中误差，一般用 K 表示，并化为分子为 1 的分数形式，即：

$$K = \frac{|m|}{l} = \frac{1}{l/|m|} \tag{1-5}$$

相对误差是一个无量纲数值，相对误差越小，说明观测结果的精度越高。如上述两段距离，其相对误差分别为：

$$K_1 = 0.02\text{m}/100\text{m} = 1/5000$$
$$K_2 = 0.02\text{m}/200\text{m} = 1/10000$$

显然后者的精度高于前者。

拓展

查阅资料，了解中国以及世界测量史。

💡 课前测试

一、单选题（只有 1 个正确答案，每题 10 分）

1. 地面上某一点到大地水准面的铅垂距离是该点的（　　）。

A. 绝对高程　　　　B. 相对高程　　　　C. 正常高　　　　D. 大地高

2. 目前，我国采用的高程基准是（　　）。

A. 高斯平面直角坐标系　　　　　　　B. 1956 年黄海高程系

C. 2000 国家大地坐标系　　　　　　　D. 1985 国家高程基准

3. 测量上使用的平面直角坐标系的坐标轴是（　　）。

A. 南北方向的坐标轴为 Y 轴，向北为正；东西方向的为 X 轴，向东为正

B. 南北方向的坐标轴为 Y 轴，向南为正；东西方向的为 X 轴，向西为正

C. 南北方向的坐标轴为 X 轴，向北为正；东西方向的为 Y 轴，向东为正

D. 南北方向的坐标轴为 X 轴，向南为正；东西方向的为 Y 轴，向西为正

4. 高斯平面直角坐标系的通用坐标，在自然坐标 Y' 上加 500km 的目的是（　　）。

A. 保证 Y 坐标值为正数　　　　　　　B. 保证 Y 坐标值为整数

C. 保证 X 轴方向不变形　　　　　　　D. 保证 Y 轴方向不变形

二、多选题（至少有 2 个正确答案，每题 10 分）

1. 测量的基本任务包括哪两项？（　　）

A. 测定　　　　B. 测设　　　　C. 测角度　　　　D. 测距离

E. 测高差

2. 测量工作的基本原则包括哪些？（　　）

A. 布局上，从整体到局部　　　　　　B. 工作程序上，先控制后碎步

C. 精度上，从高级到低级　　　　　　D. 先易后难

E. 先平面后高程

3. 测量误差产生的原因包括哪些？（　　）

A. 测量仪器　　　B. 测量人员　　　C. 外界环境　　　D. 工作态度

E. 粗心测错

4. 衡量测量精度的指标有哪几个？（　　）

A. 中误差　　　　B. 容许误差　　　　C. 相对误差　　　　D. 粗差

E. 纵向偏差

三、判断题（对的画"√"，错的画"×"，每题 10 分）

1. 1980 西安坐标系的大地原点定在我国陕西省。　　　　　　　　　　（　　）

2. 投影的方法有很多，我国现采用的是高斯-克吕格投影方法。　　　　（　　）

💡 任务实施

认真查看教材课前自学内容，结合网络信息化资料，完成作业单。学习过程中要认真思考，融会贯通，做到举一反三。

计划单

模块 1	测量基础知识		任务 1.1	测量基础知识认知
计划用时	2 学时	完成人		
序号	计划步骤		具体工作内容	
1	资料准备			
2	思考分析			
3	给出解答			
4	核对答案			
5	成果整理			
计划说明				

作业单

模块 1	测量基础知识		任务 1.1	测量基础知识认知
计划用时	2 学时	完成人		
序号	内容		写出你的答案	
1	测量学的定义			
2	测量的基本任务			
3	测量三项基本工作			
4	测量的基本原则			
5	测量误差的来源			
6	已知一国家控制点的坐标为：$x=3102467.280\text{m}$，$y=19367622.380\text{m}$。试求出：(1)该点位于 6°带的第几带？(2)该带中央子午线经度是多少？(3)该点在中央子午线的哪一侧？(4)该点距中央子午线和赤道的距离分别为多少？			
其他说明				

评价单

模块 1	测量基础知识		任务 1.1	测量基础知识认知			
评价对象			小组成员				
评价情境	评价内容及要求	分值(100)	自我评价(10%)	组员互评(20%)	教师评价(70%)	实得分(∑)	
实施过程(35)	遵守纪律、服从安排	5					
	学习积极主动性	10					
	问题解答正确	20					
质量评价(25)	工作完整性	10					
	工作质量	5					
	报告完整性	10					
素质评价(25)	核心价值观	5					
	创新性	5					
	参与率	5					
	合作性	5					
	劳动态度	5					
安全文明(10)	工作中的安全保障情况	5					
	工具正确使用和保养、放置规范	5					
工作效率(5)	能够在要求的时间内完成,超时不得分	5					
最终得分							

课后反思

模块 1	测量基础知识	任务 1.1		测量基础知识认知
班　级		第　组	成员姓名	
情感反思	通过对此任务的学习和实训,你认为自己在社会主义核心价值观、职业素养、劳动精神和工匠精神等方面有哪些部分需要提高?			
知识反思	通过学习此任务,你掌握了哪些知识点?			
技能反思	在完成此任务的学习和实训过程中,你主要掌握了哪些技能?			
方法反思	在完成此任务的学习和实训过程中,你主要掌握了哪些分析和解决问题的方法?			

任务 1.2　高差测量

子任务 1.2.1　水准仪的认识与使用

任务单

模块 1	测量基础知识	任务 1.2	高差测量
		子任务 1.2.1	水准仪的认识与使用
计划学时		4 学时（课前 2 学时）	
布置任务			
任务描述	地面上有两个相距较近的点，因施工需要，利用水准仪以及水准尺测出两点之间的高差。		
工作目标	1. 能正确安置三脚架，架设水准仪。 2. 会读数并正确记录在表格中。 3. 结合水准测量的原理，根据水准尺读数计算出地面两点高差。 4. 能够在完成任务过程中锻炼职业素养，做到工作程序严谨，作业认真细致，能够吃苦耐劳，敢于承担责任，并能主动帮助小组中其他成员，有团队意识，诚实守信，精益求精。		

学时安排	思	学	教	做	评
	（1.5 学时）	（0.5 学时）	1 学时	2.5 学时	0.5 学时

学习要求	1. 按照思维导图自主学习，完成课前测试。 2. 严格遵守课堂纪律，学习态度认真、端正，能够正确评价自己和同学在工作任务中的素质表现。 3. 积极参与小组工作，承担外业观测中的相应工作，做到积极主动不推诿，与小组成员默契配合。 4. 能够完成技能训练作业单，对作业中的疑难点务必及时强化与突破。 5. 任务完成后，填写任务评价单，评判各小组成员的分数或等级。 6. 完成课后反思，以小组为单位提交。
考核评价办法	评价包括自我评价、小组互评、教师评价，按比例进行综合评价，并以不小于 40% 的比例计入期末总成绩。

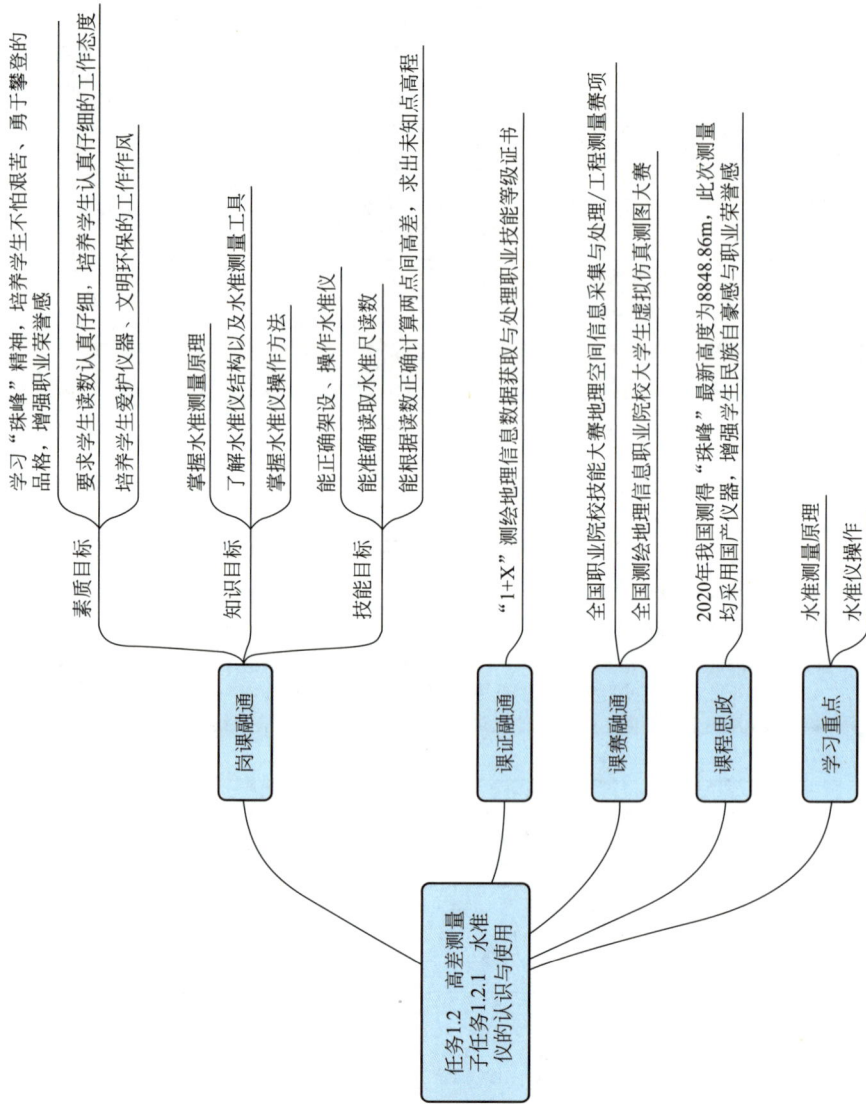

思维导图

课前自学

1-2

高程与高差

知识点 1　水准测量原理

测量地面上各点高程的工作，称为高程测量。高程测量根据所使用的仪器和施测方法的不同，分为水准测量、三角高程测量、气压高程测量、GPS 高程测量等，其中水准测量是高程测量的主要方法。

利用水准仪提供的水平视线，通过读取竖立在两点上水准尺的读数，可以测定两点间高差，从而由已知点高程推算出未知点高程。

如图 1-4 所示，A 点高程为已知，欲测定 B 点高程，可以在 AB 两点中间安置水准仪，在 AB 两点上分别立水准尺，利用水准仪提供的水平视线可分别读出 AB 两点上水准尺的读数 a、b，则 AB 两点间高差为：

$$h_{AB} = a - b = H_B - H_A \tag{1-6}$$

测得两点间高差等于 h_{AB} 后，若已知 A 点高程 H_A，则可得 B 点的高程 H_B 为：

$$H_B = H_A + h_{AB} \tag{1-7}$$

这种利用两点间高差计算待定点高程的方法称为高差法。

1-3

水准测量基本原理

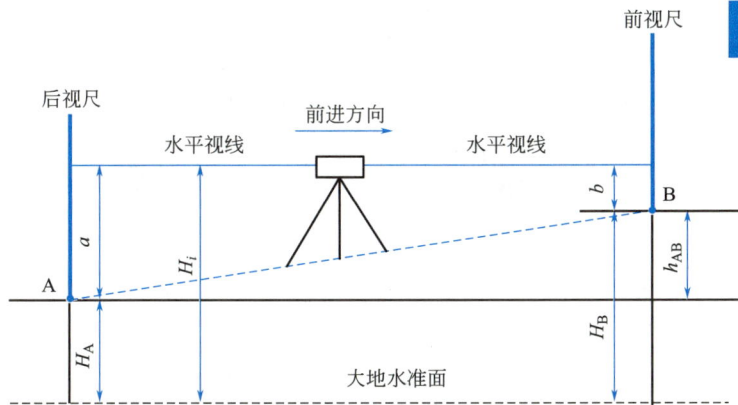

图 1-4　水准测量原理

a—后视读数；A—后视点；b—前视读数；B—前视点

水准测量的前进方向通常是由已知点 A 到待测点 B，此时，已知点 A 为后视点，待测点 B 为前视点，后视点上水准尺的读数 a 为后视读数，前视点上水准尺的读数 b 为前视读数。若读数 $a > b$ 则 $h_{AB} > 0$，说明 B 点高，A 点低；若读数 $a < b$，则 $h_{AB} < 0$，说明 B 点低，A 点高。

当需要通过一个已知点测多个待测点高程时，可用视线高法。根据水准测量原理，视线高程 H_i 为：

$$H_i = H_A + a = H_B + b \tag{1-8}$$

可得：

$$H_B = H_i - b \tag{1-9}$$

根据每个待测点上水准尺的读数可以求得每个点的高程，这种利用两点间视线高程相等，用视线高程计算待定点高程的方法称为视线高法。在施工测量中，有时安置一次仪器，需测定多个地面点的高程，采用视线高法就比较方便。

知识点 2　水准仪的结构

如图 1-5 所示，水准仪是进行水准测量的主要仪器，它可以提供水准测量所必需的水平视线。我国生产的水准仪按其精度可分为 DS_{05}、DS_1、DS_3、DS_{10} 共 4 个等级。D 和 S 分别为"大地测量"和"水准仪"的汉语拼音的第一个字母，后面的数字 05、1、3、10 表示该类仪器的精度，表示用该类型水准仪进行水准测量时每公里往返测得高差中数的偶然中误差值，分别不超过 0.5mm、1mm、3mm、10mm。数字越小，表示仪器的精度越高。一般工程测量中，常用 DS_3 型自动安平水准仪，其结构如图 1-6 所示。

图 1-5　水准仪种类

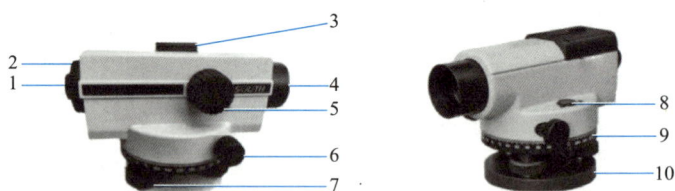

图 1-6　自动安平水准仪

1—目镜；2—目镜调焦螺旋；3—粗瞄器；4—物镜；5—物镜调焦螺旋；
6—水平微动螺旋；7—脚螺旋；8—圆水准器；9—刻度盘；10—基座

如图 1-7 所示，自动安平水准仪的补偿器安装在物镜和十字丝分划板之间，当圆水准器气泡居中后，视准轴仍存在一个微小倾角 α。由于在望远镜的光路上安置了一个补偿器，使通过物镜光心的水准光线经过补偿器后偏转一个 β 角仍能通过十字丝交点，这样十字丝交点上读出的水准尺读数即为视线水平时应该读出的水准尺读数。

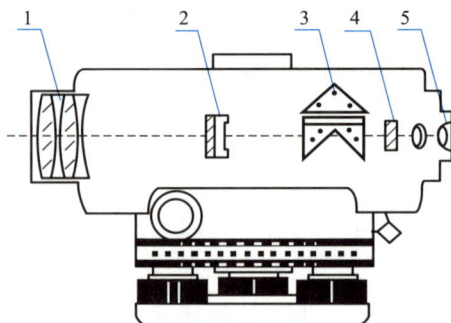

图 1-7　自动安平原理结构示意图

1—物镜；2—物镜调焦透镜；3—补偿器棱镜组；4—十字丝分划板；5—目镜

知识点 3　水准测量工具

在水准测量时，除了用到前面介绍的水准仪外，还会用到水准尺和尺垫这些测量工具。

1. 水准尺

水准尺是进行水准测量时与水准仪配合使用的标尺（图 1-8）。常用的水准尺有塔尺和双面尺两种。

（1）塔尺。塔尺是一种逐节缩小的组合尺，其长度为 3～5m，有三节或五节连接在一起，尺的底部为零点，尺面上黑白格相间，每格宽度为 1cm 或 0.5cm，在米和分米处有数字注记。

（2）双面水准尺。双面水准尺尺长为 3m，两根尺为一对。尺的双面均有刻画，一面为黑白相间，称为黑面尺（也称主尺）；另一面为红白相间，称为红面尺（也称辅尺）。两面的刻画均为 1cm，在分米处注有数字。两根尺的黑面尺尺底均从零开始；而红面尺尺底，一根从 4.687m 开始，另一根从 4.787m 开始。在视线高度不变的情况下，同一根水准尺的红面和黑面读数之差应等于常数 4.687m 或 4.787m，这个常数称为尺常数，用 K 来表示，以此可以检核读数是否正确。

2. 尺垫

尺垫如图 1-9 所示，一般是由生铁铸成。尺垫为三角形板座，中间有一个突起的半球体，下方有 3 个尖脚，使用时将 3 个尖脚踩入土中，并将水准尺立于半球顶面。尺垫用于转点处，以防止观测过程中水准尺下沉。

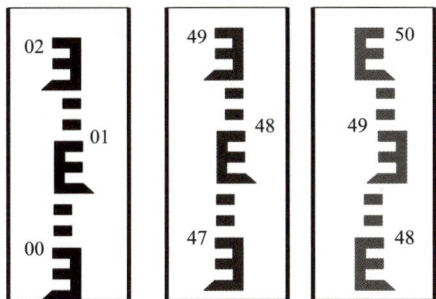

图 1-8　水准尺

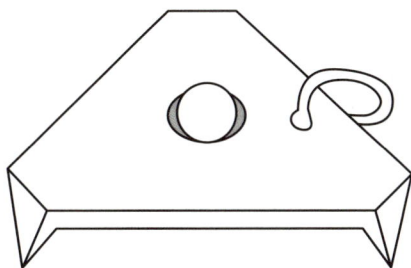

图 1-9　尺垫

知识点 4　水准仪的使用

使用自动安平水准仪时，操作程序为：安置仪器-粗略整平-照准目标-读数。

1. 安置仪器

打开三脚架（图 1-10）并调节好脚架腿的长度，使其高度适中，并使架头大致水平，检查脚架腿是否安置稳固，脚架伸缩螺旋是否拧紧，然后打开仪器箱取出水准仪，置于三脚架头上，用连接螺旋将仪器牢固地连接在三脚架头上。当地面松软时，应将三脚架腿踩入土中，在踩脚架时应尽量使圆水准器气泡靠近中心。

2. 粗略整平

通过调节脚螺旋使圆水准器气泡居中，以达到仪器竖轴垂直、视准轴粗略水平的目

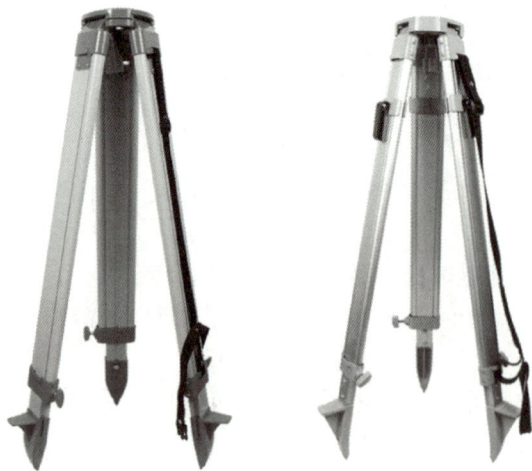

图 1-10　常用三脚架

的。具体操作步骤：用两手按箭头所指的相对方向转动脚螺旋 1 和 2，使气泡沿着 1、2 连线方向由 a 移至 b；再用左手按箭头所指方向转动脚螺旋 3，使气泡由 b 移至中心。在整平的过程中，气泡的移动方向与左手大拇指运动的方向一致，与右手大拇指运动方向相反（图 1-11）。

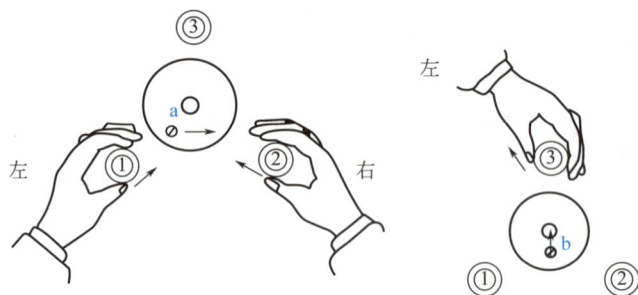

图 1-11　圆水准器整平

3. 照准目标

（1）初步瞄准：松开制动螺旋，转动望远镜，通过望远镜筒上方的照门和准星瞄准水准尺，旋紧制动螺旋。

（2）目镜调焦：转动目镜调焦螺旋，使十字丝成像清晰。

（3）物镜调焦：转动物镜对光螺旋，使水准尺的成像清晰。

（4）精确瞄准：转动微动螺旋，使十字丝的竖丝瞄准水准尺边缘或中央，如图 1-12 所示。

（5）消除视差：眼睛在目镜端上下移动，有时可看见十字丝的中丝与水准尺影像之间相对移动，这种现象叫视差。产生视差的原因是水准尺的尺像与十字丝平面不重合，如图 1-13（a）所示。视差的存在将影响读数的正确性，应予消除。消除视差的方法是仔细地进行物镜调焦和目镜调焦，直至尺像与十字丝平面重合，如图 1-13（b）所示。

1-4

水准仪安置

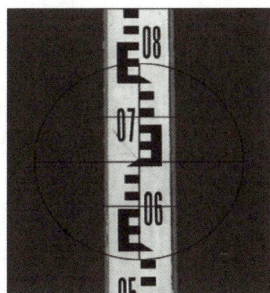

图 1-12   精确瞄准

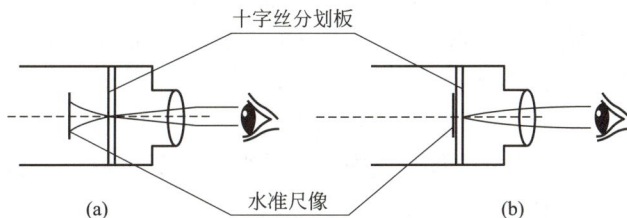

图 1-13   视差现象

（a）存在视差；（b）没有视差

1-5

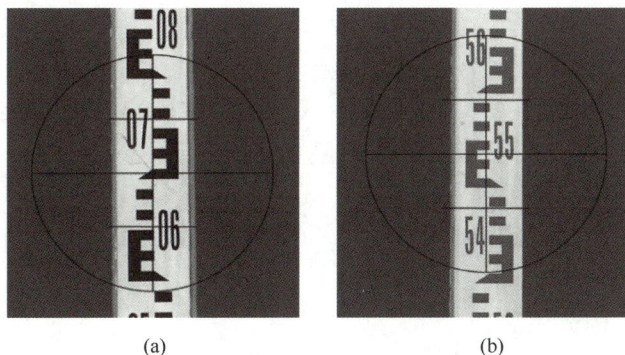

视差

4. 读数

气泡符合要求后，应立即用十字丝中丝在水准尺上读数。读数时应从小数向大数读，直接读取米、分米和厘米，并估读出毫米，共四位数。图 1-14（a）黑面中丝读数为 0.705m，图 1-14（b）红面中丝读数为 5.536m。

1-6

水准仪、水准尺介绍和使用

图 1-14   读数

（a）黑面读数；（b）红面读数

课前测试

一、单选题（只有 1 个正确答案，每题 10 分）

1. 设地面上有 A、B 两点，两点的高程分别为 $H_A = 19.186\text{m}$、$H_B = 24.754\text{m}$，则 A、B 两点的高差 $h_{AB} =$（　　）m。

A. −5.568　　　　B. 5.568　　　　C. 43.940　　　　D. −43.940

2. 在水准测量的某一站中，若后视点 A 的读数大，前视点 B 的读数小，则有（　　）。

A. A 点比 B 点低　　　　　　　　B. A 点比 B 点高

C. A 点与 B 点可能同高　　　　　D. A 点、B 点的高低取决于仪器高度

3. 在水准测量读数时，后尺向前倾斜会使后尺的读数（　　）。

A. 变大　　　　B. 变小　　　　C. 不变　　　　D. 不能确定

4. 已知 A、B 两点的高程分别为 $H_A = 125.777\text{m}$、$H_B = 158.888\text{m}$，则 A、B 两点的高差 h_{AB} 为（　　）m。

A. ±33.111　　　　B. −33.111　　　　C. 33.111　　　　D. 284.665

5. 水准测量后视读数为 1.224m，前视读数为 1.974m，则两点的高差为（　　）m。

A. 0.750　　　　B. −0.750　　　　C. 3.198　　　　D. −3.198

6. 在 A（$H_A = 25.812\text{m}$）、B 两点间放置水准仪测量，后视 A 点的读数为 1.360m，前视 B 点的读数为 0.793m，则 B 点的高程为（　　）m。

A. 25.245　　　　B. 26.605　　　　C. 26.379　　　　D. 27.172

二、多选题（至少有 2 个正确答案，每题 10 分）

1. 自动安平水准仪的使用程序包括（　　）。

A. 安置仪器　　B. 粗略整平　　C. 瞄准水准尺　　D. 精确整平

E. 读数

2. 水准仪的基本构造包含（　　）。

A. 望远镜　　B. 水准器　　C. 基座　　D. 脚架

E. 对中器

三、判断题（对的画"√"，错的画"×"，每题 10 分）

1. 水准仪操作过程中，十字丝模糊，应该调节目镜调焦螺旋。（　　）

2. 利用一条水平视线，借助水准标尺测量两点间高差的仪器是水准仪。（　　）

计划单

模块 1	测量基础知识		任务 1.2	高差测量
			子任务 1.2.1	水准仪的认识与使用
计划学时	4 学时	完成人	1.（　　　）2.（　　　）3.（　　　） 4.（　　　）5.（　　　）6.（　　　） 7.（　　　）8.（　　　）9.（　　　）	
序号	计划步骤		具体工作内容	
1	准备工作			
2	组织分工			
3	现场操作			
4	核对工作			
5	成果整理			
计划说明				

作业单

日　期		天　气		班　级		姓　名	
仪器编号		仪器管理		安全监督		质量检验	
安置仪器次数	测点	后视读数/m		前视读数/m		高差/m	用时/s
第一次							
第二次							
第三次							
第四次							

评价单

模块 1	测量基础知识		任务 1.2	高差测量		
			子任务 1.2.1	水准仪的认识与使用		
评价对象			小组成员			
评价情境	评价内容及要求	分值（100）	自我评价（10%）	组员互评（20%）	教师评价（70%）	实得分（Σ）
实施过程（35）	遵守纪律、服从安排	5				
	仪器操作规范	10				
	观测步骤正确	10				
	成果计算准确	10				
质量评价（25）	工作完整性	10				
	工作质量	5				
	报告完整性	10				
素质评价（25）	核心价值观	5				
	创新性	5				
	参与率	5				
	合作性	5				
	劳动态度	5				
安全文明（10）	工作中的安全保障情况	5				
	工具正确使用和保养、放置规范	5				
工作效率（5）	能够在要求的时间内完成，超时不得分	5				
最终得分						

课后反思

模块 1	测量基础知识	任务 1.2	高差测量
		子任务 1.2.1	水准仪的认识与使用
班　级		第　　组　成员姓名	

情感反思	通过对此任务的学习和实训，你认为自己在社会主义核心价值观、职业素养、劳动精神和工匠精神等方面有哪些部分需要提高？
知识反思	通过学习此任务，你掌握了哪些知识点？
技能反思	在完成此任务的学习和实训过程中，你主要掌握了哪些技能？
方法反思	在完成此任务的学习和实训过程中，你主要掌握了哪些分析和解决问题的方法？

子任务 1.2.2 普通水准测量

任务单

模块 1	测量基础知识	任务 1.2	高差测量
		子任务 1.2.2	普通水准测量
计划学时		4 学时(课前 2 学时)	

布置任务	
任务描述	地面上有两个相距较远的点,因施工需要,利用水准仪以及水准尺测出两点之间的高差。
工作目标	1. 能根据普通水准测量要求,合理设置转点。 2. 能利用转点进行连续水准测量。 3. 能将测量数据正确记录在表格中,计算出两点高差并完成计算检核。 4. 能够在完成任务过程中锻炼职业素养,做到工作程序严谨,作业认真细致,能够吃苦耐劳,敢于承担责任,并能主动帮助小组中其他成员,有团队意识,诚实守信,精益求精。

学时安排	思	学	教	做	评
	(1.5 学时)	(0.5 学时)	1 学时	2.5 学时	0.5 学时

学习要求	1. 按照思维导图自主学习,完成课前测试。 2. 严格遵守课堂纪律,学习态度认真、端正,能够正确评价自己和同学在工作任务中的素质表现。 3. 积极参与小组工作,承担外业观测中的相应工作,做到积极主动不推诿,与小组成员默契配合。 4. 能够完成技能训练作业单,对作业中的疑难点务必及时强化与突破。 5. 任务完成后,填写任务评价单,评判各小组成员的分数或等级。 6. 完成课后反思,以小组为单位提交。
考核评价办法	评价包括自我评价、小组互评、教师评价,按比例进行综合评价,并以不小于 40% 的比例计入期末总成绩。

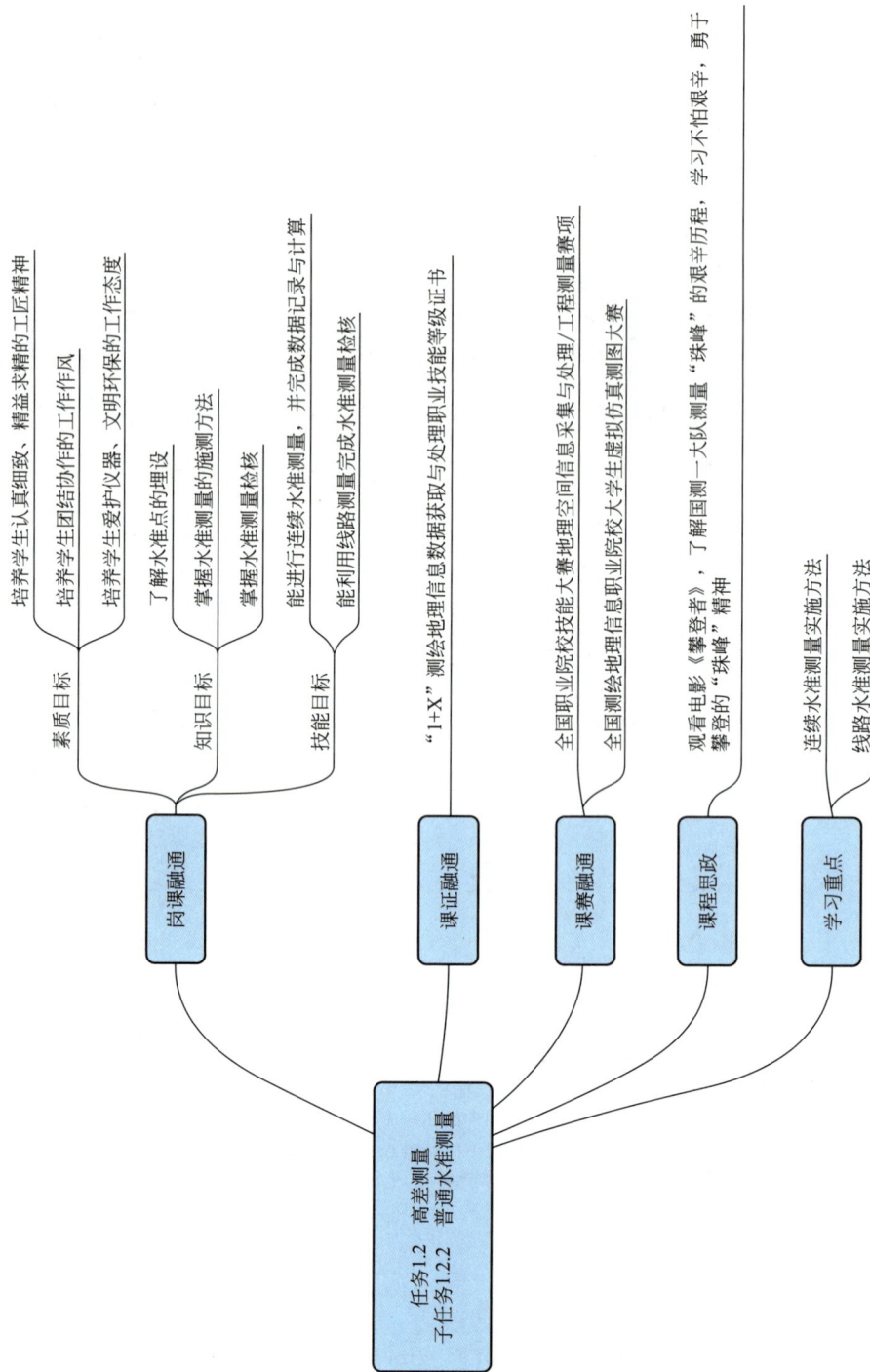

思维导图

任务1.2 高差测量
子任务1.2.2 普通水准测量

- 岗课融通
  - 素质目标
    - 培养学生认真细致、精益求精的工匠精神
    - 培养学生团结协作的工作作风
    - 培养学生爱护仪器、文明环保的工作态度
  - 知识目标
    - 了解水准点的埋设
    - 掌握水准测量的施测方法
    - 掌握水准测量检核
  - 技能目标
    - 能进行连续水准测量，并完成数据记录与计算
    - 能利用线路测量完成水准测量检核
- 课证融通
  - "1+X"测绘地理信息数据获取与处理职业技能等级证书
- 课赛融通
  - 全国职业院校技能大赛地理空间信息数据采集与处理/工程测量赛项
  - 全国测绘地理信息职业院校大学生虚拟仿真测图大赛
- 课程思政
  - 观看电影《攀登者》，了解国测一大队测量"珠峰"的艰辛历程，学习不怕艰辛、勇于攀登的"珠峰"精神
- 学习重点
  - 连续水准测量实施方法
  - 线路水准测量实施方法

课前自学

知识点 1　水准点的埋设

用水准测量的方法测定的高程达到一定精度的高程控制点，称为水准点，记为 BM。水准点有永久性水准点和临时性水准点两种。

永久性水准点如图 1-15 所示。永久性水准点的标石一般用混凝土预制而成，顶面嵌入半球形的金属标志表示水准点的点位。有些永久性水准点的金属标志也可镶嵌在稳定的墙角上，称为墙上水准点，如图 1-16 所示。建筑工地上的永久性水准点，其形式如图 1-17（a）所示。

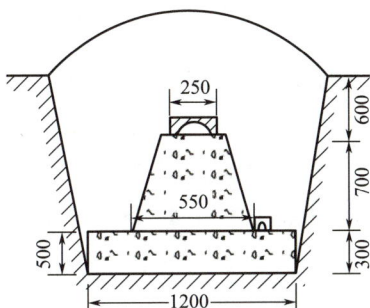

图 1-15　国家等级水准点（单位：mm）

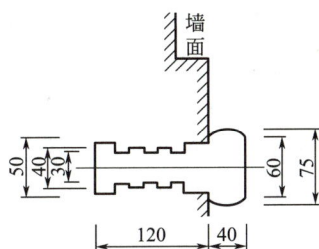

图 1-16　墙上水准点

临时性的水准点可在地面上突出的坚硬岩石或房屋勒脚、台阶上用红漆做标记，也可用大木桩打入地下，桩顶钉以半球状铁钉作为水准点的标志，如图 1-17（b）所示。为方便以后的寻找和使用，水准点埋设好后应绘制能标记水准点位置的平面图，称为"点之记"，如图 1-18 所示，图上要注明水准点的编号、与周围地物的位置关系。

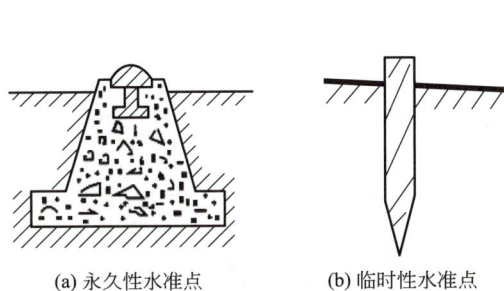

(a) 永久性水准点　　(b) 临时性水准点

图 1-17　建筑工程水准点

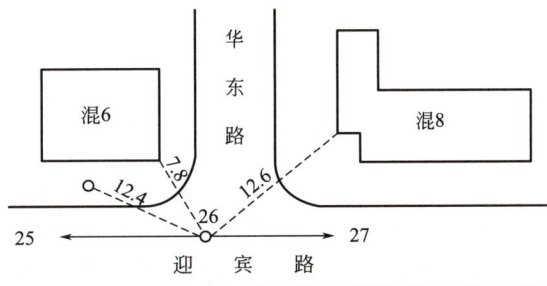

图 1-18　点之记（单位：m）

知识点 2　水准路线

在水准点间进行水准测量所经过的路线，称为水准路线。相邻两水准点间的路线称为测段。在一般的工程测量中，水准路线布设形式主要有以下三种形式：

1. 附合水准路线

如图 1-19 所示，BM$_A$、BM$_B$ 为已知高程的水准点，1、2、3 为待定高程点，从已知

高程的水准点 BM_A 出发，沿待定高程的水准点 1、2、3 进行水准测量，最后附合到另一已知高程的水准点 BM_B 所构成的水准路线，称为附合水准路线。

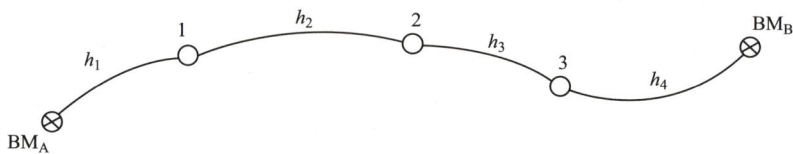

图 1-19   附合水准路线

2. 闭合水准路线

如图 1-20 所示，当测区只有一个已知高程的水准点 BM_A 时，欲求待定点 1、2、3 的高程，可以从水准点 BM_A 出发，沿各待定高程的水准点 1、2、3 进行水准测量，最后又回到原出发点 BM_A，形成一个闭合的环形路线，称为闭合水准路线。

3. 支水准路线

如图 1-21 所示，从已知高程的水准点 BM_A 出发，沿待定高程的水准点 1 进行水准测量，这种既不回到起点闭合又不附合到其他已知的水准点上的水准路线，称为支水准路线。支水准路线要进行往返测量，以便于进行检核。

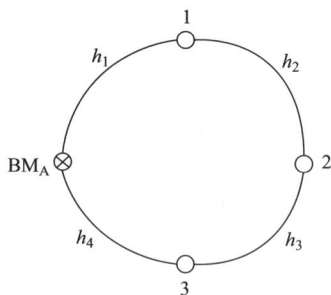

图 1-20   闭合水准路线

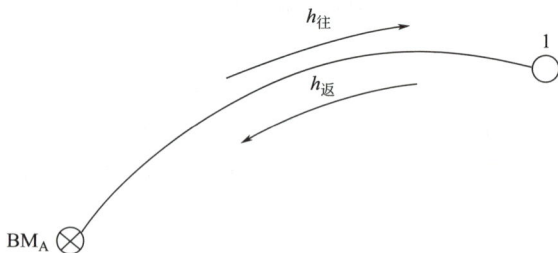

图 1-21   支水准路线

知识点 3   普通水准测量方法

在进行水准测量时，待测点与已知水准点间距离较远或地势起伏较大时，不可能通过安置一次仪器来测定两点间的高差，必须在两点间设置若干个转点，将测量路线分成若干个测段，依次测出各分段间的高差进而求出两点间的高差，从而计算出待定点的高程。

如图 1-22 所示，已知水准点 BM_A 的高程 $H_A = 48.145\text{m}$，现欲测定 B 点的高程 H_B，由于 A、B 两点相距较远（或地势起伏较大），需分段设转点进行测量，具体施测步骤如下：

如图 1-22 所示，选择转点和测站点时注意两点间要通视，测站点距前、后视两点间距离要尽量相等，且距离不超过 100m，注意转点上立尺时需要用尺垫。

在已知点 A 和转点 TP_1 上立水准尺，在测站 I 上安置仪器，粗略整平后，瞄准后视点 A 的水准尺，精确整平，读数为 2.414m，记入观

1-7

普通水准线路测量

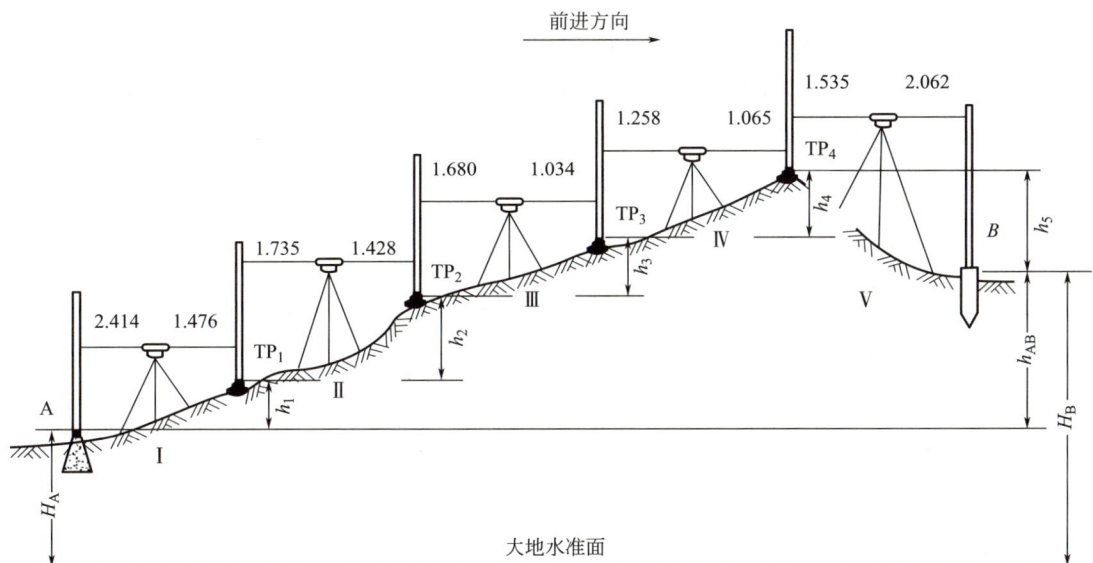

图 1-22　水准测量施测图

测手簿后视栏内；转动水准仪，瞄准前视点 TP_1 上的水准尺，精确整平，读数为 1.476m，记入观测手簿前视栏内。后视读数减去前视读数得到 A、TP_1 两点间的高差 h_1 ＝0.938m，填入表 1-1 中相应位置。

水准测量记录手簿　　　　　　　　　　　　　　　　　　表 1-1

日期			仪器			观测	
测站	测点	水准尺读数/m		高差/m		高程/m	备注
		后视读数(a)	前视读数(b)	＋	－		
1	2	3	4	5	6	7	8
1	BM_A	2.414		0.938		48.145	（已知）
	TP_1		1.476				转点
2		1.735		0.307			
	TP_2		1.428				转点
3		1.680		0.646			
	TP_3		1.034				转点
4		1.258		0.193			
	TP_4		1.065				转点
5		1.535			0.527		
	B		2.062			49.702	（待定）
	Σ	8.622	7.065	2.084	0.527		
计算校核	$\Sigma a-\Sigma b=8.622-7.065=+1.557$			$\Sigma h=+1.557$		$H_B-H_A=+1.557$	
	$H_B-H_A=\Sigma h=\Sigma a-\Sigma b$						

31

在Ⅰ测站点测完后，将水准仪搬至Ⅱ测站点，A点上水准尺移至 TP_2 上立尺，TP_1 上水准尺原地不动，只需翻转即可；在Ⅱ站上重复Ⅰ站操作步骤，读取后、前视尺上读数，并记录手册，计算高差；依次在每个测站上重复上述过程，测至终点B。每个测站上安置一次仪器，就可以测得一个高差，根据高差计算公式可得：

$$h_1 = a_1 - b_1$$
$$h_2 = a_2 - b_2$$
$$\cdots\cdots$$
$$h_5 = a_5 - b_5$$

将上述各式相加，得：

$$h_{AB} = \sum a - \sum b \tag{1-10}$$

则B点高程为：

$$H_B = H_A + h_{AB} = H_A + \sum h \tag{1-11}$$

表1-1是水准测量的记录手簿和有关计算，通过计算可得B点高程为：

$$H_B = 48.145m + 1.557m = 49.702m$$

知识点4　水准测量检核

为了保证观测的精度和计算的准确性，在水准测量过程中必须进行检核，主要是进行测站检核和计算检核。

1. 测站检核

（1）变动仪器高法。变动仪器高法是在同一个测站上用两次不同的仪器高度测得两次高差进行检核。要求：改变仪器高度应大于10cm，两次所测高差之差不超过容许值（例如普通水准测量容许值为±6mm），取其平均值作为该测站最后结果，否则需重测。

（2）双面尺法。双面尺法分别对双面水准尺的黑面和红面进行观测。利用后、前视的黑面和红面读数分别算出两个高差，如果较差不超过规定的限差（例如四等水准测量容许值为±5mm），取其平均值作为该测站最后结果，否则必须重测。

2. 计算检核

为了保证记录表中数据的正确，应对后视读数总和减前视读数总和、高差总和、B点高程与A点高程之差进行检核，这三个数字应相等，即应满足：

$$H_B - H_A = \sum h_{AB} = \sum a - \sum b \tag{1-12}$$

如果不能满足，说明计算有错误，应重新计算。在上例中：

$$\sum a - \sum b = 8.622m - 7.065m = +1.557m$$

$$\sum h_{AB} = +1.557m$$

$$H_B - H_A = 49.702m - 48.145m = +1.557m$$

满足校核条件，说明计算正确。

3. 成果检核

在水准测量的实施过程中，测站检核只能检核一个测站上是否存在错误，计算检核只能检核每页计算是否有错误。要想检核一条水准路线在测量过程中精度是否符合要求，还需进行成果检核。

水准路线中实测高差与理论高差的差值称为高差闭合差，用 f_h 表示。

（1）闭合水准路线成果检核。根据闭合水准路线的特点，理论上闭合水准路线的高差总和应等于零，也就是应满足 $\sum h_{理} = 0$，但实际测量的结果往往不等于零，则根据高差闭合差计算式：

$$f_h = \sum h_{测} - \sum h_{理} \tag{1-13}$$

可得闭合水准路线高差闭合差为：

$$f_h = \sum h_{测} \tag{1-14}$$

（2）附合水准路线成果检核。根据附合水准路线的特点，理论上附合水准路线的高差总和应等于终点高程减去起始点高程，也就是应满足：

$$\sum h_{理} = H_{终} - H_{始} \tag{1-15}$$

则可得附合水准路线高差闭合差为：

$$f_h = \sum h_{测} - (H_{终} - H_{始}) \tag{1-16}$$

（3）支水准路线成果检核。根据支水准路线的特点，理论上支水准路线往测高差与返测高差的代数和应等于零，也就是应满足：

$$\sum h_{理} = 0, \quad \sum h_{测} = \sum h_{往} + \sum h_{返} \tag{1-17}$$

则可得支水准路线高差闭合差为：

$$f_h = \sum h_{往} + \sum h_{返} \tag{1-18}$$

从以上可以看出，f_h 的大小反映水准测量成果的精度，所以要求 f_h 有一定限度。例如，规范规定普通水准测量高差闭合差的允许值如下：

对于平坦地区：$f_{h容} = \pm 40\sqrt{L}$，其中 L 为水准路线总长，以 km 为单位；

对于山区和丘陵地区：$f_{h容} = \pm 12\sqrt{n}$，其中，n 为水准路线总测站数。

课前测试

一、单选题（只有 1 个正确答案，每题 10 分）

1. 双面水准尺的黑面是从零开始注记，而红面起始刻画（　　）。

A. 两根都是从 4687 开始 　　　　　　　B. 一根从 4687 开始，另一根从 4787 开始

C. 两根都是从 4787 开始 　　　　　　　D. 一根从 4677 开始，另一根从 4787 开始

2. 消除视差应（　　）。

A. 先调物镜调焦螺旋，再调目镜调焦螺旋

B. 调脚螺旋

C. 调微倾螺旋

D. 先调目镜调焦螺旋，再调物镜调焦螺旋，使目标成像平面与十字丝平面重合

3. 从一个已知的水准点出发，沿途经过各点，最后附合到另外一个已知的水准点上，这样的水准路线是（　　）。

A. 附合水准路线 　　　　　　　　　　　B. 闭合水准路线

C. 支水准路线 　　　　　　　　　　　　D. 支导线

4. 水准仪操作过程中，目标模糊，应该调节哪个螺旋？（　　）

A. 连接螺旋 　　　B. 脚螺旋 　　　C. 目镜调焦螺旋 　　　D. 物镜调焦螺旋

5. 从一个已知的水准点出发，沿途经过各点，最后回到已知的水准点上，这样的水准路线是（　　）。

A. 附合水准路线 　　B. 闭合水准路线 　　C. 支水准路线 　　　D. 支导线

6. 从一个已知的水准点出发，沿待定高程的水准点进行水准测量，这种既不自行闭合又不附合到其他已知的水准点上的水准路线，称为（　　）。

A. 附合水准路线 　　B. 闭合水准路线 　　C. 支水准路线 　　　D. 支导线

二、多选题（至少有 2 个正确答案，每题 10 分）

1. 单一水准路线的布置形式有哪几种？（　　）

A. 附合水准路线 　　　　　　　　　　　B. 闭合水准路线

C. 支水准路线 　　　　　　　　　　　　D. 支导线

E. 闭合导线

2. 按使用时间划分，水准点有哪几种？（　　）

A. 永久性水准点 　　　　　　　　　　　B. 普通水准点

C. 临时性水准点 　　　　　　　　　　　D. 建筑工程水准点

E. 导线点

三、判断题（对的画"√"，错的画"×"，每题 10 分）

1. 转点的作用是转承高程。　　　　　　　　　　　　　　　　　　　　　（　　）

2. 支水准路线不需要往返测量。　　　　　　　　　　　　　　　　　　　（　　）

计划单

模块 1	测量基础知识		任务 1.2	高差测量
			子任务 1.2.2	普通水准测量——连续水准测量
计划学时	4 学时	完成人	1.（　　　　）2.（　　　　）3.（　　　　） 4.（　　　　）5.（　　　　）6.（　　　　） 7.（　　　　）8.（　　　　）9.（　　　　）	
序号	计划步骤		具体工作内容	
1	准备工作			
2	组织分工			
3	现场操作			
4	核对工作			
5	成果整理			
计划说明				

作业单
普通水准测量记录表

日　期		天　气		班　级		姓　名	
仪器编号		仪器管理		安全监督		质量检验	
测　站	点　号	水准尺读数/m		高差/m	平均高差/m	高程/m	备　注
		后视	前视				
计算检核							

评价单

模块 1	测量基础知识		任务 1.2	高差测量		
			子任务 1.2.2	普通水准测量——连续水准测量		
评价对象			小组成员			
评价情境	评价内容及要求	分值(100)	自我评价(10%)	组员互评(20%)	教师评价(70%)	实得分(Σ)
实施过程(35)	遵守纪律、服从安排	5				
	仪器操作规范	10				
	观测步骤正确	10				
	成果计算准确	10				
质量评价(25)	工作完整性	10				
	工作质量	5				
	报告完整性	10				
素质评价(25)	核心价值观	5				
	创新性	5				
	参与率	5				
	合作性	5				
	劳动态度	5				
安全文明(10)	工作中的安全保障情况	5				
	工具正确使用和保养、放置规范	5				
工作效率(5)	能够在要求的时间内完成,超时不得分	5				
最终得分						

课后反思

模块1	测量基础知识	任务1.2	高差测量	
		子任务1.2.2	普通水准测量——连续水准测量	
班 级		第 组	成员姓名	
情感反思	通过对此任务的学习和实训,你认为自己在社会主义核心价值观、职业素养、劳动精神和工匠精神等方面有哪些部分需要提高?			
知识反思	通过学习此任务,你掌握了哪些知识点?			
技能反思	在完成此任务的学习和实训过程中,你主要掌握了哪些技能?			
方法反思	在完成此任务的学习和实训过程中,你主要掌握了哪些分析和解决问题的方法?			

任务 1.3　角度测量

子任务 1.3.1　全站仪的认识与使用

任务单

模块 1	测量基础知识	任务 1.3	角度测量
		子任务 1.3.1	全站仪的认识与使用
计划学时		4 学时（课前 2 学时）	
布置任务			
任务描述	能在规定时间完成全站仪的架设与基本操作，即对中—粗平—精平—瞄准。		
工作目标	1. 能正确安置三脚架，架设全站仪。 2. 能规范操作，完成仪器的对中整平以及瞄准操作。 3. 动作熟练，能在规定时间完成仪器对中整平操作。 4. 能够在完成任务过程中锻炼职业素养，做到工作程序严谨，作业认真细致，能够吃苦耐劳，敢于承担责任，并能主动帮助小组中其他成员，有团队意识，诚实守信，精益求精。		

学时安排	思	学	教	做	评
	（1.5 学时）	（0.5 学时）	1.5 学时	2 学时	0.5 学时

学习要求	1. 按照思维导图自主学习，完成课前测试。 2. 严格遵守课堂纪律，学习态度认真、端正，能够正确评价自己和同学在工作任务中的素质表现。 3. 积极参与小组工作，承担外业观测中的相应工作，做到积极主动不推诿，与小组成员默契配合。 4. 能够完成技能训练作业单，对作业中的疑难点务必及时强化与突破。 5. 任务完成后，填写任务评价单，评价各小组成员的分数或等级。 6. 完成课后反思，以小组为单位提交。
考核评价办法	评价包括自我评价、小组互评、教师评价，按比例进行综合评价，并以不小于 40% 的比例计入期末总成绩。

思维导图

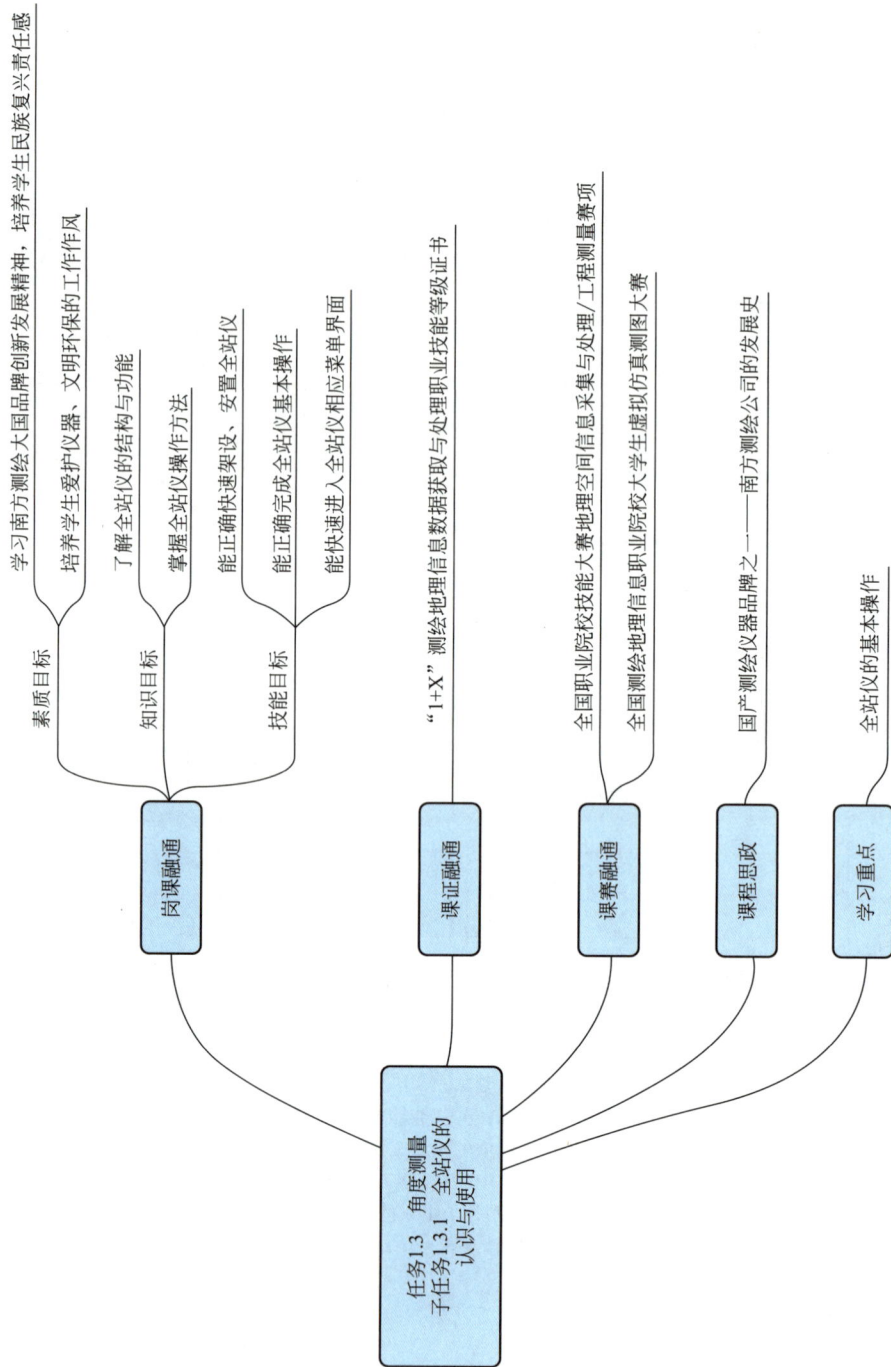

素质目标 —— 学习南方测绘大国品牌创新发展精神，培养学生民族复兴责任感
            培养学生爱护仪器、文明环保的工作作风

知识目标 —— 了解全站仪的结构与功能
            掌握全站仪操作方法

技能目标 —— 能正确完成架设、安置全站仪
            能正确进入全站仪基本操作
            能快速进入全站仪相应菜单界面

岗课融通

课证融通 —— "1+X"测绘地理信息数据获取与处理职业技能等级证书

课赛融通 —— 全国职业院校技能大赛地理空间信息采集与处理/工程测量赛项
            全国测绘地理信息职业院校大学生虚拟仿真测图大赛

课程思政 —— 国产测绘仪器品牌之一——南方测绘公司的发展史

学习重点 —— 全站仪的基本操作

任务1.3 角度测量
子任务1.3.1 全站仪的
认识与使用

课前自学

全站仪作为光电技术的产物，智能化的测量产品，是目前各工程单位测量和放样的主要仪器，它的应用使测量人员从繁重的测量工作中解脱出来。电子全站仪是由光电测距仪、电子经纬仪和数据处理系统组合而成的测量仪器，可以在一个测站上完成角度（水平角、竖直角）测量、距离（斜距、平距、高差）测量、坐标测量和放样测量等工作。由于只要一次安置仪器，便可以完成该测站上的所有的测量工作，故被称为全站型电子速测仪，简称"全站仪"。

知识点 1　全站仪的结构

1. 全站仪的结构

全站仪主要由测量部分（测角部分、测距部分）、中央处理单元、输入、输出以及电源等部分组成。

（1）测角部分相当于电子经纬仪，可以测定水平角、竖直角和设置方位角。

（2）测距部分相当于光电测距仪，一般采用红外光源，测定至目标点（设置反光镜或反光片）的斜距，并可归算为平距及高差。

（3）中央处理单元接受输入指令，分配各种观测作业，进行测量数据的运算，如多测回取平均值、观测值的各种改正、极坐标法或交会法的坐标计算功能。更为完备的各种软件，在全站仪的数字计算机中还提供有程序存储器。

现以南方全站仪 NTS332 系列为例说明全站仪的构造（图 1-23）。

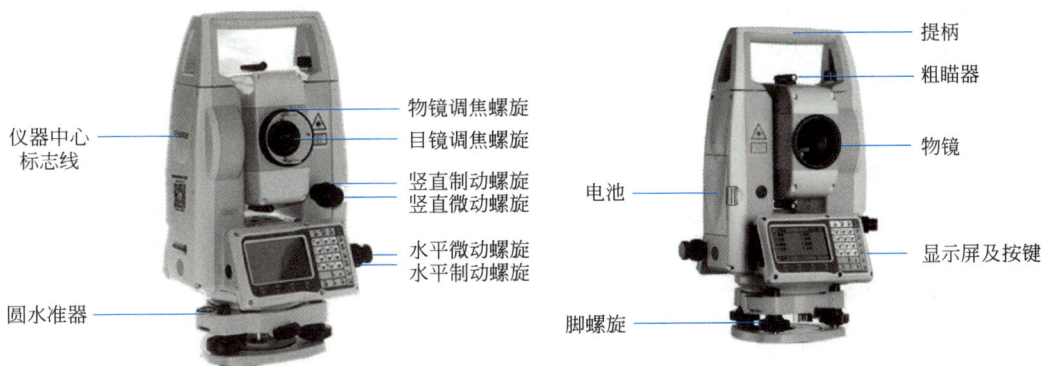

图 1-23　全站仪各部件名称

2. 全站仪的辅助设备

全站仪要完成预定的测量工作，须借助于辅助设备。全站仪的辅助设备通常有三脚架、反射棱镜或反射片、垂球、管式罗盘、数据通信电缆、电池以及充电器等。全站仪在进行测量距离等作业时，须在目标处放置反射棱镜。反射棱镜有单（三）棱镜组，可通过基座连接器将棱镜组连接在基座上，再安置到三脚架上，也可直接安置在对中杆上。棱镜组由用户根据作业需要自行配置（图 1-24）。

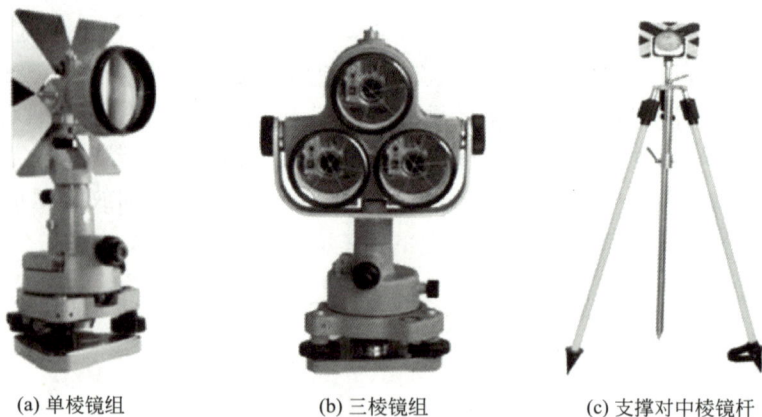

(a) 单棱镜组   (b) 三棱镜组   (c) 支撑对中棱镜杆

图 1-24   辅助设备

知识点 2   全站仪的使用

1. 仪器开箱和存放

（1）开箱

轻轻地放下箱子，让其盖朝上，打开箱子的锁栓，开箱盖，取出仪器。

（2）存放

盖好望远镜镜盖，使照准部的垂直制动手轮和基座的圆水准器朝上，将仪器平卧放入箱中，轻轻旋紧垂直制动手轮，盖好箱盖并关上锁栓。

2. 安置与架设仪器

将仪器安装在三脚架上，精确对中和整平，以保证测量成果的精度，应使用专用的中心连接螺旋的三脚架。

（1）利用光学对中器对中

1）架设三脚架

将三脚架伸到适当高度，确保三条架腿等长打开，并使三脚架顶面近似水平，且位于测站点的正上方。将三条架腿支撑在地面上，使其中一条架腿固定。

2）安置仪器和对点

将仪器小心地安置到三脚架上，拧紧中心连接螺旋，调整光学对点器，使十字丝成像清晰。双手握住另外两条未固定的架腿，通过对光学对点器的观察调节该两条架腿的位置。当光学对点器大致对准测站点时，使三脚架三条架腿均固定在地面上。调节全站仪的三个脚螺旋，使光学对点器精确对准测站点。

3）利用圆水准器粗平仪器

调整三脚架三条架腿的高度，使全站仪圆水准气泡居中。

4）利用管水准器精平仪器

① 松开水平制动螺旋，转动仪器，使管水准器平行于某一对脚螺旋 A、B 的连线。通过旋转脚螺旋 A、B，使管水准气泡居中。

② 将仪器旋转 90°，使其垂直于脚螺旋 A、B 的连线。旋转脚螺旋 C，使管水准气泡居中。

5）精确对中与整平

通过对光学对点器的观察，轻微松开中心连接螺旋，平移仪器（不可旋转仪器），使仪器精确对准测站点。再拧紧中心连接螺旋，再次精平仪器。重复此项操作到仪器精确整平对中为止。

（2）利用激光对点器对中

1）架设三脚架

将三脚架伸到适当高度，确保三条架腿等长打开，并使三脚架顶面近似水平，且位于测站点的正上方。将三条架腿支撑在地面上，使其中一条架腿固定。

2）安置仪器和对点

将仪器小心地安置到三脚架上，拧紧中心连接螺旋，打开激光对点器。双手握住另外两条未固定的架腿，通过观察激光对点器光斑来调节该两条架腿的位置。当激光对点器光斑大致对准测站点时，使三脚架三条架腿均固定在地面上。调节全站仪的三个脚螺旋，使激光对点器光斑精确对准测站点。

3）利用圆水准器粗平仪器

调整三脚架三条架腿的高度，使全站仪圆水准气泡居中。

4）利用管水准器精平仪器

松开水平制动螺旋、转动仪器使管水准器平行于某一对脚螺旋①、②的连线。再旋转脚螺旋①、②，使管水准器气泡居中。将仪器绕竖轴旋转 90°再旋转另一个脚螺旋③，使管水准器气泡居中。再次旋转 90°，重复以上步骤，直至四个位置上气泡居中为止（图 1-25）。

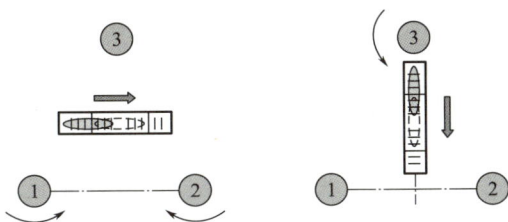

图 1-25　调节管水准器

5）精确对中与整平

通过观察激光对点器光斑，轻微松开中心连接螺旋，平移仪器（不可旋转仪器），使仪器精确对准测站点。再拧紧中心连接螺旋，再次精平仪器。重复此项操作到仪器精确整平对中为止。

按 ESC 键退出，激光对点器自动关闭。

如图 1-26 所示，也可使用电子气泡代替上面的利用管水准器精平仪器部分，超出 ±4′ 范围会自动进入电子水泡界面。

① 水准气泡图：可以查看和设置双轴补偿的当前状态。

② X：显示 X 方向的补偿值。

③ Y：显示 Y 方向的补偿值。

④ [补偿-关]：关闭双轴补偿，点击进入到 [补偿-X]。

⑤ [补偿-X]：打开 X 方向补偿，点击进入到 [补偿-XY]。

⑥［补偿-XY］：打开 XY 方向的补偿，点击进入［补偿-关］。

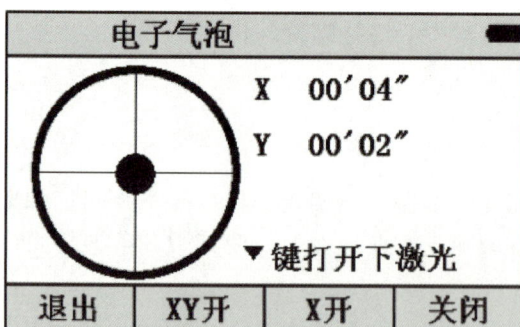

图 1-26　电子气泡

（3）电池的装卸、信息和充电

1）电池装卸

① 安装电池。把电池放入仪器盖板的电池槽中，用力推电池，使其卡入仪器中。

② 电池取出。按住电池左右两边的按钮往外拔，取出电池。

2）电池信息

当电池电量少于一格时，表示电池电量已经不多，请尽快结束操作，更换电池并充电。

（4）望远镜目镜调整和目标照准

1）将望远镜对准明亮天空，旋转目镜筒，调焦看清十字丝（先朝自己方向旋转目镜筒，再慢慢旋进调焦使十字丝清晰）。

2）利用粗瞄准器内的三角形标志的顶尖瞄准目标点，眼睛与瞄准器之间应保留有一定距离。

3）利用望远镜调焦螺旋使目标成像清晰，当眼睛在目镜端上下或左右移动发现有视差时，说明调焦或目镜屈光度未调好，这将影响观测的精度，应仔细调焦并调节目镜筒消除视差。

（5）打开和关闭电源

1）确认仪器已经对中整平。

2）打开电源开关（POWER 键），确认显示窗中有足够的电池电量，当显示"电池电量不足"（电池用完）时，应及时更换电池或对电池进行充电。

3）对比度调节：仪器开机时应确认棱镜常数值（PSM）和大气改正值（PPM），并可调节显示屏对比度，如图 1-27 所示。通过按 F1（↓）或 F2（↑）软功能键可调节对比度，为了在关机后保存设置值，可按 F4（回车）键。

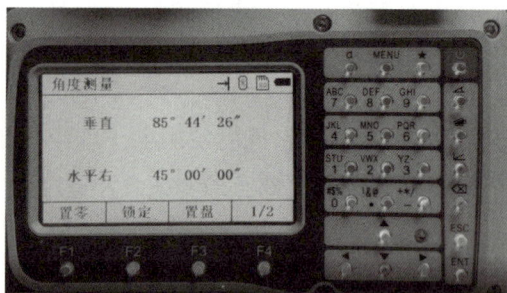

图 1-27　操作键和信息显示

（6）键盘功能与信息显示

1）操作键

操作键示例见表 1-2。

按键	名称	功能
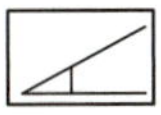	角度测量键	进入角度测量模式
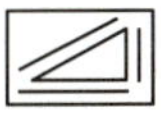	距离测量键	进入距离测量模式
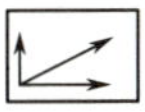	坐标测量键	进入坐标测量模式
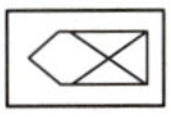	退格键	删除光标前字符
▲ ▼	方向键	上、下移键
◀ ▶	方向键	左、右移键
ESC	退出键	返回上一级状态或返回测量模式
ENT	回车键	对所做操作进行确认
MENU	菜单键	进入菜单模式
α	转换键	字母与数字输入转换
★	星键	快捷设置
 ⏻	电源开关键	电源开关
F1 ─ F4	软键（功能键）	对应于显示的软键信息
0 ─ 9	数字字母键盘	输入数字和字母
──	负号键	输入负、加、乘、除号
•	点号键	输入小数点等字符

2）显示符

显示符示例见表 1-3。

显示符示例

表 1-3

显示符号	内容	显示符号	内容
V	垂直角	E	东向坐标
v‰	垂直角（坡度显示）	PPM	大气改正值
HR	水平角（右角）	m	以米为距离单位
HL	水平角（左角）	ft	以英尺为距离单位
HD	水平距离	dms	以度、分、秒为角度单位
VD	高差	PSM	棱镜常数（以 mm 为单位）
SD	斜距	PPM	大气改正值
N	北向坐标	PT	点名

课前测试

一、单选题（只有 1 个正确答案，每题 10 分）

1. 全站仪对中的目的是使仪器中心与测站点标志中心位于同一（   ）。

A. 水平线上　　　　B. 铅垂线上　　　　C. 水平面内　　　　D. 垂直面内

2. 全站仪望远镜照准目标的步骤是（   ）。

A. 目镜调焦、物镜调焦、粗略瞄准目标、精确瞄准目标

B. 物镜调焦、目镜调焦、粗略瞄准目标、精确瞄准目标

C. 粗略瞄准目标、精确瞄准目标、物镜调焦、目镜调焦

D. 目镜调焦、粗略瞄准目标、物镜调焦、精确瞄准目标

3. 与水准仪对比，全站仪操作需要进行哪项操作？（   ）

A. 对中　　　　　　B. 整平　　　　　　C. 瞄准　　　　　　D. 架设

4. 全站仪对中和整平的操作关系是（   ）。

A. 相互影响，应先对中再整平，过程不可反复

B. 相互影响，应反复进行

C. 互不影响，可随意进行

D. 互不影响，但应按先对中后整平的顺序进行

5. 全站仪的粗平操作应（   ）。

A. 伸缩脚架　　　　B. 平移脚架　　　　C. 调节脚螺旋　　　　D. 平移仪器

6. 全站仪的精平操作应（   ）。

A. 升降脚架　　　　B. 调节脚螺旋　　　　C. 调整脚架位置　　　　D. 平移仪器

二、多选题（至少有 2 个正确答案，每题 10 分）

1. 全站仪对中的方法包括哪几种？（   ）

A. 垂球对中　　　　B. 光学对中　　　　C. 激光对中　　　　D. 强制对中

E. 目测对中

2. 以下属于全站仪组成部分的是？（   ）

A. 照准部　　　　　B. 水平度盘　　　　C. 连接螺旋　　　　D. 基座

E. 脚架

三、判断题（对的画"√"，错的画"×"，每题 10 分）

1. 全站仪的安置不仅需要完成对中，而且需要进行整平。　　　　　　（   ）

2. 在毛毛细雨天进行全站仪测量工作时，需要对仪器进行打伞操作。　　（   ）

计划单

模块1	测量基础知识		任务1.3	角度测量
			子任务1.3.1	全站仪的认识与使用
计划学时	4 学时	完成人	1.（　　　） 2.（　　　） 3.（　　　） 4.（　　　） 5.（　　　） 6.（　　　） 7.（　　　） 8.（　　　） 9.（　　　）	
序号	计划步骤		具体工作内容	
1	准备工作			
2	组织分工			
3	现场操作			
4	核对工作			
5	成果整理			
计划说明				

作业单

日　期		天　气		班　级		姓　名	
仪器编号		仪器管理		安全监督		质量检验	

安置仪器次数	对中	整平	粗平	精平	瞄准	用时/s
第一次						
第二次						
第三次						
第四次						

评价单

模块 1	测量基础知识		任务 1.3		角度测量	
			子任务 1.3.1		全站仪的认识与使用	
评价对象			小组成员			
评价情境	评价内容及要求	分值 (100)	自我评价 (10%)	组员互评 (20%)	教师评价 (70%)	实得分 (Σ)
实施过程 (35)	遵守纪律、服从安排	5				
	仪器操作规范	10				
	观测步骤正确	10				
	成果计算准确	10				
质量评价 (25)	工作完整性	10				
	工作质量	5				
	报告完整性	10				
素质评价 (25)	核心价值观	5				
	创新性	5				
	参与率	5				
	合作性	5				
	劳动态度	5				
安全文明 (10)	工作中的安全保障情况	5				
	工具正确使用和保养、放置规范	5				
工作效率 (5)	能够在要求的时间内完成，超时不得分	5				
最终得分						

课后反思

模块 1	测量基础知识	任务 1.3	角度测量
		子任务 1.3.1	全站仪的认识与使用
班　级		第　组	成员姓名	

情感反思	通过对此任务的学习和实训,你认为自己在社会主义核心价值观、职业素养、劳动精神和工匠精神等方面有哪些部分需要提高?
知识反思	通过学习此任务,你掌握了哪些知识点?
技能反思	在完成此任务的学习和实训过程中,你主要掌握了哪些技能?
方法反思	在完成此任务的学习和实训过程中,你主要掌握了哪些分析和解决问题的方法?

子任务 1.3.2　水平角测量

任务单

模块 1	测量基础知识	任务 1.3	角度测量
		子任务 1.3.2	水平角测量

计划学时	4 学时(课前 2 学时)

布置任务	

任务描述	因施工需要,利用全站仪选用合适的方法测出各点之间的水平角。

工作目标	1. 能选择合适的测水平角度方法。 2. 能正确利用全站仪测量水平角。 3. 能将测量数据正确记录在表格中,并完成角度计算与检核。 4. 能够在完成任务过程中锻炼职业素养,做到工作程序严谨,作业认真细致,能够吃苦耐劳,敢于承担责任,并能主动帮助小组中其他成员,有团队意识,诚实守信,精益求精。

学时安排	思	学	教	做	评
	(1.5 学时)	(0.5 学时)	1.5 学时	2 学时	0.5 学时

学习要求	1. 按照思维导图自主学习,完成课前测试。 2. 严格遵守课堂纪律,学习态度认真、端正,能够正确评价自己和同学在工作任务中的素质表现。 3. 积极参与小组工作,承担外业观测中的相应工作,做到积极主动不推诿,与小组成员默契配合。 4. 能够完成技能训练作业单,对作业中的疑难点务必及时强化与突破。 5. 任务完成后,填写任务评价单,评判各小组成员的分数或等级。 6. 完成课后反思,以小组为单位提交。

考核评价办法	评价包括自我评价、小组互评、教师评价,按比例进行综合评价,并以不小于 40% 的比例计入期末总成绩。

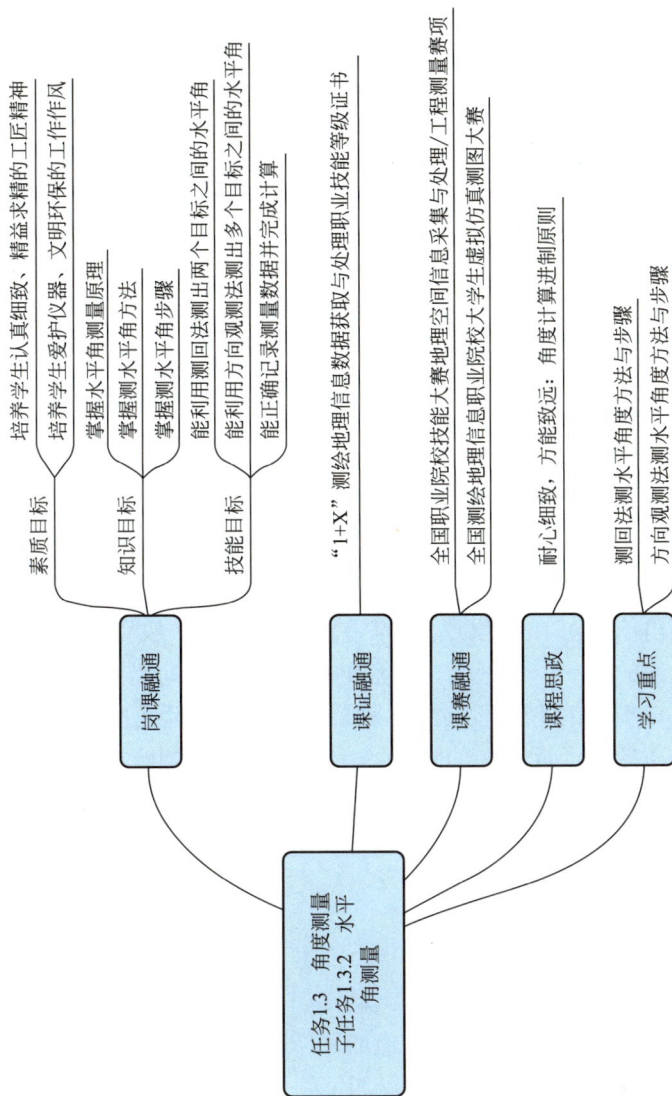

思维导图

课前自学

知识点1 水平角测量原理

水平角是指相交的两条直线在同一水平面上的投影所夹的角度，或指分别过两条直线所做竖直面间所夹的二面角。如图 1-28 所示，B、A、C 为地面上任意三点。A 为测站点，B、C 为目标点，则从 A 点观测 B、C 的水平角为 AB、AC 两方向线垂直投影 A′B′AC′ 在水平面上所成的∠B′A′C′，或为过 AB、AC 的竖直面间的二面角 β。

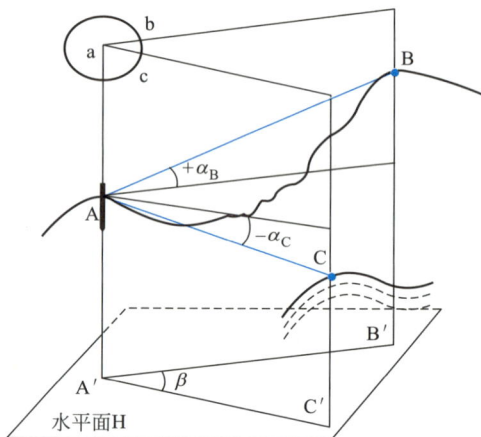

图 1-28　角度测量原理

1-9
水平角测量
原理

为了测量水平角值，可在角顶点 O 的铅垂线上，水平放置一个有刻度的圆盘，圆盘上有顺时针方向标注的 0°～360°刻度，圆盘的中心在 O 点的铅垂线上。此外，应该有一个能瞄目标的望远镜，望远镜不但可以在水平面内转动，而且还应能在竖直面内转动。通过望远镜可分别瞄准高低和远近不同的目标 A 和 B，并可在圆盘得相应的读数 a 和 b，则水平角 β 即为两个读数之差，即：

$$\beta = b - a \tag{1-19}$$

知识点2 水角测量方法

1. 测回法

测回法适用于观测两个方向的单角。

如图 1-29 所示，设仪器置于 O 点，地面两个目标为 M、N，欲测定 ON、OM 两方向线间的水平夹角∠MON，两测回观测过程如下：

（1）将全站仪安置在测站点 O，对中、整平。

（2）第一测回上半测回（盘左位置观测）：使度盘处于测角状态，盘左瞄准左目标 M，按置数方法配置起始读数为零，并读取水平度盘读数为 $a_L = 0°00'00''$，松开制动螺旋顺时针转动仪器，照准右目标 N，读取水平度盘读数为 $b_L = 57°18'22''$，同时记入水平角观测记录表（表 1-4）中。上半测回观测所得水平角为：

$$\beta_L = b_L - a_L = 57°18'22'' \tag{1-20}$$

54

1-10

全站仪水平角
观测

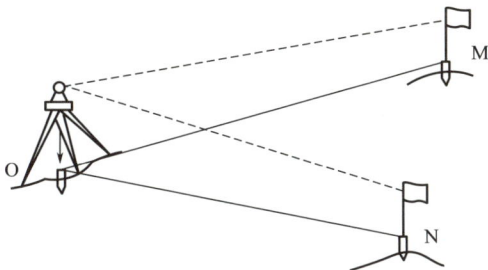

图 1-29　测回法测角示意图

（3）第一测回下半测回（盘右位置观测）。纵转望远镜180°，使仪器成盘右位置。依次瞄准右目标 N、左目标 M，读取水平度盘读数，$b_R = 237°18'54''$，$a_R = 180°00'31''$。下半测回观测所得水平角为：

$$\beta_R = b_R - a_R = 57°18'23'' \tag{1-21}$$

（4）第一测回角值：

$$\beta_1 = \frac{1}{2}(\beta_L + \beta_R) = 57°18'22'' \tag{1-22}$$

（5）第二测回观测步骤与第一测回观测步骤近似相同，唯一不同是上半测回起始方向配置读数为90°。

$$\beta_2 = 57°18'15''$$

（6）各测回角值：

$$\beta = \frac{1}{2}(\beta_1 + \beta_2) = 57°18'18''$$

测回法水平角观测记录表见表 1-4。

测回法水平角观测记录表　　　　　　　　　　表 1-4

测站	测回	竖盘位置	目标	水平度盘读数 (°　′　″)	半测回角值 (°　′　″)	一测回角值 (°　′　″)	各测回角值 (°　′　″)	备注
O	1	左	M	0 00 0	57 18 22	57 18 22	57 18 18	
			N	57 18 22				
		右	M	180 00 31	57 18 23			
			N	237 18 54				
	2	左	M	90 00 00	57 18 18	57 18 15		
			N	147 18 18				
		右	M	270 00 12	57 18 12			
			N	327 18 24				

注：在求各测回角值中取整数时，按照测量中数据进制原则"4舍6入，遇5奇进偶不进"。

为了提高观测精度，常需要观测多个测回，为了减弱度盘分划误差对角度的影响，各测回应均匀地分配在度盘的不同位置。若要观测 n 个测回，则每个测回起始方向读数应递增 $180°/n$。例如：当需要观测 4 个测回时，每测回应递增 $180°/4 = 45°$，即每测回起始方向读数应依次配置在 $00°00'00''$、$45°00'00''$、$90°00'00''$、$135°00'00''$ 处。

说明：

1）盘左、盘右观测可作为观测中有无错误的检核，同时可以抵消一部分仪器误差的影响。

2）上、下半测回角值较差的限差，应满足有关测量规范的限差规定，对于全站仪一般为±36″，当较差小于限差时，取平均值作为一测回的角值，否则应重测。若精度要求较高时，可按规范要求测若干个测回，当用全站仪观测时，各测回间的角值较差不超过36″，可取其平均值为最后结果。

2. 方向观测法

方向观测法进行角度测量是以某个方向为起始方向（又称零方向），依次观测其余各个目标相对于起始方向的方向值，则每一个角度就是组成该角的两个方向值之差。如图 1-30 所示，O 点为测站点，A、B、C、D 为 4 个目标点。其操作步骤如下：

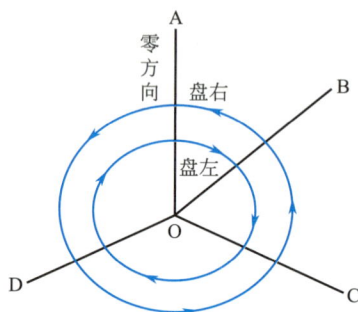

图 1-30　方向观测法

1-11

全站仪方向
观测法

（1）上半测回（盘左位置）

1）选择目标 A 作为起始零方向。照准 A 点置零，读数记为 a_L，将 a_L 记入表 1-5 相应栏中。

2）顺时针依次精确瞄准 B、C、D 各点（即所谓"全圆"）得到读数：b_L、c_L、d_L，并记入方向观测法记录表 1-5 中。再次瞄准起始方向 A 得到读数 a'，称为归零，两次瞄准 A 点的读数之差称为"归零差"。对于不同精度等级的仪器，其限差要求是不相同的，见表 1-6。

（2）下半测回（盘右位置）

1）纵转望远镜 180°，使仪器为盘右位置。

2）按逆时针顺序依次精确瞄准 A、D、C、B、A 各点，得到读数：a_R、d_R、c_R、b_R、a'_R，并记入方向观测法记录表 1-5 中（注：a_R 应记入下半测回的最后一行）。

上、下半测回构成一个测回，在同一个测回内不能第二次改变水平度盘的位置。当精度要求较高，需测多个测回时，各测回间应按 $180°/n$ 配置度盘起始方向的读数。规范规定三个方向的方向观测法可以不归零，超过三个方向必须归零。

（3）计算与检验

1）半测回归零差：即上、下半测回中零方向两次读数之差 $\Delta(a_L - a'_L, a_R - a'_R)$，表 1-5 中第一测回中盘左、盘右半测回归零差分别为 +8″、+8″。若归零差超限，说明全站仪的基座或三脚架在观测过程中可能有变动，或者是对 A 点的观测有错，此时该半测回须重测；若未超限，则可继续测下半测回。

2）2c 值：2c 值是指上下半测回中，同一方向盘左、盘右水平度盘读数之差，即 2c ＝盘左读数－（盘右读数±180°），当盘右读数＞180°时，取"－"，否则取"＋"，下同。它主要反映了 2 倍的视准轴误差，而各测回同方向的 2c 值互差，则反映了方向观测中的偶然误差，偶然误差应不超过一定的范围，见表 1-6。

3）平均方向值：指各测回中同一方向盘左和盘右读数的平均值，平均方向值＝1/2〔盘左读数＋（盘右读数±180°）〕，表 1-5 第 6 栏中第一测回零方向有两个平均值 0°00′05″、0°00′13″，这两个平均值的中数 0°00′09″记在第 6 栏上方，并加上括号。

4）归零方向：各平均方向值减去零方向括号内之值。例如：92°55′13″－0°00′09″＝93°55′04″

5）各测回归零后平均方向值的计算：当一个测站观测两个或两个以上测回时，应检查同一方向值各测回的互差，互差要求见表 1-6。若检查结果符合要求，取各测回同一方向归零后方向的平均值作为最后结果，列入表 1-5 第 8 栏。

方向观测法观测记录表　　　　　　　　　　　　　　　　表 1-5

测回数	测站	目标	水平度盘读数		2c	平均方向值	归零方向值	各测回归零方向值之平均值
			盘左	盘右				
			(° ′ ″)	(° ′ ″)	(″)	(° ′ ″)	(° ′ ″)	(° ′ ″)
一	1	2	3	4	5	6	7	8
1	O	A	00 00 00	180 00 010	－10	(00 00 09) 00 00 05	00 00 00	
		B	92 55 08	272 55 18	－10	92 55 13	92 55 04	
		C	158 35 40	338 35 48	－8	158 35 44	158 35 35	
		D	244 08 10	64 08 20	－10	244 08 15	244 08 06	
		A	0 00 08	180 00 18	－10	00 00 13		
		△	＋8	＋8				
2		A	90 00 00	270 00 08	－8	(90 00 08) 90 00 04	00 00 00	00 00 00
		B	182 55 09	02 55 18	－9	182 55 14	92 55 06	92 55 05
		C	248 35 42	68 35 50	－8	248 35 46	158 35 38	158 35 36
		D	334 08 16	154 08 22	－6	334 08 19	244 08 11	244 08 08
		A	90 00 09	270 00 14	－5	90 00 12		
		△	＋9	＋6				

方向观测法限值要求　　　　　　　　　　　　　　　　表 1-6

经纬仪型号	半测回归零差	各测回同方向 2c 值互差	各测回同方向归零方向值互差
DJ2	8″	13″	10″
DJ6	18″	—	24″

💡 课前测试

一、单选题（只有 1 个正确答案，每题 10 分）

1. 适用于观测两个方向之间的单个水平角的方法是（　　）。

A. 测回法　　　　　B. 方向法　　　　　C. 全圆方向法　　　D. 复测法

2. 水平角观测时，为精确瞄准目标，应该用十字丝尽量瞄准目标（　　）。

A. 顶部　　　　　　B. 底部　　　　　　C. 约 1/2 高处　　　D. 约 1/3 高处

3. 测量工作中水平角的取值范围为（　　）。

A. $0°\sim180°$　　　B. $-180°\sim180°$　　　C. $-90°\sim90°$　　　D. $0°\sim360°$

4. 当测角精度要求较高时，应变换水平度盘不同位置，观测 n 个测回取平均值，变换水平度盘位置的计算公式是（　　）。

A. $90°/n$　　　　　B. $180°/n$　　　　　C. $270°/n$　　　　　D. $360°/n$

5. 采用测回法观测水平角，盘左和盘右瞄准同一方向的水平度盘读数，理论上应（　　）。

A. 相等　　　　　　B. 相差 $90°$　　　　C. 相差 $180°$　　　　D. 相差 $360°$

6. 测回法观测某水平角一测回，上半测回角值为 $102°28'13''$，下半测回角值为 $102°28'20''$，则一测回角值为（　　）。

A. $102°28'07''$　　B. $102°28'17''$　　C. $102°28'16''$　　D. $102°28'33''$

二、多选题（至少有 2 个正确答案，每题 10 分）

1. 全站仪角度测量包括哪些？（　　）

A. 倾斜角　　　　　B. 竖直角　　　　　C. 水平角　　　　　D. 仰角

E. 象限角

2. 全站仪水平角观测方法包括哪些？（　　）

A. 测回法　　　　　B. 复测法　　　　　C. 重复法　　　　　D. 方向观测法

E. 全圆观测法

三、判断题（对的画"√"，错的画"×"，每题 10 分）

1. 设在测站点的东南西北分别有 M、N、P、Q 四个标志，用方向观测法观测水平角，以 N 为零方向，则盘左的观测顺序为 N、P、Q、M、N。　　　　　　　　　（　　）

2. 当在同一测站上观测方向数有 3 个时，测角方法应采用方向观测法。　　　（　　）

🔍 拓展

采用全站仪盘右进行水平角观测，瞄准右侧目标读数为 $34°01'42''$，瞄准观测方向左侧目标水平度盘读数为 $145°03'24''$，则该半测回测得的水平角值为（　　）。

A. $111°01'42''$　　　　　　　　　　B. $248°58'18''$

C. $179°05'06''$　　　　　　　　　　D. $-111°01'42''$

计划单

模块 1	测量基础知识		任务 1.3	角度测量
			子任务 1.3.2	水平角测量——测回法测水平角

计划学时	2 学时	完成人	1.（　　） 2.（　　） 3.（　　） 4.（　　） 5.（　　） 6.（　　） 7.（　　） 8.（　　） 9.（　　）

序号	计划步骤	具体工作内容
1	准备工作	
2	组织分工	
3	现场操作	
4	核对工作	
5	成果整理	
计划说明		

作业单

测回法测水平角记录表

日　期		天　气		班　级		姓　名	
仪器编号		仪器管理		安全监督		质量检验	
测　站	盘　位	目　标	读　数 ° ′ ″	半测回角值 ° ′ ″	一测回角值 ° ′ ″	平均角值 ° ′ ″	备　注

评价单

模块 1	测量基础知识		任务 1.3		角度测量		
			子任务 1.3.2		水平角测量——测回法测水平角		
评价对象			小组成员				
评价情境	评价内容及要求	分值（100）	自我评价（10%）	组员互评（20%）	教师评价（70%）	实得分（Σ）	
实施过程（35）	遵守纪律、服从安排	5					
	仪器操作规范	10					
	观测步骤正确	10					
	成果计算准确	10					
质量评价（25）	工作完整性	10					
	工作质量	5					
	报告完整性	10					
素质评价（25）	核心价值观	5					
	创新性	5					
	参与率	5					
	合作性	5					
	劳动态度	5					
安全文明（10）	工作中的安全保障情况	5					
	工具正确使用和保养、放置规范	5					
工作效率（5）	能够在要求的时间内完成，超时不得分	5					
最终得分							

课后反思

模块 1	测量基础知识	任务 1.3	角度测量
		子任务 1.3.2	水平角测量——测回法测水平角
班　级		第　组　成员姓名	

情感反思	通过对此任务的学习和实训,你认为自己在社会主义核心价值观、职业素养、劳动精神和工匠精神等方面有哪些部分需要提高?
知识反思	通过学习此任务,你掌握了哪些知识点?
技能反思	在完成此任务的学习和实训过程中,你主要掌握了哪些技能?
方法反思	在完成此任务的学习和实训过程中,你主要掌握了哪些分析和解决问题的方法?

计划单

模块 1	测量基础知识	任务 1.3	角度测量
		子任务 1.3.2	水平角测量——方向观测法测水平角

计划用时	2 学时	完成人	1.（ ） 2.（ ） 3.（ ） 4.（ ） 5.（ ） 6.（ ） 7.（ ） 8.（ ） 9.（ ）

序号	计划步骤	具体工作内容
1	准备工作	
2	组织分工	
3	现场操作	
4	核对工作	
5	成果整理	
计划说明		

作业单

方向观测法记录表

日　期		天　气		班　级		姓　名	
仪器编号		仪器管理		安全监督		质量检验	

测站	测回	目标	水平读数		2c	平均读数	一测回归零方向值	各测回归零方向值平均值	角值	备注
			盘左	盘右						
			° ′ ″	° ′ ″	″	° ′ ″	° ′ ″	° ′ ″	° ′ ″	

评价单

模块 1	测量基础知识		任务 1.3		角度测量		
			子任务 1.3.2		水平角测量——方向观测法测水平角		
评价对象			小组成员				
评价情境	评价内容及要求	分值 (100)	自我评价 (10%)	组员互评 (20%)	教师评价 (70%)	实得分 (∑)	
实施过程 (35)	遵守纪律、服从安排	5					
	仪器操作规范	10					
	观测步骤正确	10					
	成果计算准确	10					
质量评价 (25)	工作完整性	10					
	工作质量	5					
	报告完整性	10					
素质评价 (25)	核心价值观	5					
	创新性	5					
	参与率	5					
	合作性	5					
	劳动态度	5					
安全文明 (10)	工作中的安全保障情况	5					
	工具正确使用和保养、放置规范	5					
工作效率 (5)	能够在要求的时间内完成，超时不得分	5					
最终得分							

课后反思

模块1	测量基础知识	任务 1.3	角度测量		
		子任务 1.3.2	水平角测量——方向观测法测水平角		
班　级		第　组	成员姓名		
情感反思	通过对此任务的学习和实训,你认为自己在社会主义核心价值观、职业素养、劳动精神和工匠精神等方面有哪些部分需要提高?				
知识反思	通过学习此任务,你掌握了哪些知识点?				
技能反思	在完成此任务的学习和实训过程中,你主要掌握了哪些技能?				
方法反思	在完成此任务的学习和实训过程中,你主要掌握了哪些分析和解决问题的方法?				

子任务 1.3.3　竖直角测量

模块 1	测量基础知识	任务 1.3	角度测量
		子任务 1.3.3	竖直角测量
计划学时		4 学时（课前 2 学时）	

布置任务	
任务描述	因施工需要,利用全站仪完成点的竖直角测量。
工作目标	1. 能结合竖直角原理,利用全站仪正确读取点的竖直角度数据。 2. 能将测量数据正确记录在表格中,计算出点竖直角并完成检核。 3. 能够在完成任务过程中锻炼职业素养,做到工作程序严谨,作业认真细致,能够吃苦耐劳,敢于承担责任,并能主动帮助小组中其他成员,有团队意识,诚实守信,精益求精。

学时安排	思	学	教	做	评
	（1.5 学时）	（0.5 学时）	1.5 学时	2 学时	0.5 学时

学习要求	1. 按照思维导图自主学习,完成课前测试。 2. 严格遵守课堂纪律,学习态度认真、端正,能够正确评价自己和同学在工作任务中的素质表现。 3. 积极参与小组工作,承担外业观测中的相应工作,做到积极主动不推诿,与小组成员默契配合。 4. 能够完成技能训练作业单,对作业中的疑难点务必及时强化与突破。 5. 任务完成后,填写任务评价单,评判各小组成员的分数或等级。 6. 完成课后反思,以小组为单位提交。

考核评价办法	评价包括自我评价、小组互评、教师评价,按比例进行综合评价,并以不小于 40% 的比例计入期末总成绩。

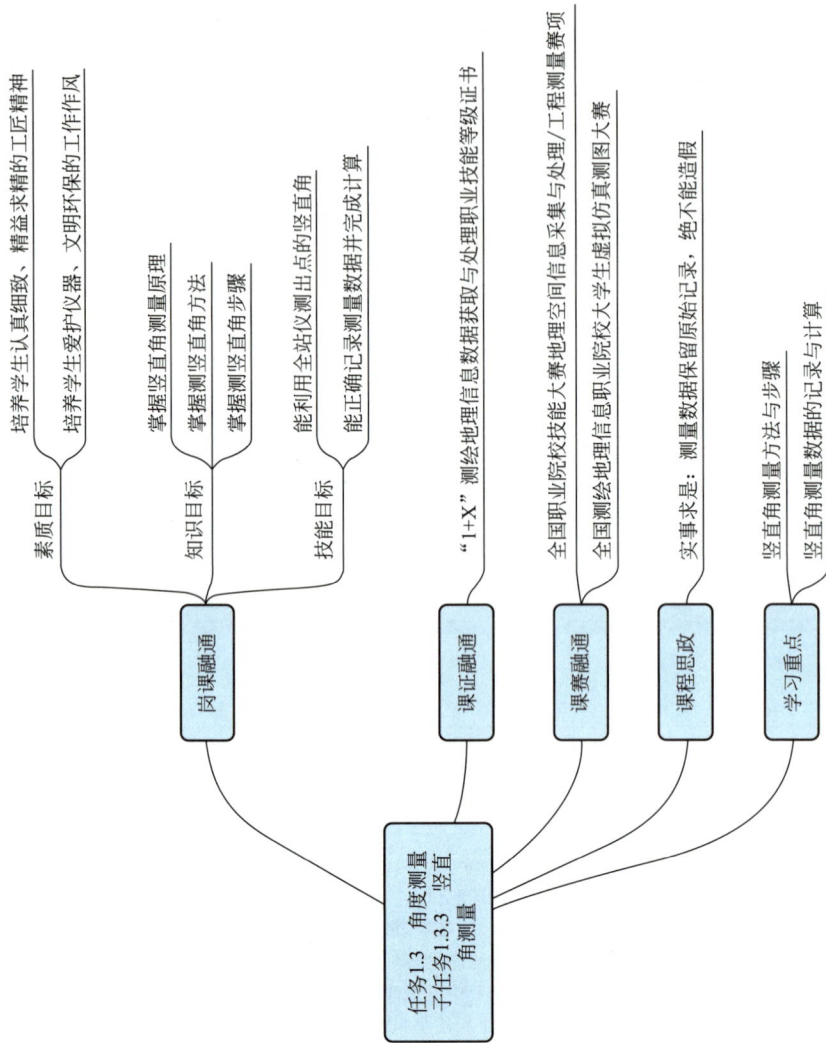

课前自学

知识点 1　竖直角原理

在同一铅垂面内，照准方向线与水平线之间的夹角称为竖直角，又称为倾角或竖角，通常用 α 表示，其角值为 $0°\sim\pm90°$。一般将目标视线在水平线以上的竖直角称为仰角，角值为正，如图 1-31 中的 α_A；目标视线在水平线以下的竖直角称为俯角，角值为负，如图 1-31 中的 α_B。

为了测定竖直角，可在过目标点的铅垂面内装置一个刻度盘，称为竖直度盘或简称竖盘。通过望远镜和读数设备可分别获得目标视线和水平视线的读数，则竖直角 a 即为目标视线读数与水平视线读数之差。

要注意的是：在过 O 点的铅垂线上的不同位置设置竖直度盘时，每个位置观测所得的竖直角是不同的。竖直角与水平角一样，其角值也是竖直度盘上两个方向的读数之差，不同的是，这两个方向必有一个是水平方向。全站仪设计时，将提供这一固定方向，即视线水平时，竖直度盘读数为 90° 的倍数。在竖直角测量时，只需读目标点一方向值，即可算出竖直角。

视线与测站点天顶方向之间的夹角称为天顶距，图 1-31 中以 Z 表示，其数值为 $0°\sim180°$，均为正值。它与竖直角的关系见式（1-23）。

$$\alpha = 90° - Z \tag{1-23}$$

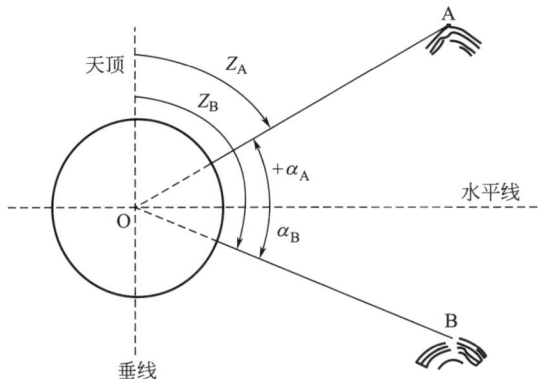

图 1-31　天顶距与竖直角的关系

知识点 2　竖直角计算公式确定

计算竖直角 a 值时，是用倾斜视线读数减水平线方向读数，或是用水平线方向读数减倾斜视线方向读数，应根据竖直度盘分划注记方向是顺时针还是逆时针而定。如图 1-32 所示的竖直度盘是顺时针注记，当其处于盘左位置，如图 1-32（a）所示，视线水平时竖盘读数为 90°。当观测一目标时，望远镜向上仰，读数减小，倾斜视线与水平视线所构成的竖直角为 α_L。设视线方向的读数为 L，则盘左位置的竖直角为：

$$\alpha_L = 90° - L \tag{1-24}$$

若盘右位置且视线水平时，如图 1-32（c）所示，竖盘读数为 270°。当望远镜向上仰

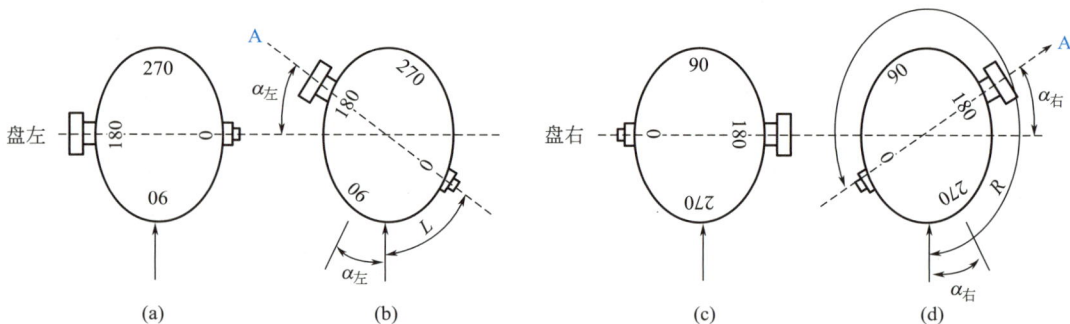

图 1-32 竖直角计算示意图（单位：°）

时，读数增大，倾斜视线与水平视线所构成的竖直角为 a_R，设视线方向的读数为 R，则盘右位置的竖直角为：

$$a_R = R - 270° \tag{1-25}$$

上下半测回角值较差不超过规定限值时，取平均值作为一测回的竖直角，有：

$$\alpha = \frac{1}{2}(\alpha_R + \alpha_L) \tag{1-26}$$

根据上述公式的分析，可得竖直角计算公式的通用判别法：

（1）当望远镜视线往上仰，若竖盘读数逐渐增加，则竖直角的计算公式为：

$$a = 瞄准目标时的读数 - 视线水平时的读数$$

（2）当望远镜视线往上仰，若竖盘读数逐渐减小，则竖直角的计算公式为：

$$a = 视线水平时的读数 - 瞄准目标时的读数$$

知识点 3 竖直角观测方法

1. 竖直角观测

（1）在测站点上安置全站仪，对中整平。

（2）以盘左位置瞄准目标，用十字丝中丝精确地对准目标。

（3）调节竖盘指标水准管微动螺旋，使气泡居中，并读取竖盘读数 L。

（4）以盘右位置同上法瞄准原目标，并读取竖盘读数 R。

以上的盘左、盘右观测构成一个竖直角测回。

2. 记录与计算

将各观测资料填入表 1-7 的竖直角观测手簿中，并按式（1-24）和式（1-25）分别计算半测回竖直角，再按式（1-26）计算出一测回竖直角。

1-13

全站仪垂直角观测

竖直角观测手簿   表 1-7

测站	目标	竖盘位置	竖盘读数 (° ′ ″)	半测回竖直角 (° ′ ″)	指标差 (″)	一测回竖直角 (° ′ ″)	备注
O	A	左	75 30 04	14 29 56	+10	14 30 06	
		右	284 30 17	14 30 17			
	B	左	101 17 23	−11 17 23	+6	−11 17 16	
		右	258 42 50	−11 17 10			

3. 竖盘指标差

上述式（1-24）和式（1-25）是以下前提条件下得出的：

当视线水平时，竖盘指标水准管气泡居中，竖盘盘左指标正指在 90°，盘右指标指在 270°，即指在 90°的整倍数值上。若视线水平，竖盘指标水准管气泡居中时，竖盘指标未指在 90°的整倍数上，而与 90°值有一个差值，这个小差值称为竖盘指标差，如图 1-33 所示。如果竖盘存在指标差，则所算出的竖直角 α_L 与 α_R 中含有指标差的影响，而用盘左竖直角 α_L 与盘右竖直角 α_R 取平均数值，可以抵消指标差的影响，求得正确的竖直角值。

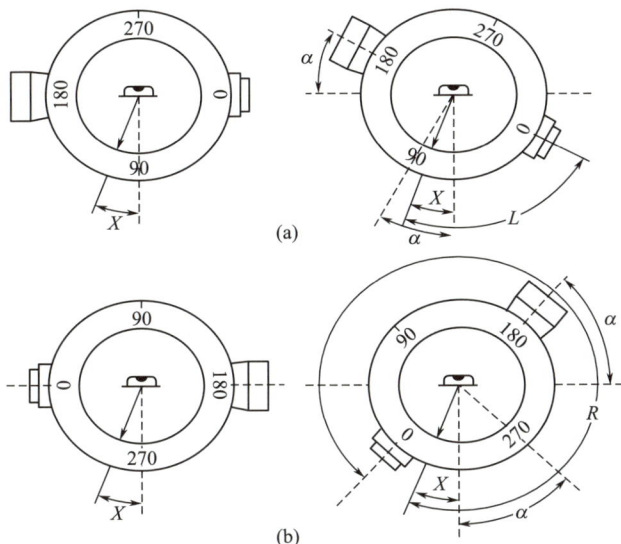

图 1-33　竖盘指标差（单位：°）

如图 1-33（a）所示，当指标偏离方向与注计方向相同时，x 为正；反之，则 x 为负。若仪器存在竖盘指针差，则竖直角的计算公式与式（1-24）和式（1-25）有所不同。

盘左位置，望远镜往上仰，读数减小，若视线倾斜时的竖盘读数为 L，则正确的竖直角为：

$$\alpha_L = 90° - L + x \tag{1-27}$$

如图 1-33（b）所示，盘右位置，望远镜往上仰，读数增大，若视线倾斜时的竖盘读数为 R，则正确的竖直角为：

$$\alpha_R = R - 270° - x \tag{1-28}$$

将式（1-27）和式（1-28）联立求解可得：

$$x = \frac{1}{2}(\alpha_R - \alpha_L) = \frac{1}{2}(R + L - 360°) \tag{1-29}$$

由于指标差的存在，竖直角测量时并不比较盘左竖直角 α_L 与盘右竖直角 α_R 的较差，而是以一个测站各方向的指标差之间的互差来衡量观测精度。对于全站仪一般规定：同一测回中，各方向指标差互差不超过 24″；同一方向各测回竖直角互差不超过 24″。

课前测试

一、单选题（只有 1 个正确答案，每题 10 分）

1. 角度测量的主要内容包括水平角和（　　）的测量。

A. 象限角　　　　　　B. 高程角　　　　　　C. 竖直角　　　　　　D. 导线转折角

2. 在一个竖直面内，视线与水平线的夹角叫作（　　）。

A. 水平角　　　　　　B. 竖直角　　　　　　C. 天顶距　　　　　　D. 方位角

3. 倾斜视线在水平视线的上方，则该垂直角（　　）。

A. 称为仰角，角值为负　　　　　　　　B. 称为仰角，角值为正

C. 称为俯角，角值为负　　　　　　　　D. 称为俯角，角值为正

4. 全站仪瞄准目标 P，盘左、盘右竖盘读数分别为 $81°47'24''$ 和 $278°12'24''$，其竖盘指标差 x 是（　　）。

A. $-06''$　　　　　　B. $+06''$　　　　　　C. $-12''$　　　　　　D. $+12''$

二、多选题（至少有 2 个正确答案，每题 10 分）

1. 竖直指标差的计算公式是哪几个？（　　）

A. $x = \frac{1}{2}(\alpha_R - \alpha_L)$　　　　　　　　B. $x = \frac{1}{2}(\alpha_L - \alpha_R)$

C. $x = \frac{1}{2}(R + L - 360°)$　　　　　　　D. $x = \frac{1}{2}(360° - R + L)$

E. $x = \frac{1}{2}(360° + R - L)$

2. 竖直计算公式是哪几个？（　　）

A. $\alpha = \frac{1}{2}(\alpha_R + \alpha_L)$　　　　　　　　B. $\alpha = \frac{1}{2}(\alpha_L - \alpha_R)$

C. $\alpha = R - x - 270°$　　　　　　　　　D. $\alpha = 90° - (L - x)$

E. $\alpha = \frac{1}{2}(R + L - 360°)$

三、判断题（对的画"√"，错的画"×"，每题 10 分）

1. 竖直角的取值范围为：$-180° \sim +180°$。　　　　　　　　　　　　　　（　　）

2. 当望远镜视线往上仰，竖盘读数逐渐增加，则竖直角等于瞄准目标时的读数－视线水平时的读数。　　　　　　　　　　　　　　　　　　　　　　　　（　　）

3. 竖直角为负数，表示观测目标比仪器中心要低。　　　　　　　　　　　（　　）

4. 通过竖直角可以将观测的斜距转化为水平距离。　　　　　　　　　　　（　　）

计划单

模块 1	测量基础知识		任务 1.3	角度测量
			子任务 1.3.3	竖直角测量
计划用时	4 学时	完成人	1.（　　　）2.（　　　）3.（　　　） 4.（　　　）5.（　　　）6.（　　　） 7.（　　　）8.（　　　）9.（　　　）	
序号	计划步骤		具体工作内容	
1	准备工作			
2	组织分工			
3	现场操作			
4	核对工作			
5	成果整理			
计划说明				

作业单

竖直角测量记录表

日　期		天　气		班　级		姓　名	
仪器编号		仪器管理		安全监督		质量检验	
测　站	目　标	盘　位	读　数 ° ′ ″	半测回角值 ° ′ ″	指标差 ″	一测回角值 ° ′ ″	备　注

评价单

模块 1	测量基础知识		任务 1.3	角度测量		
			子任务 1.3.3	竖直角测量		
评价对象			小组成员			
评价情境	评价内容及要求	分值 (100)	自我评价 (10%)	组员互评 (20%)	教师评价 (70%)	实得分 (Σ)
实施过程 (35)	遵守纪律、服从安排	5				
	仪器操作规范	10				
	观测步骤正确	10				
	成果计算准确	10				
质量评价 (25)	工作完整性	10				
	工作质量	5				
	报告完整性	10				
素质评价 (25)	核心价值观	5				
	创新性	5				
	参与率	5				
	合作性	5				
	劳动态度	5				
安全文明 (10)	工作中的安全保障情况	5				
	工具正确使用和 保养、放置规范	5				
工作效率 (5)	能够在要求的时间 内完成,超时不得分	5				
最终得分						

课后反思

模块 1	测量基础知识	任务 1.3	角度测量
		子任务 1.3.3	竖直角测量
班级		第　组	成员姓名	

情感反思	通过对此任务的学习和实训,你认为自己在社会主义核心价值观、职业素养、劳动精神和工匠精神等方面有哪些部分需要提高?
知识反思	通过学习此任务,你掌握了哪些知识点?
技能反思	在完成此任务的学习和实训过程中,你主要掌握了哪些技能?
方法反思	在完成此任务的学习和实训过程中,你主要掌握了哪些分析和解决问题的方法?

任务 1.4　距离测量

任务单

模块 1	测量基础知识	任务 1.4	距离测量
计划学时		2 学时（课前 1 学时）	
布置任务			
任务描述	在熟练掌握全站仪基本操作以及熟练使用全站仪进行角度测量后,为了完成进一步熟练操作全站仪的目的,本任务需要掌握全站仪距离测量的常规功能。		
工作目标	1. 能熟练操作全站仪进行测站架设。 2. 能遵循规范要求团队协作完成外业观测工作,能独立完成外业观测资料的计算检核。 3. 会评判测量成果的合格性,正确填写《距离测量记录表》。 4. 能够在完成任务过程中锻炼职业素养,做到工作程序严谨,作业认真细致,能够吃苦耐劳,敢于承担责任,并能主动帮助小组中其他成员,有团队意识,诚实守信,精益求精。		

学时安排	思	学	教	做	评
	（0.5 学时）	（0.5 学时）	0.5 学时	1 学时	0.5 学时

学习要求	1. 按照思维导图自主学习,完成课前测试。 2. 严格遵守课堂纪律,学习态度认真、端正,能够正确评价自己和同学在工作任务中的素质表现。 3. 积极参与小组工作,承担外业观测中的相应工作,做到积极主动不推诿,与小组成员默契配合。 4. 能够完成技能训练作业单,对作业中的疑难点务必及时强化与突破。 5. 任务完成后,填写任务评价单,评判各小组成员的分数或等级。 6. 完成课后反思,以小组为单位提交。
考核评价办法	评价包括自我评价、小组互评、教师评价,按比例进行综合评价,并以不小于 40% 的比例计入期末总成绩。

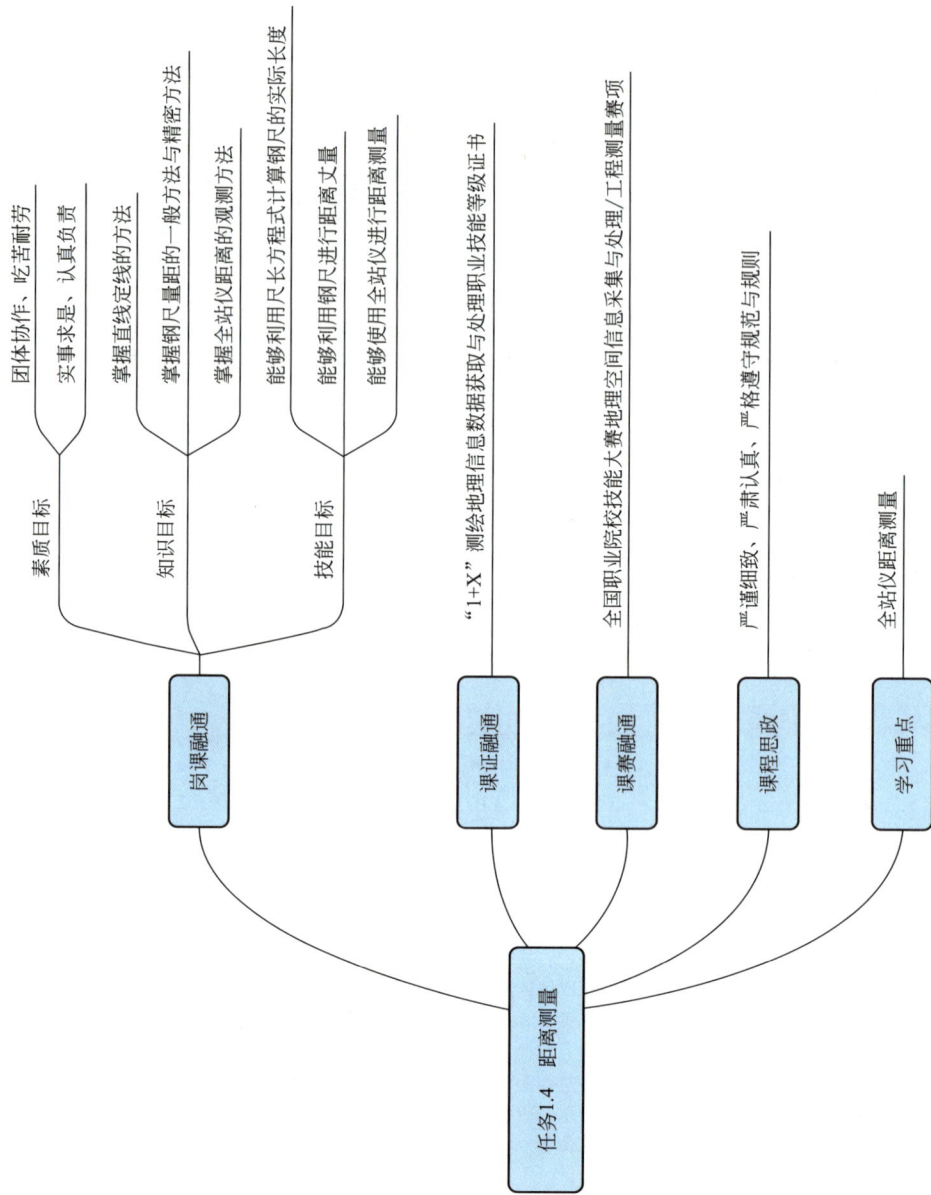

思维导图

素质目标
团体协作、吃苦耐劳
实事求是、认真负责

知识目标
掌握直线定线的方法
掌握钢尺量距的一般方法与精密方法
掌握全站仪距离的观测方法

技能目标
能够利用尺长方程式计算钢尺的实际长度
能够利用钢尺进行距离丈量
能够使用全站仪进行距离测量

岗课融通

课证融通
"1+X"测绘地理信息数据获取与处理职业技能等级证书

课赛融通
全国职业院校技能大赛地理空间信息采集与处理/工程测量赛项

课程思政
严谨细致、严肃认真、严格遵守规范与规则

学习重点
全站仪距离测量

任务1.4　距离测量

地面上两点间的距离是指这两点沿铅垂线方向在大地水准面上投影点间的弧长。在测区面积不大的情况下，可用水平面代替水准面。两点间连线投影在水平面上的长度称为水平距离。不在同一水平面上的两点间的连线的长度称为两点间的倾斜距离。

测量两点间的水平距离是确定地面点位的基本测量工作之一。距离测量的方法有多种，常用的距离测量的方法有钢尺量距、视距测量、光电测距。可根据不同的测距精度要求和作业条件（仪器、地形）选用测距方法。

知识点 1　钢尺量距

1. 钢尺量距的工具

钢尺量距的工具主要包括钢卷尺、皮尺以及丈量时的辅助工具。

（1）钢卷尺（钢尺）

普通钢尺是钢制带状尺，宽 10～15mm，厚 0.4mm，有 30m 和 50m 两种，可卷放在圆形尺壳内或金属尺架上。钢尺的基本分划为毫米，每分米和米处刻有数字注记，全长都刻有毫米分划。钢尺的零分划位置有两种，一种是在钢尺前端有一条零分划线，称为刻线尺（图 1-34a）；另一种零点位于钢尺拉环外沿，称为端点尺（图 1-34b）。

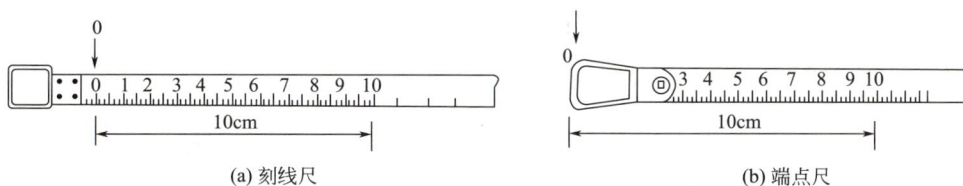

图 1-34　钢尺种类

（2）皮尺（布卷尺）

皮尺是用麻线或加入金属丝织成的带状尺，有 20m、30m、50m 等，基本分划为厘米，尺面每 10 厘米和整米注有数字。皮尺量距精度较钢尺低，适用于工程精度要求较低的距离丈量。

（3）辅助工具

钢尺量距中辅助的工具还有花杆、测钎、垂球等。如图 1-35 所示，花杆长 3m，杆上涂以 20cm 间隔的红、白漆，用于直线定线；测钎是用直径 5mm 左右的粗铁丝磨尖制成，长约 8cm，用来标志所量尺段的起、止点；垂球用于不平坦地面量距，将尺的端点垂直投影到地面。

2. 直线定线

在丈量两点间距离时，如果地面两点之间的距离较长或地面起伏较大，一个尺段不能完成距离丈量，则需要分段测量。为了使所量线段在一条直线上，需要在两点间的直线上标定一些点，这项工作被称为直线定线。在量距中常用目估定线，而在精密量距中采用经纬仪定线。

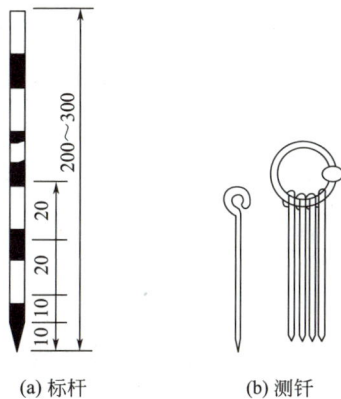

图 1-35　辅助工具

（1）目估定线

目估定线精度较低，但能满足一般量距的精度要求。

如图 1-36 所示，欲测量 A、B 点间的距离，一个作业员甲站于端点 A 后 1～2m 处，瞄准 A、B 点，并指挥另一位持杆作业员乙左右移动标杆 1，直到 3 个标杆在同一条直线上，然后将标杆竖直插下。直线定线一般由远及近进行，即先定 1 点，再定 2 点。

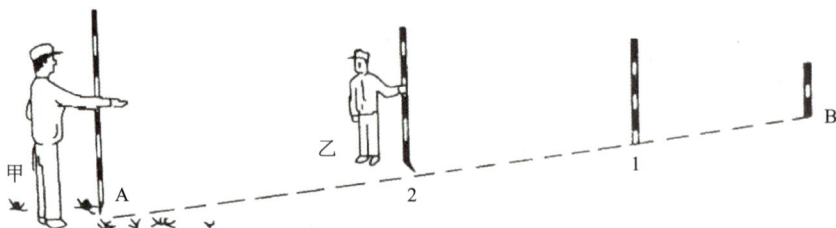

1–14

直线定线

图 1-36　直线定线

（2）经纬仪定线

当直线定线精度要求较高时，可用经纬仪定线。

1）在两点间定线。如图 1-37 所示，安置经纬仪于 A 点上，瞄准 B 点，固定照准部制动螺旋。用钢尺进行概量，在视线上依次定出此钢尺（一整尺略短）的 A1、A2、A3……尺段，在各尺段端点打下大木桩，桩顶高出地面 3～5cm。望远镜向下俯视，将十字丝交点投测到木桩上，并钉小钉以确定 1 点的位置。同样的方法标定出 2、3、4、5 点的位置。

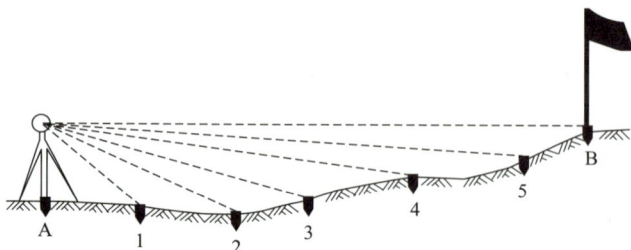

图 1-37　经纬仪定线

2）延长直线。如图 1-38 所示，需将直线 AB 延长至 C 点，方法如下：在 B 点安置仪器，对中整平后，盘左位置以纵丝切准 A 点，制动照准部，旋松望远镜制动螺旋，倒转望远镜，以纵丝定出 C′ 点；盘右位置瞄准 A 点，同法定出 C″ 点。取 C′C″ 的中点 C，即为精确位于 AB 延长线上的 C 点。以上方法称为经纬仪正倒镜分中法。

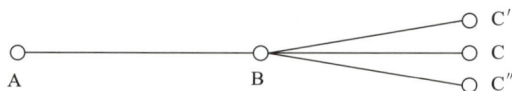

图 1-38　正倒镜分中法延长直线

3. 钢尺量距的一般方法

（1）平坦地区的丈量方法

平坦地区可沿地面直接丈量，可先在地面进行直线定线，亦可边定线边丈量。丈量时由两人进行，各持钢尺一端沿着直线丈量的方向，前尺手拿测钎与标杆，后尺手将钢尺零点对准起点，前尺手沿丈量方向拉直尺子并由后尺手定方向，将尺的零点对准起始点，当前、后尺手将钢尺拉紧、拉平时，后尺手准确对准起点，同时前尺手将测钎垂直插到尺子终点处，这样就完成了第一尺段的丈量工作。两人同时举尺前进，后尺手走到测钎处停下，同法量取第二尺段，然后后尺手拔起测钎套入环内，沿定线方向依次前进。重复上述操作，后尺手手中的测钎数就等于量距的整尺段数 n。最后不足一整尺段的长度称为余长。直线全长按下式计算：

$$D_{AB} = n \times l + q \tag{1-30}$$

式中　l——钢尺的一整尺段长，m；

　　　n——整尺段数；

　　　q——余长。

（2）倾斜地面的量距方法

如图 1-39（a）所示，当地面坡度较小时，可将钢尺抬平直接量取两点间的平距。从 A 点开始，将尺的零端对准 A 点，将尺的另一端抬平，使尺位于 AB 方向线上，然后用垂球将尺的末端投影到地面，再插上测钎，依次量出整尺段数和最后的余长，按式（1-30）计算 AB 的距离。如图 1-39（b）所示，当地面坡度较大，钢尺抬平有困难时，也可沿地面丈量倾斜距离 S，用水准仪测定两点间的高差 h，按式（1-31）计算水平距离 D：

$$D = \sqrt{S^2 - h^2} \tag{1-31}$$

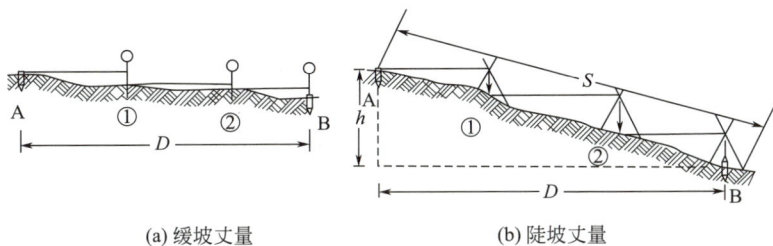

1-15

钢尺量距

(a) 缓坡丈量　　　　(b) 陡坡丈量

图 1-39　倾斜地面量距

为了避免错误和判断丈量结果的可靠性，并提高丈量精度，距离丈量要求往返丈量。用往返丈量的较差 ΔD 与平均距离 $D_{平}$ 之比来衡量它的精度，此比值用分子等于 1 的分数形式来表示，称为相对误差 K，即：

$$\Delta D = D_{往} - D_{返}$$

$$D_{平} = \frac{1}{2}(D_{往} + D_{返})$$

$$K = \frac{|\Delta D|}{D_{平均}} = \frac{1}{D_{平均} / |\Delta D|} \tag{1-32}$$

如相对误差在规定的允许限度内，即可取往返丈量的平均值作为丈量成果；如果超限，则应重新丈量，直到符合要求为止。

4. 钢尺量距的精密方法

用钢尺一般量距，精度只能达到 1/5000～1/1000，当量距精度要求更高时，比如 1/40000～1/10000，可用精密的方法进行丈量。钢尺精密量距，必须用长度经过检定的钢尺。

（1）钢尺的检定

1）尺长方程式。钢尺由于其制造误差、经常使用中的变形以及丈量时温度和拉力不同的影响，使得其实际长度往往不等于名义长度。因此，丈量之前必须对钢尺进行检定，求出它在标准拉力和标准温度下的实际长度，以便对丈量结果加以改正。钢尺检定后，应给出尺长随温度变化的函数式，通常称为尺长方程式，其一般形式为：

$$l_t = l_0 + \Delta l + al_0(t - t_0) \tag{1-33}$$

式中　l_t——钢尺在温度 t 时的实际长度；

　　　l_0——钢尺上所刻注的长度，即名义长度；

　　　Δl——尺长改正数，即钢尺在温度 t_0 时，钢尺的实际长度与其名义长度的差值；

　　　a——钢尺的线膨胀系数，通常为 $1.25 \times 10^{-5}\,\mathrm{m/℃}$；

　　　t——钢尺使用时的温度；

　　　t_0——钢尺检定时的温度。

2）钢尺检定的方法。钢尺应送有比长台的测绘单位校定，在精度要求不高时可用检定过的钢尺作为标准尺来检定其他钢尺。检定宜在室内水泥地面上进行，在地面上贴两张绘有十字标志的图纸，使其间距约为一整尺长。用标准尺施加标准拉力丈量这两个标志之间的距离，并修正端点使该距离等于标准尺的长度。然后再将被检定的钢尺施加标准拉力丈量该两标志间的距离，取多次丈量结果的平均值作为被检定钢尺的实际长度，从而求得尺长方程式。

（2）钢尺精密量距的方法

1）量距。用检定过的钢尺丈量相邻两木桩之间的距离。丈量组一般由 5 人组成，即 2 人拉尺、2 人读数、1 人指挥兼记录和读温度。丈量时，拉伸钢尺置于相邻两木桩顶上，并使钢尺有刻画线一侧紧贴于桩顶十字线的交点。后尺手将弹簧秤挂在尺的零端，以便施加钢尺检定时的标准拉力（30m 钢尺标准拉力为 100N）；钢尺拉紧后，前尺手在尺上某一整分划对准十字线交点时，发出读数口令"预备"，后尺手回答"好"。在喊"好"的同一瞬间，两端的读尺员同时根据十字交点读取读数，估读到 0.5mm，记入手簿。每尺段要移动钢尺位置丈量三次，三次测得结果的较差视不同要求而定，一般不得超过 3mm，否则要重量。如在限差以内，则取三次结果的平均值作为此尺段的观测成果。每量一尺段都要读记温度一次，估读到 0.5℃。

按上述由直线起点丈量到终点为往测，往测完毕后立即返测，每条直线所需丈量的次数视量边的精度要求而定。

2）测量桩顶高程。上述所量的距离，是相邻桩顶间的倾斜距离。为了改算成水平距离，要用水准测量方法测出各桩顶的高程，以便进行倾斜改正。水准测量宜在量距前或量距后往、返观测一次，以资检核。相邻两桩顶往、返所测高差之差，一般不得超过 ±10mm；如在限差以内，取其平均值作为观测成果。

3）成果计算。

① 尺长改正。钢尺在标准拉力、标准温度下的检定长度 l 与钢尺的名义长度 l_0 一般不相等，其差数 Δl 为整尺段的尺长改正数，即：

$$\Delta l = l - l_0 \tag{1-34}$$

任一丈量长度的尺长改正数为：

$$\Delta l_{d} = \frac{\Delta l}{l_{0}} l \tag{1-35}$$

② 温度改正。钢尺长度受温度的影响会伸缩。当量距时的温度与检定钢尺时的温度 t 不一致时，需进行温度改正，其公式为：

$$\Delta l_{t} = a(t - t_{0})l \tag{1-36}$$

式中　a ——钢尺的线膨胀系数。

③ 倾斜改正。如图 1-40 所示，设 l 为量得的斜距，h 为距离两端点间的高差，要将 l 改算成平距 d，需加入倾斜改正 Δl_{h}，即：

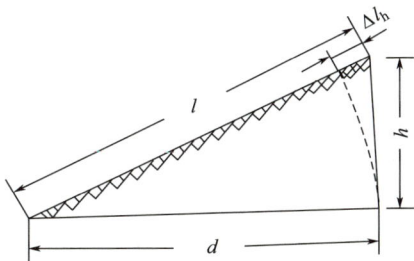

图 1-40　倾斜改正

$$\Delta l_{h} = d - l = \sqrt{l^{2} - h^{2}} - l = l \left[\left(1 - \frac{h^{2}}{l^{2}} \right)^{\frac{1}{2}} - 1 \right] \tag{1-37}$$

将 $\left(1 - \dfrac{h^{2}}{l^{2}} \right)^{\frac{1}{2}}$ 展成级数，并考虑到 h 与 l 之比值很小，则有：

$$\Delta l_{h} = -\frac{h^{2}}{2l} \tag{1-38}$$

倾斜改正的数值永为负值。

④ 单尺段成果计算。经三项改正后的平距为：

$$d = l + \Delta l_{d} + \Delta l_{t} + \Delta l_{h} \tag{1-39}$$

⑤ 往、返丈量总长成果计算。各尺段长之和为：

$$D_{往} = \sum_{i=1}^{n} d_{往i}$$

$$D_{返} = \sum_{i=1}^{n} d_{返i}$$

⑥ 计算丈量精度

$$K = \frac{|D_{往} - D_{返}|}{D_{平均}} = \frac{1}{\dfrac{D_{平均}}{|\Delta D|}} \tag{1-40}$$

5. 距离丈量的误差分析及注意事项

（1）影响量距成果的主要因素

1）定线误差。距离是指地面两点垂直投影到水平面上的直线距离，若定线不精确，

83

将使测量的距离成折线距离，结果偏大，如图 1-41 所示。钢尺量距采用拉线定线和目估定线，精确丈量必须采用经纬仪定线。

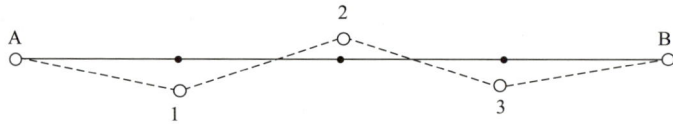

图 1-41　定线误差示意图

2）尺长误差。钢尺必须经过检定以求得其尺长改正数。尺长误差具有系统积累性，它与所量距离成正比。精密量距时，钢尺虽经检定并在丈量结果中进行了尺长改正，但其成果中仍存在尺长误差，因为一般尺长检定方法只能达到 0.5mm 左右的精度，一般量距时可不作尺长改正。

3）温度误差。用温度计测量温度，一般测定的是空气的温度，而不是尺子本身的温度，在夏季阳光暴晒下，此两者温度之差可大于 5℃。因此，量距宜在阴天进行，并要设法测定钢尺本身的温度。

4）拉力误差。钢尺具有弹性，会因受拉而伸长。量距时，如果拉力不等于标准拉力，钢尺的长度就会产生变化。一般量距时拉力要均匀，不要或大或小。精密量距时，用弹簧秤控制标准拉力。

5）尺子不水平的误差。钢尺一般量距时，如果钢尺不水平，会使所量距离偏大。精密量距时，测出尺段两端点的高差，进行倾斜改正。

6）钢尺垂曲和反曲的误差。钢尺悬空丈量时，中间下垂，称为垂曲。故在钢尺检定时，应按悬空与水平两种情况分别检定，得出相应的尺长方程式，按实际情况采用相应的尺长方程式进行成果整理，这项误差可以不计。在凹凸不平的地面量距时，凸起部分将使钢尺产生上凸现象，称为反曲。若在尺段中部凸起 0.5m 以上，由此而产生的距离误差是不能允许的，故应将钢尺拉平丈量。

7）丈量本身的误差。丈量本身的误差包括钢尺刻画对点的误差、插测钎的误差及钢尺读数误差等。这些误差是由人的感官能力所限而产生，误差有正有负，在丈量结果中可以互相抵消一部分，但仍是量距工作的一项主要误差来源。

综上所述，精密量距时，除经纬仪定线、用弹簧秤控制拉力外，还需进行尺长、温度和倾斜改正，而一般量距可不考虑上述各项改正。当尺长改正数较大或丈量时的温度与标准温度之差大于 8℃时需进行单项改正，此类误差用一根尺往返丈量不易发现。另外，尺子不容易做到拉平，丈量时可以手持一悬挂垂球，抬高或降低尺子的一端，尺上读数最小的位置就是尺子水平时的位置，并用垂球进行投点及对点。

（2）注意事项

1）丈量距离会遇到地面平坦、起伏或倾斜等各种不同的地形情况，但无论何种情况，丈量距离有三个基本要求：直、平、准。

直，就是要量两点间的直线长度，不是折线或曲线长度，为此定线要直，尺要拉直；平，就是要量两点间的水平距离，要求尺身水平，如果量取斜距也要改算成水平距离；准，就是对点、投点、计算要准，丈量结果不能有错误，并符合精度要求。

2）丈量时，前、后尺手要配合好，尺身要置水平，尺要拉紧，用力要均匀，投点要稳，对点要准，尺稳定时再读数。

3）钢尺在拉出和收卷时，要避免钢尺打卷。在丈量时，不要在地上拖拉钢尺，更不要扭折，防止行人踩和车压，以免折断。

4）尺子用过后，要用软布擦干净后涂以防锈油，再卷入盒中。

知识点 2 光电测距

光电测距是利用仪器发射并接收电磁波，按传播速度及时间测定距离，适用于高精度的远距离测量，也可应用于近距离的精密量距，如手持激光测距仪、全站仪等。

1. 光电测距基本原理及使用

传统的测距方法如钢尺测距、视距测量等，存在着精度低、效率低、受地形限制等缺点。目前，随着光电技术，特别是微电子技术的飞速发展，光电测距仪正向小型化、多功能、智能化方向发展，现在光电测距已成为测量距离的主要方法。由于光的速度就是电磁波的速度，故光电测距又统称为电磁波测距。

如图 1-42 所示，欲测定 A、B 两点间的距离 D，可在 A 点安置能发射和接收光波的全站仪，在 B 点设置反射棱镜，全站仪发出的光束经棱镜反射后又返回到测距仪。通过测定光波在 AB 之间传播的时间 t，根据光波在大气中的传播速度 c，按式（1-41）计算距离 D，有：

$$D = \frac{1}{2}ct \tag{1-41}$$

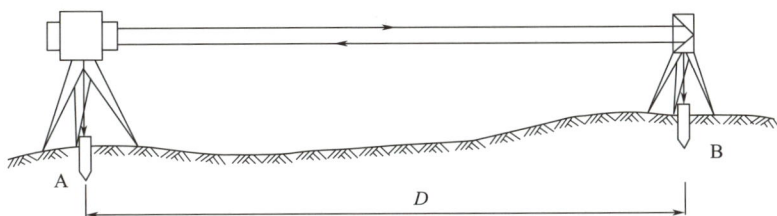

图 1-42 光电测距原理

1-16

电磁波测距原理

光电测距根据测定时间 t 的方式，分为直接测定时间的脉冲测距法和间接测定时间的相位测距法。高精度的测距仪一般采用相位式。相位式光电测距仪的测距原理是由光源发出的光通过调制器后，成为光强随高频信号变化的调制光。通过测量调制光在待测距离上往返传播的相位差 φ 来解算距离。

相位法测距相当于用"光尺"代替钢尺量距，而 $\lambda/2$ 为光尺长度。相位式测距仪中，相位计只能测出相位差的尾数 ΔN，测不出整周期数 N，因此对大于光尺的距离无法测定。为了扩大测程，应选择较长的光尺。为了解决扩大测程与保证精度的矛盾，短程测距仪上一般采用两个调制频率，即两种光尺。例如：长光尺（称为粗尺）$f_1 = 150\text{kHz}$，$\lambda_{1/2} = 1000\text{m}$，用于扩大测程，测定 100m、10m 和 m；短光尺（称为精尺）$f_2 = 15\text{MHz}$，$\lambda_{2/2} = 10\text{m}$，用于保证精度，测定 m、dm、cm 和 mm。

2. 全站仪测距方法

（1）仪器主要技术指标及功能

短程红外光电测距仪的最大测程为 2500m，测距精度可达 ± （3mm + 2×10^{-6} × D），

其中 D 为所测距离；最小读数为 1mm；仪器设有自动光强调节装置，在复杂环境下测量时，也可人工调节光强；可输入温度、气压和棱镜常数，自动对结果进行改正；可输入竖直角自动计算出水平距离和高差；可通过距离设置进行定线放样；若输入测站坐标和高程，可自动计算观测点的坐标和高程。

测距方式有正常测量和跟踪测量，其中正常测量所需时间为 3s，还能显示数次测量的平均值；跟踪测量所需时间为 0.8s，每隔一定时间间隔自动重复测距。

（2）仪器操作与使用

1）安置仪器。将全站仪安置于测站，反射棱镜安置于目标点，对中、整平。新型全站仪具有激光对点功能，其对中方法为：安置、整平仪器，开机后打开激光对点器，松开仪器的中心连接螺旋，平移仪器使激光对中点与地面点重合。在目标点安置反射棱镜，对中、整平，并使镜面朝向全站仪。

2）测距准备。按电源开关键开机，主机自检并显示原设定的温度、气压和棱镜常数值，检查仪器设置的常数是否与出厂或检定后给出的常数一致。如果前后不一致，则应予以纠正。气象校正参数设置需要直接输入气象参数（环境温度 T 和压力 P），或从随机气象校正表中找到校正参数，也可以用公式计算，然后输入气象校正参数。

3）距离测量。望远镜照准目标棱镜中心，按"测距键"，开始距离测量，测距完成时显示斜距、平距、高差。全站仪的测距模式有精测模式、跟踪模式、粗测模式三种。精测模式，是最常用的测距模式；跟踪模式，常用于跟踪移动目标或放样时连续测距；粗测模式，粗略进行预先测量。在距离测量或坐标测量时，可按"测距模式键"选择不同的测距模式。

1-17

全站仪距离
测量

3. 光电测距的注意事项

1）气象条件对光电测距影响较大，微风的阴天是观测的良好时机。

2）测线应尽量离开地面障碍物 1.3m 以上，避免通过发热体和较宽水面的上空。

3）测线应避开强电磁场干扰的地方，例如测线不宜接近变压器、高压线等。

4）镜站的后面不应有反光镜和其他强光源等背景的干扰。

5）要严防阳光及其他强光直射接收物镜，避免光线经镜头聚焦进入机内而将部分元件烧坏，阳光下作业应撑伞保护仪器。

课前测试

单选题（只有 1 个正确答案，每题 10 分）

1. 水平距离指（   ）。

A. 地面两点的连线长度

B. 地面两点的投影在同一水平面上的直线长度

C. 地面两点的投影在竖直面上的直线长度

D. 地面两点的投影在任意平面上的直线长度

2. 距离丈量的结果是求得两点间的（   ）。

A. 垂直距离　　　　B. 水平距离　　　　C. 倾斜距离　　　　D. 球面距离

3. 用钢尺丈量某段距离，往测为 112.314m，返测为 112.329m，则相对误差为（   ）。

A. 1/3286　　　　B. 1/7488　　　　C. 1/5268　　　　D. 1/7288

4. 为了防止错误发生和提高丈量精度，一般需进行往返测量，其成果精度用（   ）表示。

A. 相对误差　　　　B. 中误差　　　　C. 限差　　　　D. 往返丈量差

5. 精密量距时，进行桩顶间高差测量是为（   ）而进行的测量工作。

A. 尺长改正　　　　B. 名义长度改正　　　　C. 温度改正　　　　D. 倾斜改正

6. 距离测量的基本单位是（   ）。

A. m　　　　B. dm　　　　C. cm　　　　D. mm

7. 测量工作中，确定一条直线与（   ）之间的关系，称为直线定向。

A. 水平方向　　　　B. 铅垂方向　　　　C. 标准方向　　　　D. 假定方向

8. 一钢尺名义长度为 30m，与标准长度比较，得实际长度为 30.015m。若用其量两点间的距离为 64.780m，则该距离的实际长度是（   ）m。

A. 64.748　　　　B. 64.812　　　　C. 64.821　　　　D. 64.784

9. 钢尺分段丈量前，首先要将所有分段点标定在待测直线上，该工作称为直线定线，常见的直线定线方法有（   ）。

A. 粗略定线、精确定线　　　　B. 经纬仪定线、钢尺定线

C. 目估定线、钢尺定线　　　　D. 目估定线、经纬仪定线

10. 当钢尺的实际长度大于名义长度时，其丈量的值比实际值要（   ）。

A. 大　　　　B. 小　　　　C. 相等　　　　D. 不定

💡 **任务实施**

1. 距离测量前的准备工作

测量前的准备工作尤为重要，直接制约测量工作能否顺利进行。主要包括：

（1）人员安排：按照测量任务量与人员数量做好分组分工。

（2）仪器与材料的准备：按照距离测量任务领取全站仪、三脚架、棱镜、钢尺，并对仪器进行检查校核，如有异常及时更换或送检。

（3）测量资料的准备：搜集测区距离、测量相关数据，准备距离测量记录表并填写表头。

2. 规范实施全站仪距离测量外业观测工作

每次测量工作前，一定要先检查仪器设备是否正常，如有异常应及时更换或送检。

（1）设置棱镜常数，测距前须将棱镜常数输入仪器中，仪器会自动对所测距离进行改正。

（2）设置大气改正值或气温、气压值，光在大气中的传播速度会随大气的温度和气压而变化，15℃和760mmHg是仪器设置的一个标准值，此时的大气改正为0ppm。实测时，可输入温度和气压值，全站仪会自动计算大气改正值（也可直接输入大气改正值），并对测距结果进行改正。

（3）量仪器高、棱镜高并输入全站仪。

（4）距离测量时，将测距仪和反射棱镜分别安置在测线两端，仔细对中，望远镜十字丝中心照准目标棱镜中心，按"测距键"，距离测量开始，测距完成时显示斜距、平距、高差。

（5）全站仪的测距模式有精测模式、跟踪模式、粗测模式三种。精测模式是最常用的测距模式，测量时间约2.5s，最小显示单位为1mm；跟踪模式，常用于跟踪移动目标或放样时连续测距，最小显示单位一般为1cm，每次测距时间约0.3s；粗测模式，测量时间约0.7s，最小显示单位为1cm或1mm。在距离测量或坐标测量时，可按"测距模式（MODE）键"选择不同的测距模式。

3. 距离测量观测量记录表记录与计算

在距离测量时，为防止出现粗差和减少照准误差的影响，可进行若干个测回的观测。这里一测回的含义是指照准目标1次，读数2～4次。

测距度数值计入观测记录表中相应的栏内，仔细、认真检查外业各项记录和计算值，如发现问题，应查明原因予以纠正。

计划单

模块 1	测量基本工作		任务 1.4	距离测量
计划用时	2 学时	完成人	1.(　　　)　2.(　　　)　3.(　　　) 4.(　　　)　5.(　　　)　6.(　　　) 7.(　　　)　8.(　　　)　9.(　　　)	
序号	计划步骤		具体工作内容	
1	准备工作			
2	组织分工			
3	现场操作			
4	核对工作			
5	成果整理			
计划说明				

作业单

测距测量记录表

日　期		天　气		班　级		姓　名	
仪器编号		仪器管理		安全监督		质量检验	

测站	目标	距离读数/m		距离均值/m	用时/s	备注

<h1 style="text-align:center">评价单</h1>

模块 1	测量基本工作		任务 1.4	距离测量		
评价对象			小组成员			
评价情境	评价内容及要求	分值 (100)	自我评价 (10%)	组员互评 (20%)	教师评价 (70%)	实得分 (Σ)
实施过程 (35)	遵守纪律、服从安排	5				
	仪器操作规范	10				
	观测步骤正确	10				
	成果计算准确	10				
质量评价 (25)	工作完整性	10				
	工作质量	5				
	报告完整性	10				
素质评价 (25)	核心价值观	5				
	创新性	5				
	参与率	5				
	合作性	5				
	劳动态度	5				
安全文明 (10)	工作中的安全保障情况	5				
	工具正确使用和 保养、放置规范	5				
工作效率 (5)	能够在要求的时间 内完成,超时不得分	5				
最终得分						

课后反思

模块 1	测量基本工作	任务 1.4		距离测量
班　级		第　组	成员姓名	
情感反思	通过对此任务的学习和实训,你认为自己在社会主义核心价值观、职业素养、劳动精神和工匠精神等方面有哪些部分需要提高?			
知识反思	通过学习此任务,你掌握了哪些知识点?			
技能反思	在完成此任务的学习和实训过程中,你主要掌握了哪些技能?			
方法反思	在完成此任务的学习和实训过程中,你主要掌握了哪些分析和解决问题的方法?			

模块 **2**

控制测量

情境导入

　　某路桥工程建设公司通过投标获得某高等级公路建设项目第一合同段的建设任务，该建设项目总长度 46.217km，第一合同段长度 10.349km。公司组建施工合同段项目部并入场，项目经理与建设单位（业主）、监理单位进行了工程项目的各项工作对接，其中，项目总工程师（技术负责人）组织工程测量技术人员会同相关单位进行测量控制点的交接及全线复测工作，同时还要完成合同段内的控制点加密工作，为工程建设的顺利开展提供实时、精准的测图与定位保障。

学习目标

素质目标	1. 爱岗敬业，能吃苦耐劳。 2. 团结协作，能互帮互助。 3. 认真细致、精益求精，培养工匠精神。
知识目标	1. 掌握三、四等水准测量的技术要求以及外业观测、内业计算的方法与步骤。 2. 掌握三角高程测量的技术要求与外业观测方法及步骤。 3. 掌握一级导线测量的技术要求以及外业观测方法与步骤。 4. 掌握直线定向、坐标正算与坐标反算的相关原理。 5. 掌握 GNSS-RTK 的系统组成与定位原理。 6. 掌握 GNSS-RTK 图根控制测量的技术要求以及外业观测方法与步骤。
能力目标	1. 能查阅规范，完成四等水准测量、全站仪三角高程测量、一级导线测量与 GNSS-RTK 图根控制测量的外业施测。 2. 能完成四等水准测量、全站仪三角高程测量、一级导线测量与 GNSS-RTK 图根控制测量外业记录表格的填写、计算。 3. 能对高程测量与导线测量的成果进行平差计算。

工作任务

序号	任务名称	参考学时
2.1	四等水准测量	4
2.2	全站仪三角高程测量	2
2.3	一级导线测量	4
2.4	GNSS-RTK 图根控制测量	2

任务 2.1　四等水准测量

任务单

模块 2	控制测量		任务 2.1	四等水准测量
计划学时			4 学时（课前 2 学时）	
布置任务				
任务描述	合同段内有某交通设计院提供的 1 个高等级高程控制点，为保证控制点密度能满足施工需要，需要对高程控制点进行加密，要求采用四等水准测量的方法，在施工现场测出 3 个加密水准点的高程。			
工作目标	1. 能运用四等水准测量的技术要求，合理选择并确定四等水准测量方案。 2. 能遵循规范要求，团队协作完成外业观测工作，能独立完成外业观测资料的计算检核。 3. 会评判测量成果的合格性，并能完成高程平差计算，得到"高程测量成果计算表"。 4. 能够在完成任务过程中锻炼职业素养，做到工作程序严谨，作业认真细致，能够吃苦耐劳，敢于承担责任，并能主动帮助小组中其他成员，有团队意识，诚实守信，精益求精。			
学时安排	思	学	教	做	评
	（1.5 学时）	（0.5 学时）	1.5 学时	2 学时	0.5 学时
学习要求	1. 按照思维导图自主学习，完成课前测试。 2. 严格遵守课堂纪律，学习态度认真、端正，能够正确评价自己和同学在工作任务中的素质表现。 3. 积极参与小组工作，承担外业观测中的相应工作，做到积极主动不推诿，与小组成员默契配合。 4. 能够完成技能训练作业单，对作业中的疑难点务必及时强化与突破。 5. 任务完成后，填写任务评价单，评判各小组成员的分数或等级。 6. 完成课后反思，以小组为单位提交。			
考核评价办法	评价包括自我评价、小组互评、教师评价，按比例进行综合评价，并以不小于 40% 的比例计入期末总成绩。			

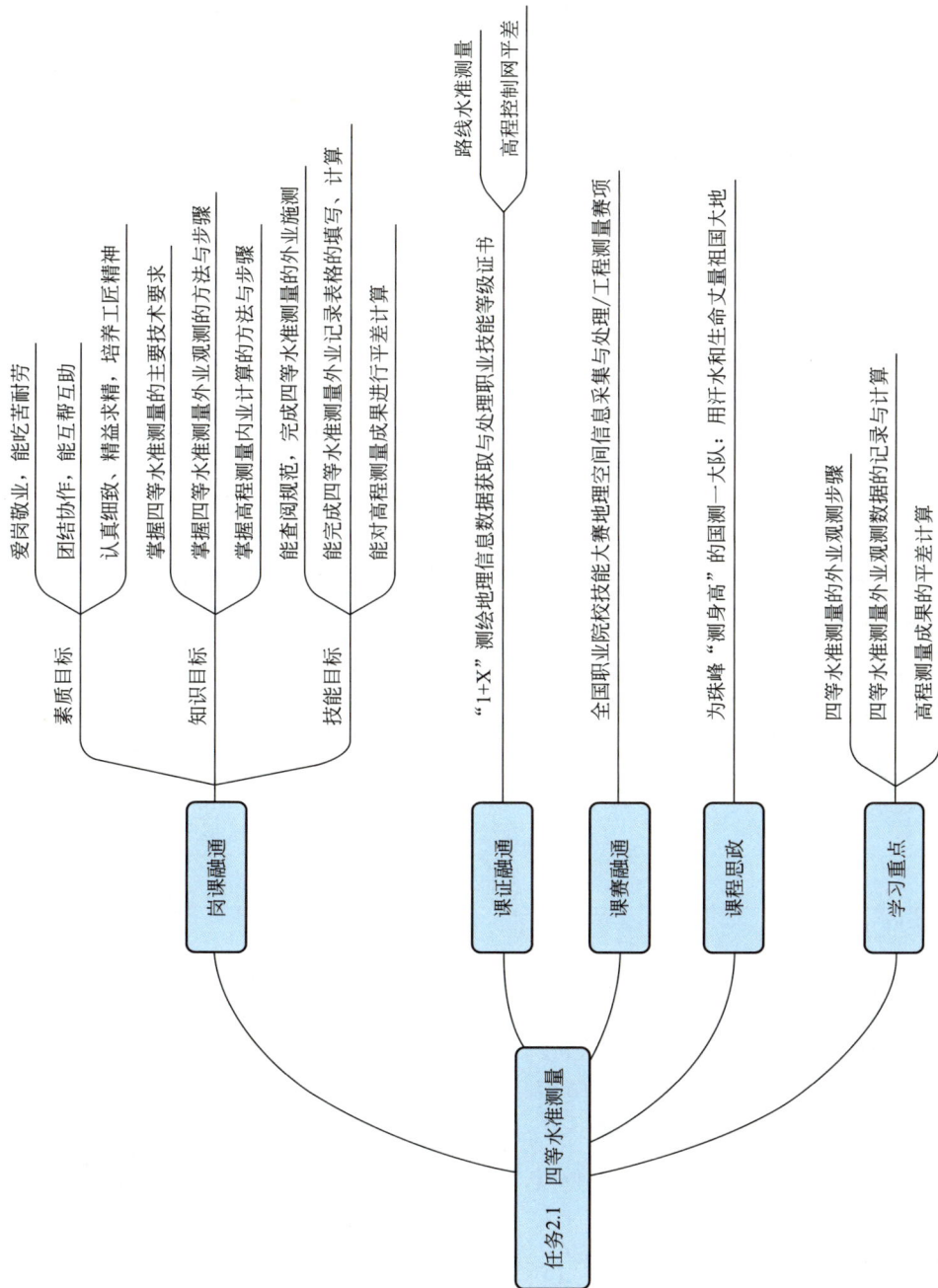

思维导图

任务2.1 四等水准测量

- 岗课融通
  - 素质目标
    - 爱岗敬业，能吃苦耐劳
    - 团结协作，能互帮互助
    - 认真细致、精益求精，培养工匠精神
  - 知识目标
    - 掌握四等水准测量的主要技术要求
    - 掌握四等水准测量外业观测的方法与步骤
    - 掌握高程测量内业计算的方法与步骤
  - 技能目标
    - 能查阅规范，完成四等水准测量的外业施测
    - 能完成四等水准测量内业记录表格的填写、计算
    - 能对高程测量成果进行平差计算
  - 路线水准测量 — 高程控制网平差
- 课证融通
  - "1+X"测绘地理信息数据获取与处理职业技能等级证书
- 课赛融通
  - 全国职业院校技能大赛地理空间信息采集与处理/工程测量赛项
- 课程思政
  - 为珠峰"测身高"的国测一大队：用汗水和生命丈量祖国大地
- 学习重点
  - 四等水准测量的外业观测步骤
  - 四等水准测量外业观测数据的记录与计算
  - 高程测量成果的平差计算

课前自学

知识点1 水准测量的主要技术要求

1. 高程系统：三、四等水准测量起算点的高程一般引自国家一、二等水准点，若测区附近没有国家水准点，也可建立独立的水准网，起算点的高程可采用假定高程。

2. 布设形式：如果是作为测区的首级控制网，一般布设成闭合环线；如果是加密网，则多采用附合水准路线或支水准路线。三、四等水准路线一般沿公路、铁路或管线等坡度比较小、便于施测的路线布设。水准点位置应选择在地基稳固，能长久保存标志和便于观测的地点。水准点的间距一般为1～1.5km，山岭重丘区可根据需要适当加密，一个测区一般至少埋设三个的水准点。

3. 三、四等水准测量所使用的仪器，其精度应不低于S3型水准仪的精度指标。

4. 三、四等水准根据《国家三、四等水准测量规范》GB/T 12898—2009的技术要求和精度要求列于表2-1与表2-2中。

三、四等水准测量技术要求　　　　　　　　　　表2-1

等级	仪器类别	视线长度/m	前后视距差/m	前后视距累积差/m	视线高度	黑红面读数之差/mm	黑红面高差之差/mm
三等	DS1、DS05	≤100	≤2	≤5	三丝能读数	≤2	≤3
	DS3	≤75					
四等	DS3	≤100	≤3	≤10	三丝能读数	≤3	≤5

三、四等水准测量高差闭合差精度要求　　　　　　表2-2

等级	高差闭合差	
	平原	山区
三等	$\pm 12\sqrt{L}$	$\pm 15\sqrt{L}$
四等	$\pm 20\sqrt{L}$	$\pm 25\sqrt{L}$

注：山区是指高程超过1000m或路线中最大高差超过400m的地区。

知识点2 四等水准测量的观测程序

四等水准测量主要采用双面尺法进行观测，水准尺采用整体式双面尺，双面尺的尺常数有4.687m和4.787m，一般成对使用。

1. 双面尺法每测站的观测顺序

① 后视黑面，读取上、下丝读数计算视距，读取中丝读数，计入表2-3中的"（1）（2）（3）"；

② 后视红面，读取中丝读数，计入表2-3中的"（4）"；

③ 前视黑面，读取上、下丝读数计算视距，读取中丝读数，计入表2-3中的"（5）（6）（7）"；

④ 前视红面，读取中丝读数，计入表2-3中的"（8）"。

2-1

四等水准测量

以上（1）（2）（3）……（8）表示观测记录与计算的顺序，见表 2-3。这样四等水准测量的观测步骤可简称为"后—后—前—前（黑—红—黑—红）"。当水准路线为闭合路线或附合路线时，采用单程测量，支水准路线应进行往返观测。

> **🔍 拓展**
>
> 三等水准测量采用的观测顺序为"后—前—前—后（黑—黑—红—红）"，其优点是可以大大减弱仪器下沉误差的影响，在土质松软地区可施测采用。

四等水准测量观测记录表　　　　　　　　　　　　　　表 2-3

日　　期			天　　气			班　级		组　号	
测点		BM$_1$ 至 BM$_2$	观测者			记录者		仪器型号	
测站编号	点号	后尺 / 上丝 下丝 / 后视距 / 视距差	前尺 / 上丝 下丝 / 前视距 / $\sum \Delta d$	方向及尺号		水准尺读数 黑面	水准尺读数 红面	$K+$黑$-$红	高差中数
		（1）	（5）	后		（3）	（4）	（13）	
		（2）	（6）	前		（7）	（8）	（14）	（18）
		（9）	（10）	后一前		（15）	（16）	（17）	
		（11）	（12）						
1	BM$_1$ ～ TP$_1$	1.426	0.801	后		1.211	5.998	0	
		0.995	0.371	前		0.586	5.273	0	+0.6250
		43.1	43.0	后一前		+0.625	+0.725	0	
		+0.1	+0.1						
2	TP$_1$ ～ TP$_2$	1.812	0.570	后		1.554	6.241	0	
		1.296	0.052	前		0.311	5.097	+1	+1.2435
		51.6	51.8	后一前		+1.243	+1.144	−1	
		−0.2	−0.1						
3	TP$_2$ ～ TP$_3$	0.889	1.712	后		0.698	5.486	−1	
		0.507	1.332	前		1.523	6.210	0	−0.8245
		38.2	38.0	后一前		−0.825	−0.724	−1	
		+0.2	+0.1						
4	TP$_3$ ～ BM$_2$	1.891	0.758	后		1.708	6.395	0	
		1.525	0.390	前		0.575	5.361	+1	+1.1335
		36.6	36.8	后一前		+1.133	+1.034	−1	
		−0.2	−0.1						
检核		$\sum$(9)$-\sum$(10)=169.5$-$169.6 =−0.1 本页末站(12)−上页末站(12) =−0.1 水准路线长度= $\sum$(9)$+\sum$(10)=339.1				$\sum[(3)+(4)]-\sum[(7)+(8)]$ =29.291$-$24.935 =+4.396 $\sum[(15)+(16)]$ =+4.396		$2\sum[(18)]$ =+4.396	

2. 双面尺法的计算与检核

① 视距计算

后视距离（9）＝［（1）－（2）］×100

前视距离（10）＝［（5）－（6）］×100

前、后视距差（11）＝（9）－（10）

前、后视距累积差（12）＝上测站（12）＋本测站（11）

前、后视距差不得超过 5m，前、后视距累积差不得超过 10m。

② 同一水准尺黑、红面中丝读数的检核

（13）＝（3）＋K_1－（4）

（14）＝（7）＋K_2－（8）

同一水准尺黑、红面中丝读数之差，应等于黑面读数加上该尺常数 K 减去红面读数，计算差值不得超过 3mm。

③ 黑、红面高差的检核

黑面高差（15）＝（3）－（7）

红面高差（16）＝（4）－（8）

检核（17）＝（15）－［（16）±0.1］（m 为单位）或（17）＝（13）－（14）（mm 为单位）

黑、红面高差之差不得超过 5mm，0.1 为两根水准尺红面零点注记之差，以 m 为单位。

④ 计算平均高差

（18）＝［（15）＋（16）±0.1］/2

3. 每页计算检核

① 高差部分

每页后视黑、红面读数总和与前视黑、红面读数总和之差，应等于黑、红面高差之和。

该页测站数为偶数：$\sum$［（3）＋（4）］－$\sum$［（7）＋（8）］＝$\sum$［（15）＋（16）］＝2$\sum$［（18）］

该页测站数为奇数：$\sum$［（3）＋（4）］－$\sum$［（7）＋（8）］＝$\sum$［（15）＋（16）］＝2$\sum$［（18）］±0.1

② 视距部分

每页后视距总和与前视距总和之差，应等于本页末站视距累积差与上页末站视距累积差之差。

$\sum$（9）－$\sum$（10）＝本页末站（12）－上页末站（12）

校核无误后，可计算该页的水准路线长度。

水准路线长度＝$\sum$（9）＋$\sum$（10）

知识点 3 高程测量的成果计算

水准测量外业观测结束后，首先应复查与检核记录表，计算各水准点之间的高差。经检查无误后，根据外业观测的高差计算闭合差。若闭合差符合规定的精度要求，则调整合差，最后计算出各点的高程。

1. 计算闭合差

（1）附合水准路线：$f_h = \sum h_测 - \sum h_理 = \sum h_测 - (H_终 - H_起)$

（2）闭合水准路线：$f_h = \sum h_{测} - \sum h_{理} = \sum h_{测}$

（3）支水准路线：$f_h = \sum h_{往} + \sum h_{返}$

2. 成果检核

根据表 2-2 的要求，判定外业观测成果是否合格。

3. 计算高差改正数

按与测段长度成比例的原则，将高差闭合差"反号"分配到各相应测段的高差上，即：

$$v_i = -\frac{f_h}{\sum L} L_i \qquad (2-1)$$

高差改正数的总和应该与高差闭合差绝对值相等，符号相反，由此检核计算的正确性，即：

$$\sum v_i = -f_h \qquad (2-2)$$

4. 计算改正后高差

各测段改正后高差等于各测段观测高差加上高差改正数，即：

$$h_{i改} = h_{i测} + v_i$$

改正后高差之和应等于理论高差之和，由此检核计算的正确性。

5. 计算各高程点高程

根据改正后的高差，由起点高程沿路线前进方向逐一计算出其他各点的高程，即：

$$H_i = H_{i-1} + h_{i改} \qquad (2-3)$$

最后一个已知点的推算高程应等于该点的已知高程，由此检核计算的正确性。

课前测试

一、单选题（只有 1 个正确答案，每题 10 分）

1. 在三、四等水准测量中同一站黑、红面高差之差的理论值为（　　）mm。

A. 0　　　　　　　B. 100　　　　　　C. 4687 或 4787　　　D. 不确定

2. 依据《工程测量标准》GB 50026—2020，四等水准测量闭合路线闭合差平地应小于等于（　　）$\sqrt{L}$ mm（L 为水准线路长度，km）。

A. ±40　　　　　　B. ±20　　　　　　C. ±12　　　　　　D. ±6

3. 在四等水准测量中，黑面的高差为 −0.073m，红面的高差为 +0.025m，则平均高差是（　　）m。

A. −0.024　　　　　B. +0.024　　　　　C. +0.074　　　　　D. −0.074

4. 《工程测量标准》GB 50026—2020 规定，四等水准测量测站的前后视距差应不大于（　　）m。

A. 5　　　　　　　B. 3　　　　　　　C. 1　　　　　　　D. 10

二、多选题（至少有 2 个正确答案，每题 10 分）

1. 四等水准测量中测站检核应包括（　　）检核。

A. 前后视距差　　　　　　　　　　B. 视距累积差

C. 红黑面中丝读数差　　　　　　　D. 红黑面高差之差

E. 高差闭合差

2. 保证四等水准测量质量的具体措施包括（　　）。

A. 明确建立高程控制测量的目的，事先有详尽计划，防止随意性

B. 对仪器、工具进行全面检校

C. 观测资料字迹清楚、填写齐全，涂改时要科学规范，确保真实、可靠，只有各项限差都合规、转抄整齐符合的资料，才能用于计算成果

D. 闭合差是精度评定的依据，优良成果应在限差 1/4 之内。对超限成果应经分析后重测，最后做出技术小结和评价

E. 测量路线长度应不超过 16km

3. 四等水准测量的成果整理包括（　　）。

A. 对记录、计算的复核　　　　　　B. 高差闭合差的计算

C. 检查高差闭合差是否在允许范围内　D. 高差闭合差的均等分配

E. 高程计算

4. 四等水准测量测站观测顺序可采用（　　）。

A. 后—前—前—后　　　　　　　　B. 前—前—后—后

C. 后—后—前—前　　　　　　　　D. 前—后—后—前

E. 后—前—后—前

三、判断题（对的画"√"，错的画"×"，每题 10 分）

1. 四等水准测量应采用"后—后—前—前"观测顺序，后尺垫在全部观测作业完成后即可以挪开。　　　　　　　　　　　　　　　　　　　　　　　　　　（　　）

2. 当施工现场只有一个已知水准点时，可考虑选用闭合水准路线。　（　　）

任务实施

根据本合同段的复测与加密高程控制点的工作需求，通过制订四等水准测量工作方案、完成高程控制点复测的外业观测工作与内业平差计算，判定测量精度是否符合规范要求。

1. 制定四等水准测量工作方案

工程测量人员根据已知高程控制点情况、前后相邻标准水准点的分布情况、本标段工程建设的地形概况等情况，综合设计项目复测高程控制点的工作方案。主要包括本次测量确定工作的目标、人员调配、选择仪器设备及相关工具、踏勘选点及如何建立测量标志、执行的测量等级标准、外业观测的方法及工作程序、外业观测中需要注意事项、内业平差计算的方法、保障条件以及安全应急预案等。

2. 规范实施四等水准测量外业观测工作

每次测量工作前，一定要先检查仪器设备是否正常，如有异常应及时更换或送检。工作注意事项主要包括：

（1）严格按照操作标准控制前后测距，尽量将仪器架设在两点中间。

（2）严格进行每个测站检核工作，做到不合格不移站。做好记录及计算工作，完成每页均一定要进行计算校核相应高差、距离，避免大面积返工，同时做好临时水准点和转点的标记工作，一旦发生测站或某测段错误可以缩小返工范围。

（3）仪器要安装稳妥，在松散地方架设仪器，脚架一定要踩牢。来回走动照准标尺读数时，不要碰动脚架。架设仪器应尽量避免骑腿，随时检查脚腿螺旋有没有拧紧。

（4）测设施工控制水准线路，最好使用一对3m双面水准尺。可在当前测站校核所测两点高差是否正确。

（5）扶尺员一定要把尺子立在点位上，并且要立垂直，避免尺子前倾后仰、左右歪斜。

（6）用自动安平水准仪读数时，一定要使圆气泡居中。

（7）转点要选在坚硬牢固的路缘石等处，如使用尺垫一定要踩牢，转动尺面时要提起尺子。

（8）读数后应立刻记在手簿上，不应记在心中或随便纸上，不允许靠回忆补记。记录要整洁、清晰、真实。记错应重新记录，不准涂改。

（9）转站时，一定要检查本站记录，计算无误后才可以挪动仪器迁站。

（10）为了避免仪器被日晒，测量时要撑伞。夏季中午气流不稳定，仪器横丝跳动，不宜进行水准测量。

3. 高程控制测量内业平差计算

仔细、认真检查外业各项记录和高差计算值，如发现问题，应查明原因予以纠正。绘制外业测量水准线路草图，在草图上注明已知水准点名及高程，注明各相邻点间的实测高差和距离，标明水准线路测量往返测方向。依据草图按照计算公式准确地进行平差表的数据整合及挪移，注意高差闭合差的分配原则，分配前一定要完成高程测量精度评定，精度符合规范要求后才可以改正平差，进而得到符合精度标准的高程控制测量成果。

计划单

模块 2	控制测量		任务 2.1	四等水准测量
计划用时	4 学时	完成人	1.（　　　）2.（　　　）3.（　　　） 4.（　　　）5.（　　　）6.（　　　） 7.（　　　）8.（　　　）9.（　　　）	
序号	计划步骤		具体工作内容	
1	准备工作			
2	组织分工			
3	现场操作			
4	核对工作			
5	成果整理			
计划说明				

作业单 1

四等水准测量观测记录表

日 期			天 气		班 级		组 号	
测 点		BM₁ 至 BM₂	观测者		记录者		仪器型号	

测站编号	点号	后尺	上丝	前尺	上丝	方向及尺号	水准尺读数		K＋黑一红	高差中数
			下丝		下丝		黑面	红面		
		后视距		前视距						
		视距差		$\sum \Delta d$						
						后				
						前				
						后－前				
						后				
						前				
						后－前				
						后				
						前				
						后－前				
						后				
						前				
						后－前				
						后				
						前				
						后－前				
						后				
						前				
						后－前				
检核										

作业单 2

高程测量成果计算表

日期		班级		姓名		
点号	路线长度/m	实测高差/m	改正数/m	改正后高差/m	高程/m	备注
						已知点
						已知点
Σ						
辅助计算						

评价单

模块 2	控制测量		任务 2.1	四等水准测量		
评价对象			小组成员			
评价情境	评价内容及要求	分值（100）	自我评价（10％）	组员互评（20％）	教师评价（70％）	实得分（Σ）
实施过程（35）	遵守纪律、服从安排	5				
	仪器操作规范	10				
	观测步骤正确	10				
	成果计算准确	10				
质量评价（25）	工作完整性	10				
	工作质量	5				
	报告完整性	10				
素质评价（25）	核心价值观	5				
	创新性	5				
	参与率	5				
	合作性	5				
	劳动态度	5				
安全文明（10）	工作中的安全保障情况	5				
	工具正确使用和保养、放置规范	5				
工作效率（5）	能够在要求的时间内完成，超时不得分	5				
最终得分						

课后反思

模块 2	控制测量	任务 2.1	四等水准测量
班级		第　组　成员姓名	

情感反思	通过对此任务的学习和实训,你认为自己在社会主义核心价值观、职业素养、劳动精神和工匠精神等方面有哪些部分需要提高?
知识反思	通过学习此任务,你掌握了哪些知识点?
技能反思	在完成此任务的学习和实训过程中,你主要掌握了哪些技能?
方法反思	在完成此任务的学习和实训过程中,你主要掌握了哪些分析和解决问题的方法?

任务 2.2　全站仪三角高程测量

任务单

模块 2	控制测量	任务 2.2	全站仪三角高程测量
计划学时		2 学时（课前 1 学时）	

布置任务			
任务描述	合同段内有一段跨河高程控制网,高程视线长度超过四等水准测量标准视线长度的 2 倍,但未超过 3500m,要求用全站仪三角高程测量的方法对高程控制点的高程进行复核。			
工作目标	1. 能根据全站仪三角高程测量的技术要求,合理选择并确定全站仪三角高程测量方案。 2. 能遵循规范要求,团队协作完成外业观测工作,独立完成外业观测资料的计算检核。 3. 能够在完成任务过程中锻炼职业素养,做到工作程序严谨,作业认真细致,能够吃苦耐劳,敢于承担责任,并能主动帮助小组中其他成员,有团队意识,诚实守信,精益求精。			

学时安排	思	学	教	做	评
	（0.5 学时）	（0.5 学时）	0.5 学时	1 学时	0.5 学时

学习要求	1. 按照思维导图自主学习,完成课前测试。 2. 严格遵守课堂纪律,学习态度认真、端正,能够正确评价自己和同学在工作任务中的素质表现。 3. 积极参与小组工作,承担外业观测中的相应工作,做到积极主动不推诿,与小组成员默契配合。 4. 能够完成技能训练作业单,对作业中的疑难点务必及时强化与突破。 5. 任务完成后,填写任务评价单,评判各小组成员的分数或等级。 6. 完成课后反思,以小组为单位提交。
考核评价办法	评价包括自我评价、小组互评、教师评价,按比例进行综合评价,并以不小于 40% 的比例计入期末总成绩。

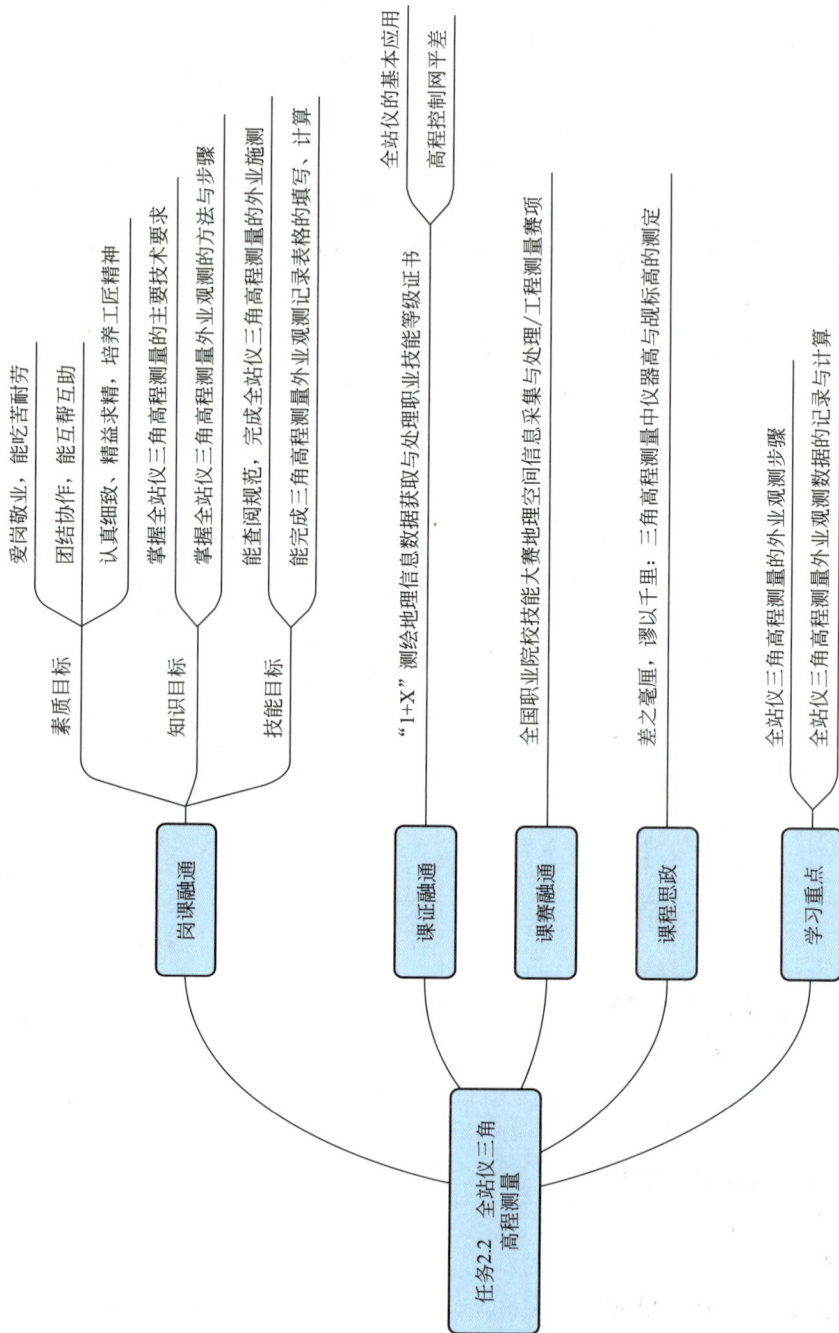

思维导图

💡 **课前自学**

知识点 1　三角高程测量的原理

三角高程测量时，根据已知点高程以及两点间的竖直角和水平距离，通过应用三角公式计算两点间的高差，求出未知点的高程。

如图 2-1 所示，A、B 两点间的高差：

$$h_{AB} = D\tan\alpha + i - v$$

B 点的高程为：

$$H_B = H_A + h_{AB}$$

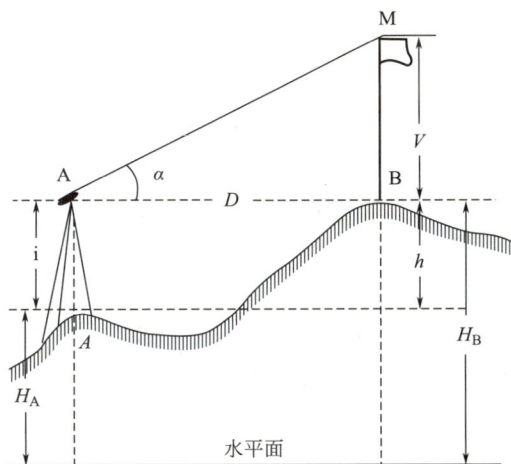

图 2-1　三角高程测量原理

2-2

三角高程测量原理

三角高程测量一般应进行往返观测，即由 A 向 B 观测（称为直觇），再由 B 向 A 观测（称为反觇），这种观测称为对向观测。

知识点 2　全站仪三角高程测量的主要技术要求

（1）用于跨河高程测量的全站仪，其垂直度盘测微器行差不得大于 2.0″，一测回垂直角观测中误差不得大于 3.0″。

（2）全站仪三角高程测量施测过程中，宜变换一次仪器高和棱镜高度，高度变化值应大于 3cm，垂直角和距离分别于高度变换前、后各测量一半测回数，仪器和棱镜高度分别于每次测前测后各测量 1 次，两次较差不得大于 2mm。

（3）全站仪三角高程测量宜采用垂直角和斜距进行计算，其观测的主要技术要求应符合表 2-4 的规定。

全站仪三角高程测量的主要技术要求　　　　　　　　表 2-4

测量等级	仪器类型	测距边测回数	边长/m	垂直角测回数	指标差较差/″	垂直角较差/″
四等	DJ₂	往返均≥2	≤600	≥4	≤5	≤5
五等	DJ₂	≥2	≤600	≥2	≤10	≤10

（4）垂直角观测应选择在气候条件较好、成像稳定的时间内进行观测，垂直角、距离均应进行对向观测，照准时目标必须清晰可辨，观测时其视线应离障碍物 1.5m 以上。对向观测宜在较短时间内进行，垂直角不得超过 15°。

（5）测距时气压计应置平、防暴晒，温度计应悬挂在离地面 1.5m 以上的地方，如使用干湿温度计时，应按明书规定的要求使用。

（6）全站仪三角高程测量的精度要求应符合表 2-5 的规定。

全站仪三角高程测量的主要精度指标   表 2-5

测量等级	测回内同向观测高差较差/mm	同向测回间高差较差/mm	对向观测高差较差/mm	高差闭合差/mm	检测已测测段高差之差/mm
四等	$\leqslant 8\sqrt{D}$	$\leqslant 10\sqrt{D}$	$\leqslant 40\sqrt{D}$	$\leqslant 20\sqrt{\sum D}$	$\leqslant 8\sqrt{D_i}$
五等	$\leqslant 8\sqrt{D}$	$\leqslant 15\sqrt{D}$	$\leqslant 60\sqrt{D}$	$\leqslant 30\sqrt{\sum D}$	$\leqslant 8\sqrt{D_i}$

知识点 3　全站仪三角高程测量的观测程序

（1）在测站上安置全站仪，量取仪器高 i 和棱镜高 v，读数精确到毫米；

（2）用全站仪采用测回法观测竖直角 1～3 个测回；

（3）采用对向观测法且观测高差符合技术要求，取平均值作为观测结果。

2-3

全站仪三角高程测量

课前测试

一、单选题（只有 1 个正确答案，每题 10 分）

1. 三角高程测量中，采用对向观测可以消除（　　）的影响。

A. 视差　　　　　　　　　　　　B. 视准轴误差

C. 地球曲率差和大气折光差　　　D. 水平度盘分划误差

2. 在三角测量中，最弱边是指（　　）。

A. 边长最短的边　　　　　　　　B. 边长最长的边

C. 相对精度最低的边　　　　　　D. 边长误差最大的边

3. 加密施工高程点必须从（　　）提供的水准点开始，遵循从高级到低级的原则。

A. 业主、设计单位　　　　　　　B. 相邻标段

C. 国家测绘部门　　　　　　　　D. 当地测绘部门

4. 下列高程测量方法中，用于测量两点之间的高差最精密的方法是（　　）。

A. 水准测量　　　　　　　　　　B. 三角高程测量

C. GNSS 高程测量　　　　　　　D. 气压高程测量

二、多选题（至少有 2 个正确答案，每题 10 分）

1. 全站仪三角高程测量的方法包括（　　）。

A. 单向观测法　　B. 对向观测法　　C. 中间观测法　　D. Z 坐标法

E. 往返观测法

2. 高程测量按使用的仪器和方法不同分为（　　）。

A. 水准测量　　　　　　　　　　B. 闭合路线水准测量

C. 附合路线水准测量　　　　　　D. 三角高程测量

E. 气压高程测量

3. 三角高程测量的主要误差来源包括（　　）。

A. 距离测量误差　　　　　　　　B. 竖直角测量误差

C. 仪器高误差　　　　　　　　　D. 地球曲率影响

E. 目标高误差

三、判断题（对的画"√"，错的画"×"，每题 10 分）

1. 全站仪三角高程测量精度比水准仪测量精度高。　　　　　　　　（　　）

2. 独立工程或三级以下公路联测有困难时，可采用假定高程。　　　（　　）

3. 同一个公路项目应采用同一个高程系统，并与相邻项目高程系统衔接。　（　　）

💡 **任务实施**

根据本合同段的跨河高程控制点复测的工作需求，通过制订全站仪三角高程测量工作方案，完成跨河高程控制点复测的外业观测工作。

1. 制定全站仪三角高程测量工作方案

工程测量人员根据跨河高程控制点的分布情况、本标段工程建设的地形概况等情况，综合设计项目复测跨河高程控制点的工作方案，主要包括本次测量确定工作的目标、人员调配、选择仪器设备及相关工具、踏勘选点、执行的测量等级标准外业观测的方法及工作程序、外业观测中需要注意事项、保障条件以及安全应急预案等。

2. 规范实施全站仪三角高程测量外业观测工作

每次测量工作前，一定要先检查仪器设备是否正常，如有异常应及时更换或送检。工作注意事项主要包括：

（1）用于跨河高程测量的全站仪，其垂直度盘测微器行差不得大于 2.0″，一测回垂直角观测中误差不得大于 3.0″。

（2）全站仪三角高程测量施测过程中，宜变换一次仪器高和棱镜高度，高度变化值应大于 3cm，垂直角和距离分别于高度变换前、后各测量一半测回数，仪器和棱镜高度分别于每次测前测后各测量 1 次，两次较差不得大于 2mm。

（3）全站仪三角高程测量宜采用垂直角和斜距进行计算，其观测的主要技术要求应符合规定。

（4）垂直角观测应选择在气候条件较好、成像稳定的时间内进行，垂直角、距离均应进行对向观测，照准时目标必须清晰可辨，观测时其视线应离障碍物 1.5m 以上。对向观测宜在较短时间内进行，垂直角不得超过 15°。

（5）测距时气压计应置平、防暴晒，温度计应悬挂在离地面 1.5m 以上，如使用干湿温度计时，应按说明书规定的要求使用。

（6）全站仪三角高程测量的精度要求应符合规范的规定。

计划单

模块 2	控制测量		任务 2.2	全站仪三角高程测量
计划用时	2 学时	完成人	1.（　　　）2.（　　　）3.（　　　） 4.（　　　）5.（　　　）6.（　　　） 7.（　　　）8.（　　　）9.（　　　）	
序号	计划步骤		具体工作内容	
1	准备工作			
2	组织分工			
3	现场操作			
4	核对工作			
5	成果整理			
计划说明				

作业单
全站仪三角高程测量观测记录表

班级		组别		观测员		记录员		日期	
测站	仪器高	目标	棱镜高	竖盘读数		指标差	竖直角	平距	高差	平均高差
				盘左	盘右					

评价单

模块 2	控制测量		任务 2.2	全站仪三角高程测量		
评价对象			小组成员			
评价情境	评价内容及要求	分值（100）	自我评价（10%）	组员互评（20%）	教师评价（70%）	实得分（Σ）
实施过程（35）	遵守纪律、服从安排	5				
	仪器操作规范	10				
	观测步骤正确	10				
	成果计算准确	10				
质量评价（25）	工作完整性	10				
	工作质量	5				
	报告完整性	10				
素质评价（25）	核心价值观	5				
	创新性	5				
	参与率	5				
	合作性	5				
	劳动态度	5				
安全文明（10）	工作中的安全保障情况	5				
	工具正确使用和保养、放置规范	5				
工作效率（5）	能够在要求的时间内完成，超时不得分	5				
最终得分						

课后反思

模块 2	控制测量	任务 2.2		全站仪三角高程测量	
班级		第　组	成员姓名		
情感反思	通过对此任务的学习和实训,你认为自己在社会主义核心价值观、职业素养、劳动精神和工匠精神等方面有哪些部分需要提高?				
知识反思	通过学习此任务,你掌握了哪些知识点?				
技能反思	在完成此任务的学习和实训过程中,你主要掌握了哪些技能?				
方法反思	在完成此任务的学习和实训过程中,你主要掌握了哪些分析和解决问题的方法?				

任务 2.3　一级导线测量

任务单

模块 2	控制测量	任务 2.3	一级导线测量
计划学时		4 学时（课前 2 学时）	
布置任务			
任务描述	合同段内有某交通设计院提供的 2 个高等级平面控制点，为保证控制点密度能满足施工需要，需要对平面控制点进行加密，要求采用一级导线测量的方法，在施工现场测出 3 个加密导线点的平面坐标。		
工作目标	1. 能根据一级导线测量的技术要求，合理选择并确定一级导线测量方案。 2. 能遵循规范要求，团队协作完成外业观测工作，独立完成外业观测资料的计算检核。 3. 会评判测量成果的合格性，并能完成导线平差计算，得到"导线测量成果计算表"。 4. 能够在完成任务过程中锻炼职业素养，做到工作程序严谨，作业认真细致，能够吃苦耐劳，敢于承担责任，并能主动帮助小组中其他成员，有团队意识，诚实守信，精益求精。		

	思	学	教	做	评
学时安排	（1.5 学时）	（0.5 学时）	1.5 学时	2 学时	0.5 学时

学习要求	1. 按照思维导图自主学习，完成课前测试。 2. 严格遵守课堂纪律，学习态度认真、端正，能够正确评价自己和同学在工作任务中的素质表现。 3. 积极参与小组工作，承担外业观测中的相应工作，做到积极主动不推诿，与小组成员默契配合。 4. 能够完成技能训练作业单，对作业中的疑难点务必及时强化与突破。 5. 任务完成后，填写任务评价单，评判各小组成员的分数或等级。 6. 完成课后反思，以小组为单位提交。
考核评价办法	评价包括自我评价、小组互评、教师评价，按比例进行综合评价，并以不小于 40% 的比例计入期末总成绩。

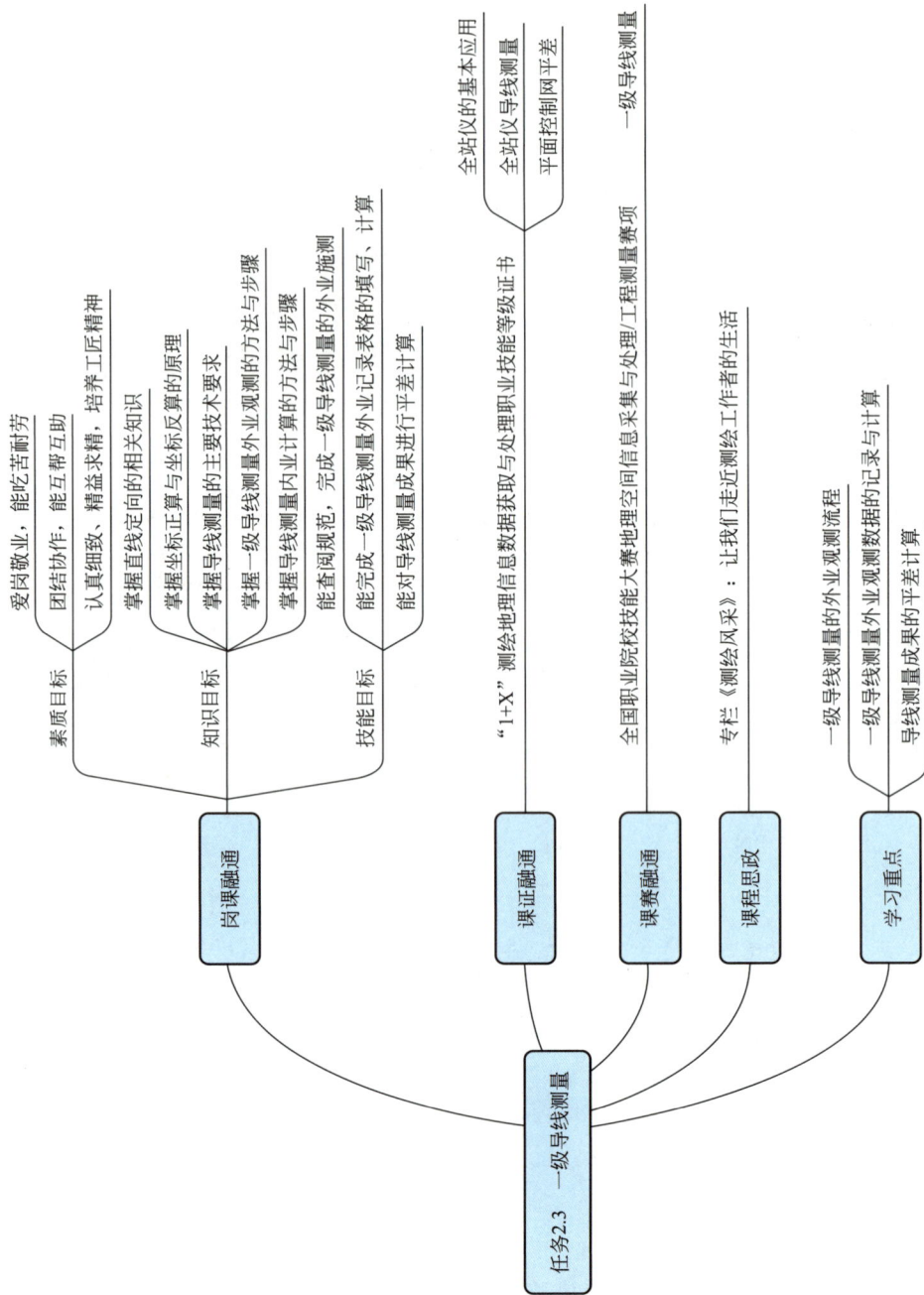

素质目标
- 爱岗敬业，能吃苦耐劳
- 团结协作，能互帮互助
- 认真细致，精益求精，培养工匠精神

知识目标
- 掌握直线定向的相关知识
- 掌握坐标正算与坐标反算的原理
- 掌握导线测量的主要技术要求
- 掌握一级导线测量外业观测的方法与步骤
- 掌握导线测量内业计算的方法与步骤

技能目标
- 能查阅规范，完成一级导线测量的外业施测
- 能完成一级导线测量外业记录表格的填写、计算
- 能对导线测量成果进行平差计算

岗课融通

"1+X" 测绘地理信息数据获取与处理职业技能等级证书

课证融通

全国职业院校技能大赛地理空间信息采集与处理工程测量赛项

课赛融通

专栏《测绘风采》：让我们走近测绘工作者的生活

课程思政

- 一级导线测量的外业观测流程
- 一级导线测量数据的记录与计算
- 导线测量成果的平差计算

学习重点

- 全站仪的基本应用
- 全站仪导线测量
- 平面控制网平差
- 一级导线测量

任务2.3 一级导线测量

思维导图

课前自学

知识点 1 导线的布设形式

导线测量是把地面上选定的平面控制点连接成折线或多边形，如图 2-2 所示。测出边长、相邻边的夹角，即可确定这些控制点的平面位置，这些平面控制点亦称为导线点。

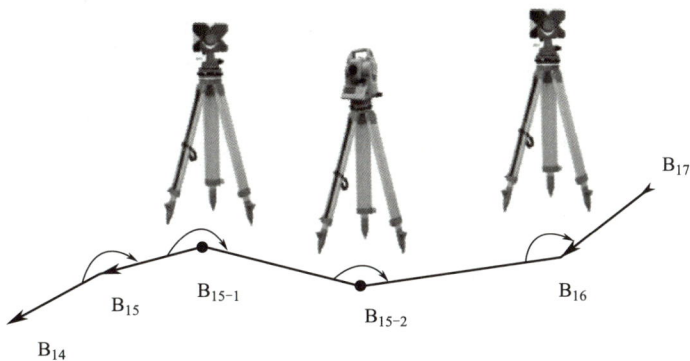

图 2-2 导线测量

2-4
导线的形式

1. 闭合导线

如图 2-3 所示，导线从已知高级控制点 A 开始，经过一系列的导线点 1、2、……，最后又回到 A 点上，形成一个闭合多边形。在无高级控制点的地区，A 点也可以是同级导线点，进行独立布设，闭合导线多用于范围较为宽阔地区的控制。

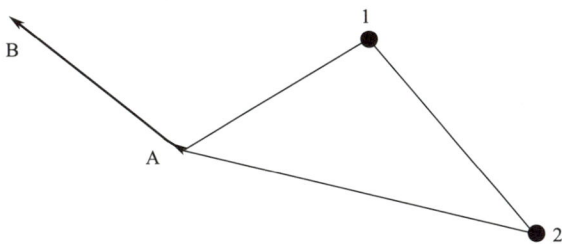

图 2-3 闭合导线

2. 附合导线

布设在两个高级控制点之间的导线称为附合导线，如图 2-4 所示，导线从已知高级控制点 B_{16} 开始，经过 B_{15-2}、B_{15-1}……，最后附合到另一高级控制点 B_{15} 上。附合导线主要用于带状地区的控制，如铁路、公路、河道的测图控制。

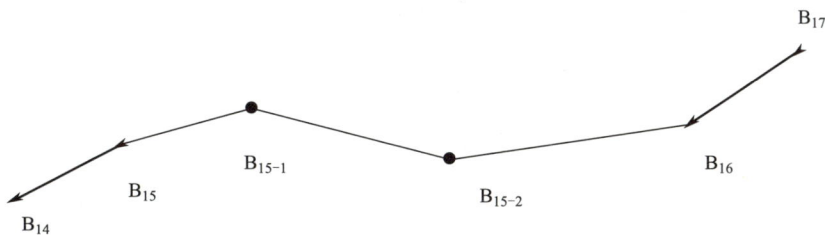

图 2-4 附合导线

119

3. 支导线

从一个已知控制点出发，支出 1～2 个点，既不附合至另一控制点，也不回到原来的起始点，这种形式称为支导线，如图 2-5 所示。由于支导线缺乏检核条件，故测量规范规定支导线一般不超过 2 个点。它主要用于当主控导线点不能满足局部测图需求时而采用的辅助控制。

图 2-5　支导线

知识点 2　导线测量的观测程序

导线测量的外业工作包括选点、埋标、测角、量边及导线的定向与联测。

1. 选点与埋标

选点前，应尽可能地收集测区范围及其周围已有的地形图、高级平面控制点和水准点等资料。若测区内已有地形图，应先在图上研究，初步拟定导线点位，然后到现场实地踏勘，根据具体情况最后确定下来并埋设标桩。现场选点时，应根据不同的需要，掌握以下几点原则：

（1）相邻导线点间应通视良好，以便于测角。

（2）采用不同的工具（如钢尺或全站仪）量边时，导线边通过的地方应考虑到它们各自不同的要求。如用钢尺，则尽量使导线边通过较平坦的地方；如用全站仪，则应使导线避开强磁场及折光等因素的影响。

（3）导线点应选在视野开阔的位置，以便测图时控制的范围大，减少设测站次数。

（4）导线各边长应大致相等，一般不宜超过 500m，也不短于 50m。

（5）导线点应选在点位牢固、便于观测且不易被破坏的地方；有条件的地方，应使导线点靠近线路位置，以便于定测放线多次利用。

导线点位置确定之后，应打下桩顶面边长为 4～5cm、桩长为 30～35cm 的方木桩，顶面应打一小钉以标志导线点位，桩顶应高出地面 2cm 左右；对于少数永久性的导线点，也可埋设混凝土标石。

为便于以后使用时寻找，应做"点之记"，即将线桩与其附近的地物关系量出绘记在草图上，见表 2-6；同时，在导线点方桩旁应钉设标志桩（板桩），上面写明导线点的编号及里程。

点之记　　　　　　　　　　　　　　　表 2-6

草图	导线编号	相关位置	
	P₃	实验室	15.2m
		大门洞	20.32m
		广告牌	12.13m

2. 测角

导线的转折角可测量左角或右角，按照导线前进的方向，在导线左侧的角称为左角，导线右侧的角称为右角。一般规定，闭合导线测内角，附合导线在铁路系统习惯测右角，其他系统多测左角。

导线角一般使用 DJ6 型或 DJ2 型全站仪采用测回法进行观测，其上、下半测回角值较差要求：DJ6 型仪器不大于 $30''$、DJ2 型仪器不大于 $20''$。

3. 量边

用全站仪测边时，应往返观测取平均值。对于图根导线，仅进行气象改正和倾斜改正；对于精度要求较高的一、二级导线，应进行仪器"加常数"和"乘常数"的改正。

4. 导线的定向与联测

为了计算导线点的坐标，必须知道导线各边的坐标方位角，因此应确定导线起始边的方位角。若导线起始点附近有国家控制点时，则应与控制点联测连接角，再来推算导线各边方位角。如果附近无高级控制点，则利用罗盘仪施测导线起始边的磁方位角，并假定起始点的坐标作为起算数据。

2-5

全站仪导线测量

知识点 3　导线测量的主要技术要求

各级导线的主要技术要求见表 2-7。

各级导线的主要技术要求　　表 2-7

等级	导线长度 /km	平均边长 /m	测角中误差 $('')$	测距中误差 /mm	测距相对中误差	测回数 DJ2	测回数 DJ6	角度闭合差 $('')$	导线全场相对闭合差
三等	≤14	≤3	1.8	20	1/150000	10	—	$3.6\sqrt{n}$	≤1/55000
四等	≤9	≤1.5	2.5	18	1/80000	6	—	$5\sqrt{n}$	≤1/35000
一级	≤4	≤0.5	5	15	1/30000	2	4	$10\sqrt{n}$	≤1/15000
二级	≤2.4	≤0.25	8	15	1/14000	1	3	$16\sqrt{n}$	≤1/10000
三级	≤1.2	≤0.1	12	15	1/7000	1	2	$24\sqrt{n}$	≤1/5000

知识点 4　直线定向与坐标正、反算

1. 直线定向

确定地面上两点的相对位置，除了需要测定两点间的水平距离，还需确定两点间所连直线的方向。一条直线的方向，是根据某一标准方向来确定的。确定直线与标准方向之间的关系，称为直线定向。

（1）标准方向

直线定向时，常用的标准方向有以下三种：

① 真子午线方向

通过地球表面某点的真子午线的切线方向，称为该点的真子午线方向。真子午线方向可用天文测量方法测定。

② 磁子午线方向

磁子午线方向是在地球磁场作用下，磁针在某点自由静止时其轴线所指的方向。磁子午线方向可用罗盘仪测定。

2-6

方位角

③ 坐标纵轴线方向

坐标纵轴线方向就是高斯平面直角坐标系的纵轴方向，即地面点所在投影带的中央子午线方向。在同一投影带内，各点的坐标纵轴线方向是彼此平行的。

（2）方位角

测量工作中，常采用方位角表示直线的方向。从直线上一点的标准方向北端起，顺时针量至该直线的水平夹角，称为该直线的方位角。方位角取值范围是 $0°\sim360°$。因标准方向有真子午线方向、磁子午线方向和坐标纵轴线方向之分，对应的方位角分别称为真方位角（用 A 表示）、磁方位角（用 A_m 表示）和坐标方位角（用 α 表示）。

（3）坐标方位角和象限角

从坐标纵轴线方向的北端起，顺时针量到某直线的水平角，称为该直线的坐标方位角，用 α 表示，通常简称为方位角。

测量工作中的直线都是具有一定方向的，一条直线存在正、反两个方向，如图 2-6 所示，我们把直线前进方向称为直线的正方向。就直线 AB 而言，A 点是起点，B 点是终点。通过起点 A 的坐标纵轴线北方向与直线 AB 所夹的方位角 α_{AB} 称为直线 AB 的正方位角，则方位角 α_{BA} 称为直线 AB 的反方位角。

正、反方位角互差 $180°$，即 $\alpha_{AB}=\alpha_{BA}\pm180°$。

2-7

方位角与象限角的关系

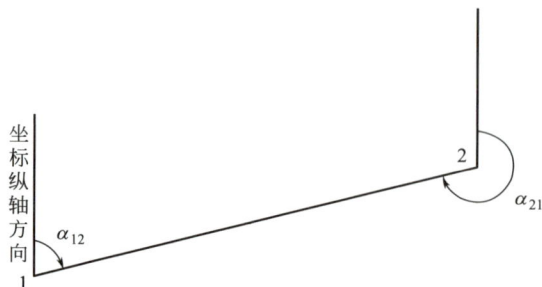

图 2-6　正、反坐标方位角

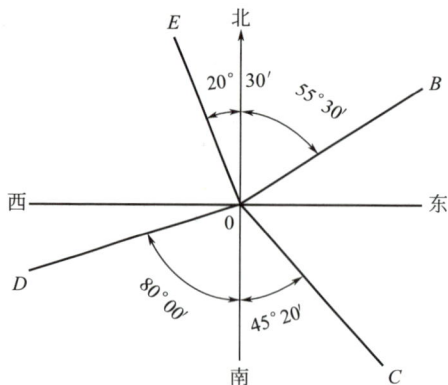

图 2-7　象限角

测量上有时也用象限角来确定直线的方向。象限角就是由标准方向的北端或南端起量至某直线所夹的锐角，角值用 R 表示，角值范围为 $0°\sim90°$。为了明确直线的方向，应注明象限北东（NE）、北西（NW）或南东（SE）、南西（SW），如北西 $20°$、南西 $80°$等，如图 2-7 所示。显然，如果知道了直线的方位角，就可以换算出它的象限角，反之，知道了象限也就可以推算出方位角，见表 2-8。

<table>
<tr><td colspan="3">方位角与象限角的换算关系　　　　　　　　　　　表 2-8</td></tr>
<tr><th>象限</th><th>坐标方位角</th><th>由坐标方位角推算象限角</th></tr>
<tr><td>北东(NE)
第 I 象限</td><td>0°～90°</td><td>$R=\alpha$</td></tr>
<tr><td>北西(NW)
第 II 象限</td><td>90°～180°</td><td>$R=180°-\alpha$</td></tr>
<tr><td>南东(SE)
第 III 象限</td><td>180°～270°</td><td>$R=\alpha-180°$</td></tr>
<tr><td>南西(SW)
第 IV 象限</td><td>270°～360°</td><td>$R=360°-\alpha$</td></tr>
</table>

（4）坐标方位角的推算

实际工作中并不需要测定每条直线的坐标方位角，而是通过与已知坐标方位角的直线联测后，推算出各直线的坐标方位角。如图 2-8 所示，已知直线 12 的坐标方位角 α_{12}，观测了水平角 β_2 和 β_3，要求推算直线 23 和直线 34 的坐标方位角。

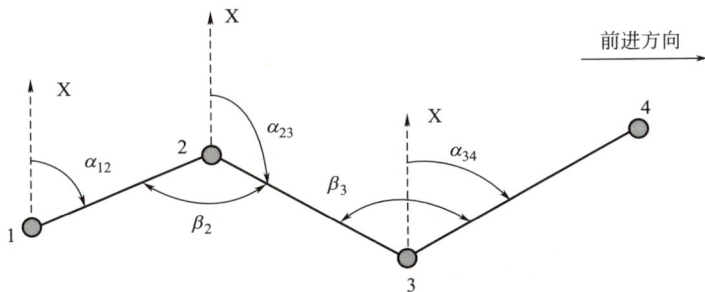

图 2-8　坐标方位角的推算

由图 2-8 可以看出：

$$\alpha_{23}=\alpha_{21}-\beta_2=\alpha_{12}+180°-\beta_2$$
$$\alpha_{34}=\alpha_{32}+\beta_3-360°=\alpha_{23}-180°+\beta_3$$

因 β_2 在推算路线前进方向的右侧，该转折角称为右角；β_3 在前进方向的左侧，称为左角。从而可归纳出推算方位角的一般公式为：

$$\alpha_前=\alpha_后-180°+\beta_左$$
$$\alpha_前=\alpha_后+180°-\beta_右$$

如果计算的结果大于 360°，则应减去 360°；结果为负值，则加上 360°。

2. 坐标正、反算

（1）坐标正算

根据已知点的坐标、已知长度及坐标方位角，计算未知点的坐标的方法，称为坐标正算。

如图 2-9 所示，已知 A 点的坐标（x_A，y_A）及未知点 B 的距离 D_{AB} 和坐标方位角 α_{AB}，求未知点 B 的坐标。

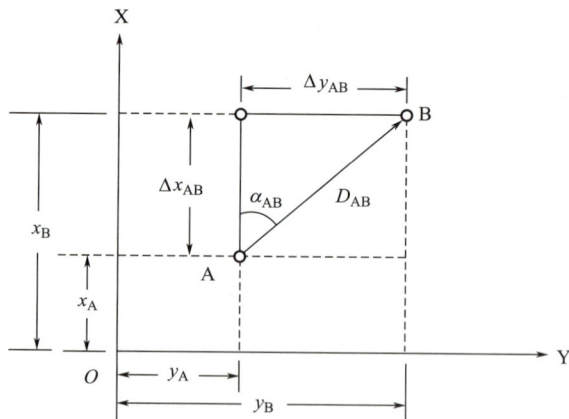

图 2-9　坐标正算

线段两端点 A、B 的坐标值之差，称为坐标增量，用 Δx_{AB}、Δy_{AB} 表示。坐标增量的计算公式为：

$$\Delta x_{AB}=x_B-x_A=D_{AB}\cos\alpha_{AB}$$
$$\Delta y_{AB}=y_B-y_A=D_{AB}\sin\alpha_{AB}$$

则 B 点的计算公式为：

$$x_B=x_A+\Delta x_{AB}=x_A+D_{AB}\cos\alpha_{AB}$$
$$y_B=y_A+\Delta y_{AB}=y_A+D_{AB}\sin\alpha_{AB}$$

坐标增量与方位角的关系见表 2-9。

坐标增量与方位角的关系表　　　　　　表 2-9

象限	坐标方位角 α	Δx	Δy
Ⅰ	0°～90°	＋	＋
Ⅱ	90°～180°	－	＋
Ⅲ	180°～270°	－	－
Ⅳ	270°～360°	＋	－

（2）坐标反算

根据线段起点和终点的坐标，计算两点的距离 D_{AB} 和坐标方位角 α_{AB}，称为坐标反算。

$$D_{AB}=\sqrt{\Delta x_{AB}^2+\Delta y_{AB}^2}$$
$$\alpha_{AB}=\arctan\left|\frac{\Delta y_{AB}}{\Delta x_{AB}}\right|$$

按上式计算坐标方位角时，计算出的是象限角，因此，应根据坐标增量 Δx、Δy 的正、负号，按坐标增量与方位角的关系判定其所在象限，再把象限角换算成相应的坐标方位角。

知识点 5　导线测量的成果计算

导线测量成果计算的目的是根据已知的起始数据和外业的观测成果计算出导线点的坐

标。计算之前，应检查导线测量外业记录、数据是否齐全，有无记错、算错，成果是否符合精度要求，起算数据是否准确，然后绘制导线略图，把各项数据标注于图上相应位置，如图 2-10 所示。

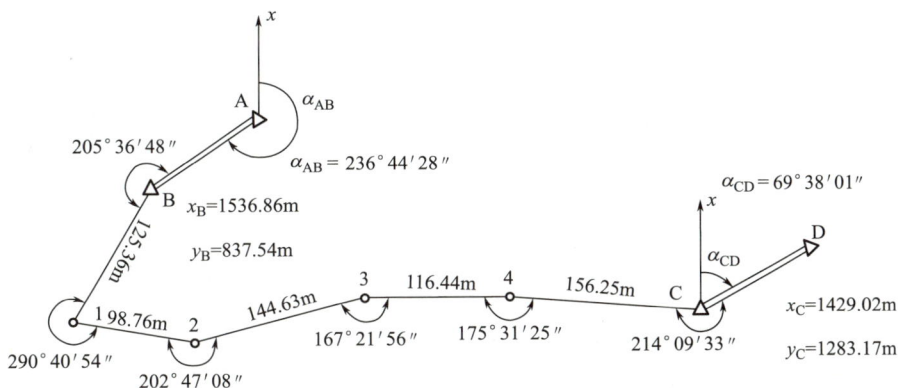

图 2-10　导线成果计算略图

1. 闭合导线的内业计算

闭合导线必须满足的条件：一是多边形的内角和条件；二是坐标条件。闭合导线应按下列步骤进行计算：

（1）角度闭合差计算与调整

多边形内角和的理论值应为：

$$\sum \beta_{理} = (n-2) \times 180°$$

由于测角误差的影响，使观测所得的内角和 $\sum \beta_{测}$ 不等于理论值 $\sum \beta_{理}$，二者之差称为角度闭合差，用 f_β 表示：

$$f_\beta = \sum \beta_{测} - \sum \beta_{理} = \sum \beta_{测} - (n-2) \times 180°$$

根据一级导线技术要求规定，角度闭合差的容许值为：

$$f_{\beta容} = \pm 10 \sqrt{n}$$

当角度闭合差 $f_\beta \leqslant f_{\beta容}$ 时，将角度闭合差以相反的符号平均分配给各观测角，即在每个角度观测值上加上一个改正数 v，其数值为：

$$v = -\frac{f_\beta}{n}$$

改正数 v 取值到秒，当 f_β 不能被 n 整除而有剩余秒数时，可将剩余秒数调整到短边的转折角上。经改正后的角值总和应等于理论值，以此来校核计算是否有误。

（2）导线各边坐标方位角的推算

角度闭合差调整好后，用改正后的角值从第一条边的已知方位角开始，依次推算出其他各边的方位角。其计算式为：

$$\alpha_{前} = \alpha_{后} \pm 180° \pm \beta$$

上式中的"±180°"，若 $\alpha_{后}$ 小于 180 则取"+180°"，否则取"−180°"；上式中的"±β"，若 β 为左角则取"+β"，为右角则取"−β"。

125

在推算方位角时，为了校核，还要从最后一条边的方位角推算出起始边的方位角，推算出的方位角应和已知方位角相等。

（3）坐标增量及坐标增量闭合差的计算与调整

当已知导线各边边长和坐标方位角后，可计算各边的坐标增量，按下式计算：

$$\left.\begin{array}{l} \Delta x = D\cos\alpha \\ \Delta y = D\sin\alpha \end{array}\right\}$$

为了满足坐标条件，闭合导线各边坐标增量的代数和理论上应等于零，即：

$$\left.\begin{array}{l} \sum \Delta x_{理} = 0 \\ \sum \Delta y_{理} = 0 \end{array}\right\}$$

纵坐标增量闭合差：$f_x = \sum \Delta x_{测}$

横坐标增量闭合差：$f_y = \sum \Delta y_{测}$

2-8

坐标增量闭合差

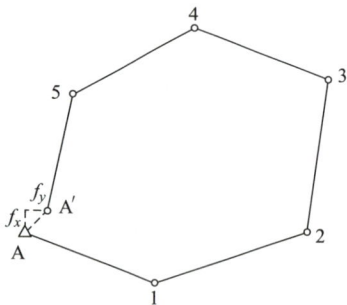

图 2-11　导线全长闭合差示意图

由于测距误差的存在和角度闭合差调整后残余误差的影响，使计算所得坐标增量的代数和不等于零，称为闭合导线的坐标增量闭合差。由于坐标增量闭合差的存在，使图 2-11 中 A、A′ 两点不重合，把 AA′ 这段距离称为导线全长闭合差 f_D，f_D 的大小可用下式求得：

$$f_D = \sqrt{f_x^2 + f_y^2}$$

导线测量精度高低通常用全长相对闭合差 K 来衡量，导线全长闭合差 f_D 与导线全长之比称为导线全长相对闭合差，简称为导线相对闭合差，一般化成分子为 1 的分数来表示，即：

$$K = \frac{f_D}{\sum D} = \frac{1}{(\sum D)/f_D}$$

导线的相对闭合差应满足相关规范的规定。若 K 值符合精度要求，可将坐标增量闭合差以相反的符号，按各边长度成正比例分配给各坐标增量，使改正后坐标增量的代数和等于零。各坐标增量改正值 δx、δy，可按下式计算：

$$\left.\begin{array}{l} \delta_{xi} = -\dfrac{f_x}{\sum D} D_i \\ \delta_{yi} = -\dfrac{f_y}{\sum D} D_i \end{array}\right\}$$

式中，δ_{xi}、δ_{yi} 是第 i 条边的纵、横坐标增量的改正数，D_i 是第 i 条边的边长，$\sum D$ 是导线全长。纵、横坐标增量改正数之和应满足下式要求：

$$\left.\begin{array}{l} \sum \delta_x = -f_x \\ \sum \delta_y = -f_y \end{array}\right\}$$

计算完坐标增量改正数后，算出改正后的纵、横坐标增量。此时，纵、横坐标增量的代数和应分别等于零。

（4）导线点的坐标计算

根据起始点的已知坐标和改正后的坐标增量，按施测路线依次计算各导线点的坐标，即：

$$x_i = x_{i-1} + \Delta x_{i-1,i} \atop y_i = y_{i-1} + \Delta y_{i-1,i} \Bigg\}$$

最后推算出起点坐标。二者应完全相等，以此作为坐标计算的校核。

2. 附合导线的成果计算

附合导线的成果计算步骤与闭合导线相同，但由于附合导与闭合导线几何图形不同，满足的几何条件也就不同。在角度闭合差的计算及纵、横坐标增量闭合差的计算与闭合导线有所不同。下面着重介绍不同之处。

（1）角度闭合差的计算

如图 2-12 所示为两端附合在高级点 A、B 和 C、D 上的附合导线，根据下式，从起始边 AB 的方位角 α_{AB} 通过各转折角 β 可推算出各边方位角，直至终止边方位角 $\alpha_{CD测}$。

$$\alpha_{CD测} = \alpha_{AB} \pm n \times 180° \pm \sum \beta \atop f_\beta = \alpha_{AB} \pm n \times 180° \pm \sum \beta - \alpha_{CD} \Bigg\}$$

用上式计算终止边方位角应减去若干个 360°，使 $\alpha_{CD测}$ 在 0°～360° 之间，由于角度观测值存在误差，使得 $\alpha_{CD测}$ 与已知 α_{CD} 不相等，而产生了角度闭合差 f_β，当计算的角度闭合差满足规范要求时进行分配，附合导线角度闭合差调整方法与闭合导线相同。

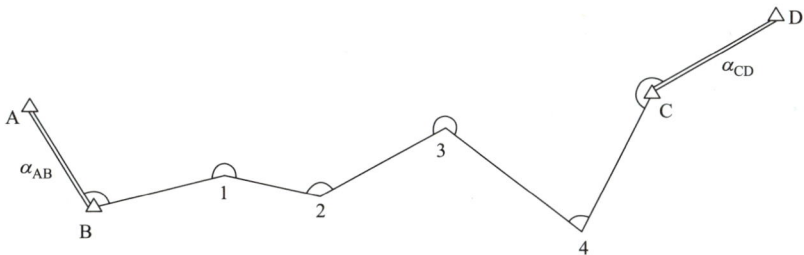

图 2-12　附合导线示意图

（2）坐标增量闭合差的计算

附合导线起点 B 和终点 C 都是高级控制点，两点坐标增量的理论值为：

$$\sum \Delta x_理 = x_C - x_B \atop \sum \Delta y_理 = y_C - y_B \Bigg\}$$

由于测量的角度和边长均存在误差，根据改正后的方位角和边长所计算的坐标增量之和往往不等于理论值，其差值称为附合导线坐标增量闭合差，即：

$$f_x = \sum \Delta x_测 - (x_C - x_B) \atop f_y = \sum \Delta y_测 - (y_C - y_B) \Bigg\}$$

有关附合导线的全长闭合差的计算、全长相对闭合差的计算以及 f_x、f_y 的调整方法均与闭合导线完全相同。

课前测试

一、单选题（只有 1 个正确答案，每题 10 分）

1. 一条导线从一已知控制点出发，经过若干点，最后测到另一已知控制点，该导线称为（　　）。

　　A. 支导线　　　　　　B. 复测导线　　　　　C. 附合导线　　　　D. 闭合导线

2. 根据线段起点坐标、长度及其坐标方位角，计算其终点坐标，称为（　　）。

　　A. 坐标正算　　　　　B. 坐标反算　　　　　C. 距离计算　　　　D. 方位计算

3. 设直线 AB 的水平距离为 120.230m，其方位角为 $121°23'36''$，则 AB 的 x 坐标增量为（　　）m。

　　A. -102.630　　　　B. 62.629　　　　　C. 102.630　　　　D. -62.629

4. 导线坐标增量闭合差的调整方法为（　　）。

　　A. 反符号按角度大小比例分配　　　　　B. 反符号按边长比例分配

　　C. 反符号按角度数量平均分配　　　　　D. 反符号按边数平均分配

二、多选题（至少有 2 个正确答案，每题 10 分）

1. 导线点位选择应满足的要求有（　　）。

　　A. 点位应选在土质坚实、稳固可靠、便于保存的地点

　　B. 相邻点通视良好，视线与障碍物保持一定距离

　　C. 相邻两点间的视线倾角不宜过大

　　D. 采用电磁波测距，视线应避开烟囱、散热塔等发热体及强磁场

　　E. 原有控制点尽量避免使用

2. 闭合导线和附合导线内业计算的不同点是（　　）。

　　A. 方位角推算方法不同　　　　　　　　B. 角度闭合差的计算方法不同

　　C. 坐标增量闭合差的计算方法不同　　　D. 导线全长闭合差的计算方法不同

　　E. 坐标增量改正数的计算方法不同

3. 需进行改正数调整的闭合差有（　　）。

　　A. 角度闭合差　　　　　　　　　　　　B. 纵坐标增量闭合差

　　C. 横坐标增量闭合差　　　　　　　　　D. 导线全长闭合差

　　E. 导线全长相对闭合差

4. 导线内业计算中，按闭合差反符号分配的有（　　）。

　　A. 高差闭合差　　　　　　　　　　　　B. 坐标增量闭合差

　　C. 导线全长闭合差　　　　　　　　　　D. 导线全长相对闭合差

　　E. 角度闭合差

三、判断题（对的画"√"，错的画"×"，每题 10 分）

1. 相对误差是指观测误差与观测值之比，写成分子为 1 的分数形式。　　　　　　（　　）

2. 闭合导线精度优于附合导线精度。　　　　　　　　　　　　　　　　　　　　（　　）

任务实施

根据本合同段的复测与加密平面控制点的工作需求，通过制定一级导线测量工作方案、完成平面控制点复测的外业观测工作与内业平差计算、判定测量精度是否符合规范要求。

1. 制定一级导线测量工作方案

工程测量人员根据已知平面控制点分布情况、本标段工程建设的地形概况等情况，综合设计项目复测平面控制点的工作方案。主要包括本次测量确定工作的目标、人员调配、选择仪器设备及相关工具、踏勘选点及如何建立测量标志、执行的测量等级标准外业观测的方法及工作程序、外业观测中需要注意事项、内业平差计算的方法、保障条件以及安全应急预案等。

2. 规范实施四等水准测量外业观测工作

每次测量工作前，一定要先检查仪器设备是否正常，如有异常及时更换或送检。工作注意事项主要包括：

（1）测量标识的建立

按照要求踏勘选点，确定复测补桩、加密施工导线点的具体位置，按照规范要求建立标准的、符合地域环境影响的、不变形的测量标识。

（2）仪器与材料的准备

全站仪、棱镜以及三脚架；钢卷尺；工程计算器；对讲机、铁锤、钢钉、红布、雨伞、记号笔等。

（3）测量资料的准备

导线点成果表、平面控制测量作业草图、外业观测记录手簿、内业平差计算表等。

3. 平面控制测量内业平差计算

仔细、认真检查外业各项记录和计算值，如发现问题，应查明原因予以纠正。绘制导线外业测量草图，在草图上注明已知控制点名、坐标及坐标方位角，注明各相邻点间的实测距离和转折角。按照计算公式准确计算平差表的数据，注意角度闭合差的分配原则和坐标增量闭合差的分配原则，分配前一定要完成导线测量精度评定，精度符合规范要求后才可以改正平差，进而得到符合精度标准的平面控制测量成果。

计划单

模块 2	控制测量		任务 2.3	一级导线测量
计划用时	4 学时	完成人		1.（　　　）2.（　　　）3.（　　　） 4.（　　　）5.（　　　）6.（　　　） 7.（　　　）8.（　　　）9.（　　　）
序号	计划步骤		具体工作内容	
1	准备工作			
2	组织分工			
3	现场操作			
4	核对工作			
5	成果整理			
计划说明				

作业单 1

导线转折角观测记录表

班级		组别		观测员			记录员	
测站	测回	盘位	目标	读 数	半测回角值	一测回角值		各测回平均值
		左						
		右						
		左						
		右						
		左						
		右						
		左						
		右						
		左						
		右						
		左						
		右						
		左						
		右						
		左						
		右						

作业单 2

导线边长观测记录表

班级		组号		观测员		记录员	
测 站	目 标	距离读数/m		距离均值/m		备 注	

测 站	目 标	距离读数/m	距离均值/m	备 注

作业单 3

导线测量成果计算表

点号	观测角/ °′″	角度改正数/″	改正后角度值/ °′″	坐标方位角/ °′″	距离/ m	X轴坐标增量/m			Y轴坐标增量/m			纵坐标 x/m	横坐标 y/m
						计算值	改正数	改正后的值	计算值	改正数	改正后的值		
Σ													
辅助计算													

日期　　班级　　组号　　姓名

评价单

模块 2	控制测量		任务 2.3	一级导线测量		
评价对象			小组成员			
评价情境	评价内容及要求	分值 （100）	自我评价 （10%）	组员互评 （20%）	教师评价 （70%）	实得分 （∑）
实施过程 （35）	遵守纪律、服从安排	5				
	仪器操作规范	10				
	观测步骤正确	10				
	成果计算准确	10				
质量评价 （25）	工作完整性	10				
	工作质量	5				
	报告完整性	10				
素质评价 （25）	核心价值观	5				
	创新性	5				
	参与率	5				
	合作性	5				
	劳动态度	5				
安全文明 （10）	工作中的安全保障情况	5				
	工具正确使用和 保养、放置规范	5				
工作效率 （5）	能够在要求的时间 内完成，超时不得分	5				
最终得分						

课后反思

模块 2	控制测量	任务 2.3	一级导线测量	
班级		第　组	成员姓名	
情感反思	通过对此任务的学习和实训,你认为自己在社会主义核心价值观、职业素养、劳动精神和工匠精神等方面有哪些部分需要提高?			
知识反思	通过学习此任务,你掌握了哪些知识点?			
技能反思	在完成此任务的学习和实训过程中,你主要掌握了哪些技能?			
方法反思	在完成此任务的学习和实训过程中,你主要掌握了哪些分析和解决问题的方法?			

任务2.4 GNSS-RTK 图根控制测量

任务单

模块2	控制测量		任务2.4	GNSS-RTK 图根控制测量
计划学时			2学时(课前1学时)	
布置任务				
任务描述	在合同段内有一段路线需要测绘带状地形图,测图前要先建立图根控制网,因测图路线距离狭长,测区内只有3个已知高级控制点,且相互之间不通视,要求采用 GNSS-RTK 的方法进行图根控制测量。			
工作目标	1. 能正确使用 GNSS 接收机进行野外观测。 2. 能根据 GNSS-RTK 图根控制测量的技术要求,合理选择并确定 GNSS-RTK 图根控制测量方案。 3. 能遵循规范要求,团队协作完成外业观测工作,独立完成外业观测资料的计算检核。 4. 会评判测量成果的合格性,得到"GNSS-RTK 图根控制点观测记录表"。 5. 能够在完成任务过程中锻炼职业素养,做到工作程序严谨,作业认真细致,能够吃苦耐劳,敢于承担责任,并能主动帮助小组中其他成员,有团队意识,诚实守信,精益求精。			
学时安排	思	学	教	做	评
	(0.5学时)	(0.5学时)	0.5学时	1.0学时	0.5学时
学习要求	1. 按照思维导图自主学习,完成课前测试。 2. 严格遵守课堂纪律,学习态度认真、端正,能够正确评价自己和同学在工作任务中的素质表现。 3. 积极参与小组工作,承担外业观测中的相应工作,做到积极主动不推诿,与小组成员默契配合。 4. 能够完成技能训练作业单,对作业中的疑难点务必及时强化与突破。 5. 任务完成后,填写任务评价单,评判各小组成员的分数或等级。 6. 完成课后反思,以小组为单位提交。				
考核评价办法	评价包括自我评价、小组互评、教师评价,按比例进行综合评价,并以不小于40%的比例计入期末总成绩。				

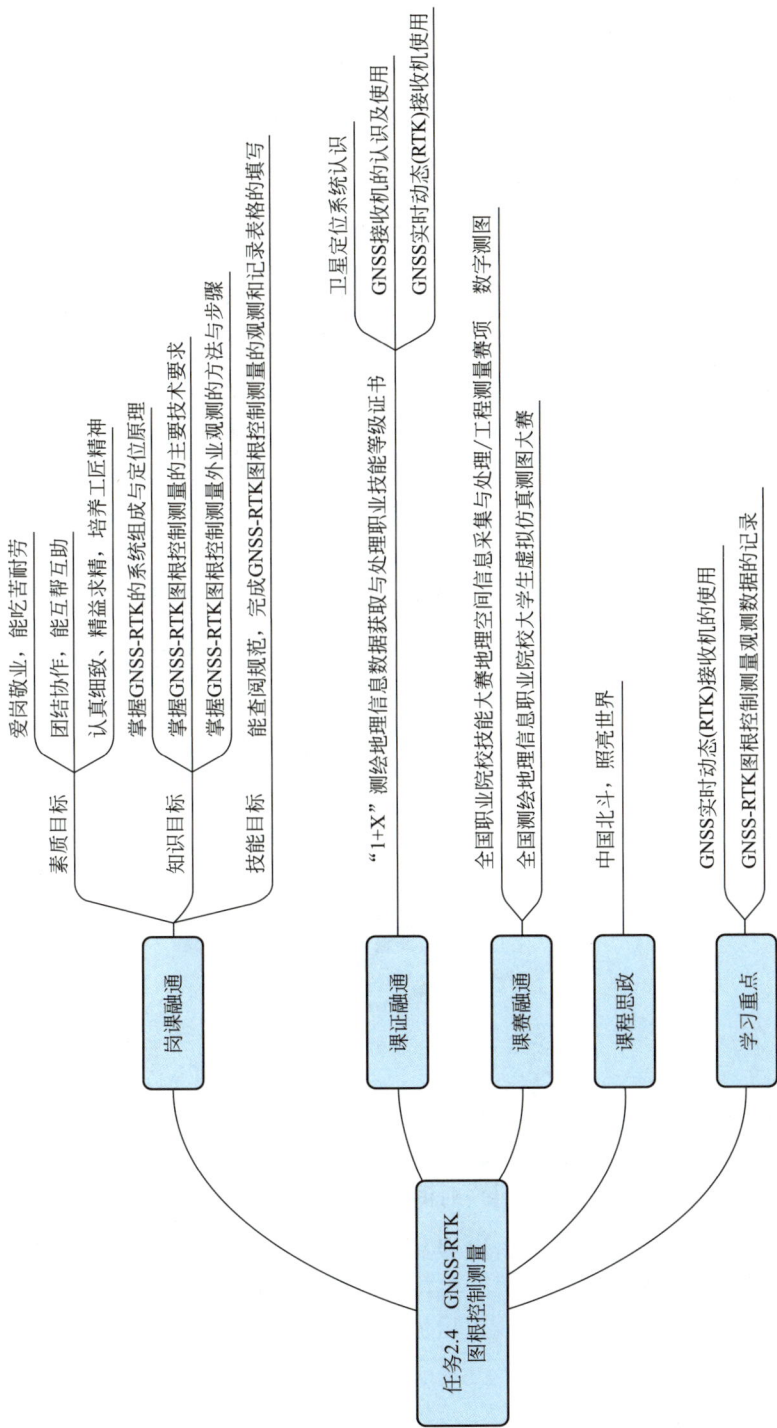

思维导图

任务 2.4 GNSS-RTK 图根控制测量

- 岗课融通
  - 素质目标：爱岗敬业，能吃苦耐劳；团结协作，能互帮互助；认真细致、精益求精，培养工匠精神
  - 知识目标：掌握 GNSS-RTK 的系统组成与定位原理；掌握 GNSS-RTK 图根控制测量的主要技术要求；掌握 GNSS-RTK 图根控制测量外业观测的方法与步骤
  - 技能目标：能查阅规范，完成 GNSS-RTK 图根控制测量的观测和记录表格的填写
- 课证融通："1+X"测绘地理信息数据获取与处理职业技能等级证书
- 课赛融通：全国职业院校技能大赛地理空间信息采集与处理/工程测量赛项；全国测绘地理信息职业院校大学生虚拟仿真测图大赛
- 课程思政：中国北斗，照亮世界
- 学习重点：GNSS 实时动态(RTK)接收机的使用；GNSS-RTK 图根控制测量观测数据的记录

卫星定位系统认识
GNSS 接收机的认识及使用
GNSS 实时动态(RTK)接收机使用
数字测图

知识点 1　GNSS-RTK 定位原理

1. GNSS 的基本定位原理

全球定位导航系统（Global Navigation Satellite System，GNSS）是利用距离交会的原理确定点位。假设天空中有 3 颗静止不动的 GNSS 卫星，其坐标已知，用户接收机在某一时刻采用无线电测距的方法分别测得了接收机至 3 颗卫星的距离 d_1、d_2、d_3。只需要以 3 颗卫星为球心，以 d_1、d_2、d_3 为半径做出 3 个球面，即可交会出用户接收机的空间位置。

但是，GNSS 卫星是高速运动的卫星，其坐标值随时间快速变化。GNSS 用户接收机通过接收和解译 GNSS 卫星发送的卫星星历，可以实时计算出卫星的空间坐标，所以 GNSS 卫星可以看作是动态已知点。因为接收机上安装的是稳定性较差的石英钟，所以要把接收机钟差改正数 V_{Tr} 作为一个未知数来处理，这样就有 $(X，Y，Z，V_{Tr})$ 4 个未知数，至少需要观测 4 颗 GNSS 卫星到测站（GNSS 接收机天线相位中心）的距离，才能通过距离交会法解算出测站坐标 $(X，Y，Z)$，如图 2-13 所示。

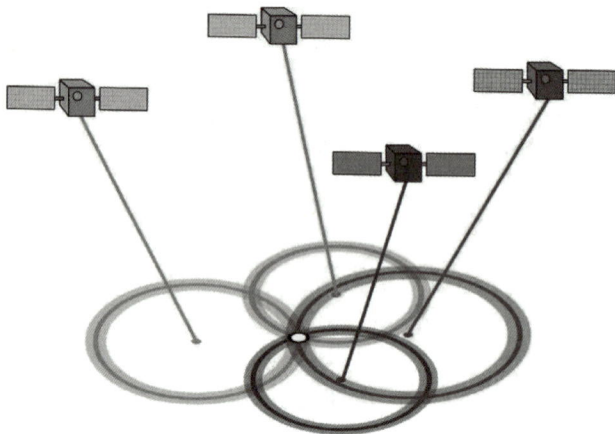

图 2-13　GNSS 卫星定位原理示意图

2. RTK 的工作原理

RTK 的工作原理是在基准站上安置 1 台 GNSS 接收机，另一台或几台接收机置于流动站上，基准站和流动站同时接收同一时间相同 GNSS 卫星发射的信号，将基准站所获得的观测值与已知位置信息进行比较，得到 GNSS 差分改正值。然后将整个改正值及时地通过无线电数据链电台传送到共视卫星的流动站以精化其 GNSS 观测值，得到经差分改正后流动站的准确实时位置，如图 2-14 所示。

3. RTK 的系统组成

（1）基准站：由基准站 GNSS 接收机及卫星接收天线、无线电数据链电台、发射天线与蓄电池电源等组成，如图 2-15 所示。

2-4

GNSS的组成及
工作原理

图 2-14 RTK 工作原理图

图 2-15 基准站

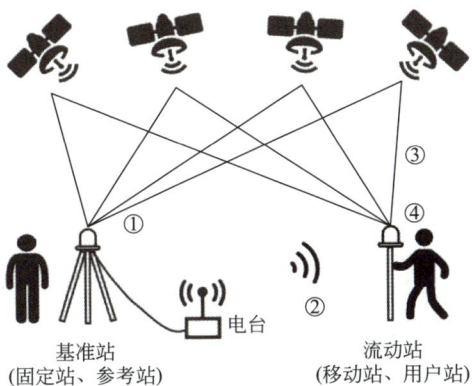

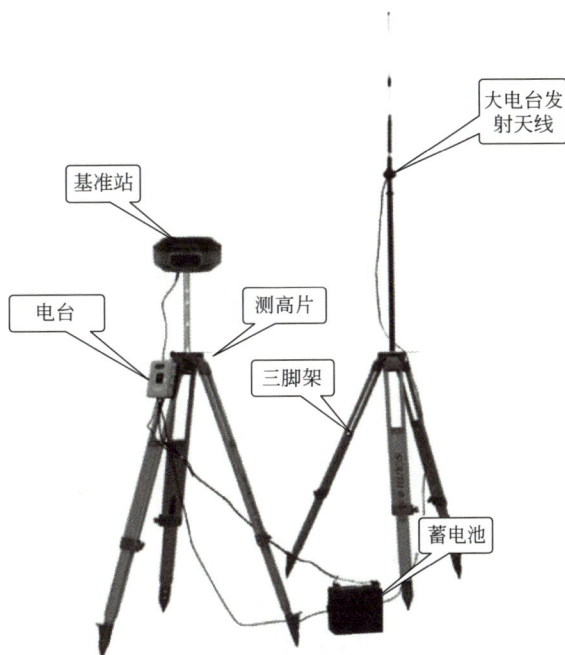

（2）流动站：由流动站 GNSS 接收机及卫星接收天线、无线电数据链接收机及天线、电子手簿控制器等组成，如图 2-16 所示。

图 2-16 流动站

2-5

RTK的组成及
作业方式介绍

知识点 2　GNSS 接收机的构造及功能

以南方创享测量系统为例介绍 GNSS 接收机。

139

1. 主机介绍

主机呈圆柱形，直径 153mm，高 131.5mm，采用触摸屏和双按键的组合设计，操作更为简单。机身底部具备常用的接口，方便使用。具体介绍如图 2-17 所示。

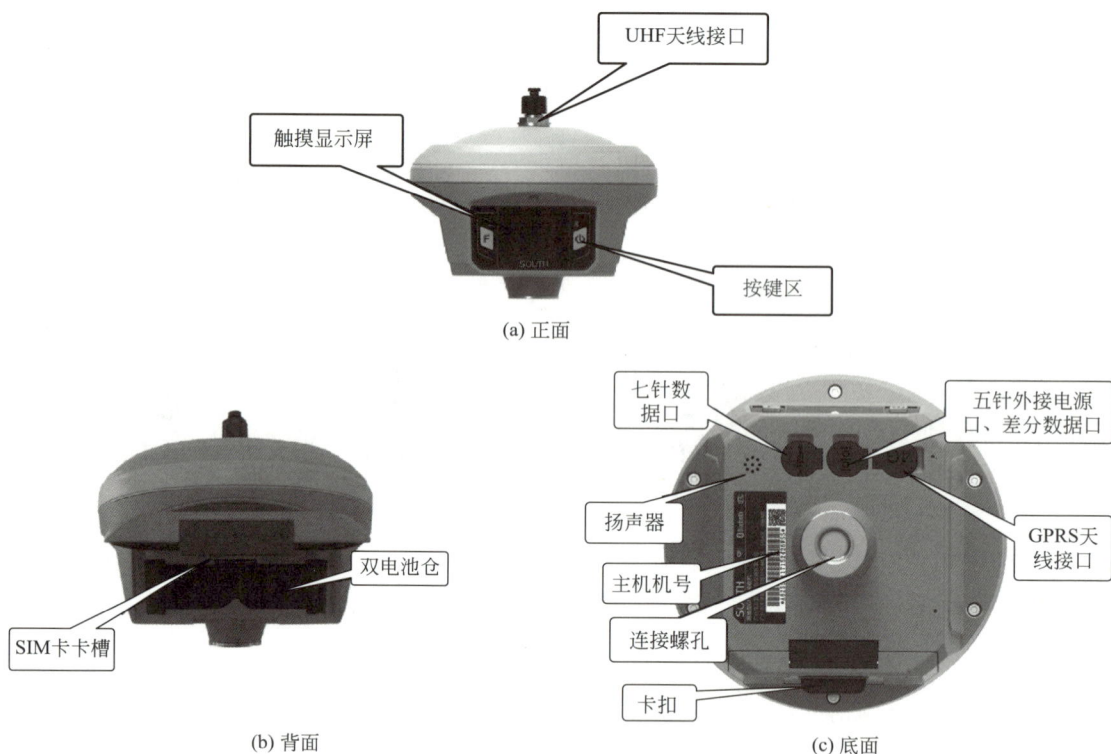

(a) 正面

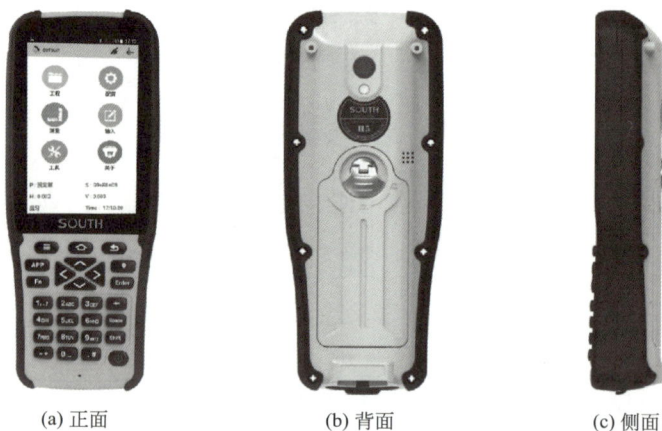

(b) 背面

(c) 底面

图 2-17　测量系统主机

2. 手簿介绍

南方创享测量系统搭配南方自由光 H5 手簿（图 2-18），拥有数字九宫格键盘，并配备高分辨率 4.3 英寸液晶触摸屏，采用 Android 操作系统，主频高达 1.3GHz，扩展性能强，其按键及功能见表 2-10。

2-6

南方创享RTK
实际作业举例

(a) 正面　　　　　　　(b) 背面　　　　　　　(c) 侧面

图 2-18　H5 手簿

H5 手簿按键及功能   表 2-10

图标	名称	功能
	Home 键	长按可清除软件后台运行
	主菜单键	主菜单
	返回键	返回上一层
	开关机键	长按可开/关机
	快捷 APP 键	可打开预先设好的软件
	坐标采集键	坐标采集
	功能键	切换输入法
	自定键	输入法大小写切换
	退档键	输入字符时,光标向前删除一位
	空格键	输入空格
	方向键	移动光标
	数字键	数字键盘

知识点 3　GNSS-RTK 控制测量主要技术要求

1. 一般规定

GNSS-RTK 控制测量前，应根据任务需要，收集测区高等级控制点的地心坐标、参心坐标、坐标系统、转换参数和高程成果等，进行技术设计。

GNSS-RTK 平面控制点按精度划分等级分为一级控制点、二级控制点、三级控制点。RTK 高程控制点按精度划分等级分为五等高程控制点。平面控制点可以逐级布设、越级布设或一次性全面布设，每个控制点宜保证有一个以上的等级点与之通视。

GNSS-RTK 测量可采用单参考站 RTK 测量和网络 RTK 测量两种方法进行。在通信条件困难时，也可以采用后处理动态测量模式进行测量。已建立 CORS 网的地区，宜优先采用网络 RTK 技术测量。GNSS-RTK 测量卫星的状态应符合表 2-11 的规定。

GNSS-RTK 测量卫星状态的基本要求　表 2-11

观测窗口状态	截止高度角 15°以上的卫星个数	PDOP 值
良好	≥6	<4
可用	5	≤6
不可用	5	6

2. GNSS-RTK 平面控制点测量

GNSS-RTK 平面控制点的点位选择要求参照《卫星定位城市测量技术标准》CJJ/T 73—2019 执行。

GNSS-RTK 平面控制点测量主要技术要求应符合表 2-12 的规定。

GNSS-RTK 平面控制点测量主要技术要求　表 2-12

等级	相邻点间距离 /m	点位中误差 /cm	边长相对中误差	与参考站的距离 /km	观测次数	起算点等级
一级	≥500	≤±5	≤1/20000	≤5	≥4	四等及以上
二级	≥300	≤±5	≤1/10000	≤5	≥3	一级及以上
三级	≥200	≤±5	≤1/6000	≤5	≥2	二级及以上

注：1. 点位中误差指控制点相对于起算点的误差。

　　2. 采用单参考站 RTK 测量一级控制点需更换参考站进行观测，每站观测次数不少于 2 次。

　　3. 采用网络 RTK 测量各级平面控制点，可不受流动站到参考站距离的限制，但应在网络有效服务范围内。

在获取测区坐标系统转换参数时，可以直接利用已知的参数。在没有已知转换参数时，自行求解。地心坐标系（2000 国家大地坐标系）与参心坐标系（如 1954 年北京坐标系、1980 西安坐标系或地方独立坐标系）转换参数的求解，应采用不少于 3 点的高等级起算点两套坐标系成果，所选起算点应分布均匀，且能控制整个测区。转换时应根据测区范围及具体情况，对起算点进行可靠性检验，采用合理的数学模型，进行多种点组合方式分别计算和优选。

（1）GNSS-RTK 平面控制点测量参考站的操作应满足以下要求：

1）采用网络 RTK 测量时，CORS 网点的设立要求按《全球导航卫星系统连续运行基准站网运行维护技术规范》CH/T 2011—2012 执行。

2）自设参考站如需长期和经常使用，宜埋设有强制对中的观测墩。

3）自设参考站应选择在高一级控制点上。

4）用电台进行数据传输时，基准站宜选择在测区相对较高的位置。用移动通信进行数据传输时，参考站必须选择在测区有移动通信接收信号的位置。

5）选择无线电台通信方法时，应按约定的工作频率进行数据链设置，以避免串频。

6）应正确设置随机软件中对应的仪器类型、电台类型、电台频率、天线类型、数据端口、蓝牙端口等。

7）应正确设置参考站坐标、数据单位、尺度因子、投影参数和接收机天线高等参数。

（2）GNSS-RTK 平面控制点测量流动站的操作应满足以下要求：

1）网络 RTK 测量的流动站获得系统服务的授权。

2）网络 RTK 测量流动站应在 CORS 网的有效服务区域内进行，并实现数据与服务控制中心的通信。

3）用测量手簿设置流动站参考点 WGS84 坐标与当地坐标的转换参数、平面和高程的收敛精度，设置与参考站的通信。

4）GNSS-RTK 测量流动站不宜在隐蔽地带、成片水域和强电磁波干扰源附近观测。

5）观测开始前应对仪器进行初始化，并得到固定解，当长时间不能获得固定解时，宜断开通信链路，再次进行初始化操作。

6）每次观测之前流动站应重新初始化。作业过程中，如出现卫星信号失锁，应重新初始化，并经重合点测量检测合格后，方能继续作业。

7）每次作业开始与结束前，均应进行一个以上已知点的检核。

8）RTK 平面控制点测量平面坐标转换残差应≤±2cm。

9）测量手簿设置控制点的单次观测的平面收敛精度应≤±2cm。

10）RTK 平面控制点测量流动站观测时，应采用三脚架对中、整平，每次观测历元数应大于 20 个，各次测量的平面坐标较差应满足≤±4cm 要求后，取中数作为最终结果。

11）进行后处理动态测量时，流动站应先在静止状态下观测 10～15min，然后在不丢失初始化状态的前提下进行动态测量。

3. GNSS-RTK 高程控制点测量

GNSS-RTK 高程控制点的埋设一般与 RTK 平面控制点同步进行，标石可以重合。

GNSS-RTK 高程控制点测量主要技术要求应符合表 2-13 规定。

GNSS-RTK 高程控制点测量主要技术要求　　　表 2-13

等级	高程中误差	与基准站的距离/km	观测次数	起算点等级
五等	≤±3cm	≤5	≥3	四等水准及以上

注：1. 高程中误差指控制点高程相对于起算点的误差。

　　2. 网络 RTK 高程控制测量可不受流动站到参考站距离的限制，但应在网络有效服务范围内。

流动站的高程异常可以采用数学拟合方法、似大地水准面精化模型内插法等获取。当采用数学拟合方法时，拟合的起算点平原地区一般不少于 6 点，拟合的起算点点位应均匀分布于测区四周及中间，间距一般不宜超过 5km，地形起伏较大时，应按测区地形特征适当增加拟合的起算点数。当测区面积较大时，宜采用分区拟合的方法。

GNSS-RTK 高程控制点测量流动站的操作要求与平面控制点测量一致。而流动站操作要求的不同之处在于：

（1）GNSS-RTK 高程控制点测量高程异常拟合残差应≤±3cm。

（2）GNSS-RTK 高程控制点测量设置高程收敛精度应≤±3cm。

（3）GNSS-RTK 高程控制点测量流动站观测时应采用三脚架对中、整平，每次观测历元数应大于 20 个，各次测量的高程较差应满足≤±4cm 要求后，取中数作为最终结果。

当采用似大地水准面精化模型内插测定高程时，似大地水准面模型内符合精度应小于 ±2cm。如果当地某些区域高程异常变化不均匀，拟合精度和似大地水准面模型精度无法满足高程精度要求时，可对 RTK 测量大地高程数据进行后处理或用几何水准测量方法进行补充。

知识点 4　GNSS-RTK 图根控制点的观测程序

1. 安置仪器

RTK 设备分为基准站和流动站两部分。基准站包括三脚架、主机转换器（放大器）、电源（蓄电池）、天线、连接电缆；流动站包括碳素对中杆、主机、手簿。手簿和主机之间使用蓝牙传输。目前，很多 RTK 设备向着一体化方向发展，使用内置电源，不再使用沉重的大电瓶。同时，数据链发送天线（UHF）也逐渐使用内置电台。有些 RTK 设备同时具备电台传输（UHF）和通信网络传输（GPRS）两种功能，在测区较小时使用电台传输，测区较大时使用通信传输。

RTK 基准站的设置可分为基准站架设在已知点和未知点两种情况。常用的方法是将基准站架设在一个地势较高、视野开阔的未知点上，使用流动站在测区内的两个以上的已知点上进行点校正，并求解转换参数。

通常基准站和流动站安置完毕之后，打开主机及电源，建立工程或文件，选择坐标系，输入中央子午线经度和 y 坐标加常数。通常还要建立一个工程，以后每天工作时新建文件即可。

2. 求解参数

GNSS 接收机输出的数据是 WGS-84 经纬度坐标，需要转化到施工测量坐标，这就要软件进行坐标转换参数的计算和设置。四参数是同一个椭球内不同坐标系之间进行转换的参数。四参数指的是在投影设置下，选定的椭球内 GNSS 坐标系和施工测量坐标系之间的转换参数。四参数的四个基本项分别是：X 平移、Y 平移、旋转角和缩放比例。需要特别注意的是，参与计算的控制点原则上至少要用两个或两个以上的点，控制点等级的高低和分布直接决定了四参数的控制范围。四参数理想的控制范围一般都在 5～7 km。

南方测绘创享系列 RTK 提供的四参数的计算方式有以下几种：

（1）利用"控制点坐标库"求解参数，人工输入两控制点的 GNSS 经纬度坐标和已知坐标，从而解算四参数。

（2）利用"校正向导"求解参数，使用两点校正功能，在两个已知点上分别做校正，则软件会自动记录下求得的转换参数。

（3）直接导入参数文件".cot"，在南方静态 GNSS 数据处理软件 GPSadj 中，将测区静态控制时得到的参数文件复制到手簿中相应的工程文件夹中。具体步骤：［成果］→

［网平差成果输出］→［工程之星 COT］。

（4）直接输入参数，在手簿中建完工程之后，直接将解算得到的四参数输入工程之星软件的设置四参数菜单。

3. 检验校正

点校正是 RTK 测量中一项重要工作，每天测量工作开始之前都要进行点校正。如果工程文件中已经输入转换参数，则每次工作之前找到一个控制点，输入已知坐标，进行单点校正；然后，找到邻近的另一个控制点，测量其坐标；最后，和已知坐标对比，即可验证。点校正时，一定要精确对中整平仪器。测量过程中如果出现基准站位置有变化等提示，通常都是由基准站位置变化或电源断开等原因造成，此时需要重新进行点校正。

2-7

GNSS-RTK虚拟
仿真设置与操作

4. 数据采集

GNSS-RTK 控制点采集需要在已布设的点位上进行采点，存入仪器内存，同时绘制"点之记"。采点时一定要在固定解（FIXD）状态下采点。数据采集时 RTK 跟踪杆气泡尽量保持水平，否则天线几何相位中心偏离碎部点距离过大，会降低精度。经、纬度记录精确至 $0.00001''$，平面坐标和高程记录精确至 $0.001m$，天线高量取精确至 $0.001m$。

2-8

GNSS-RTK虚拟
仿真数据采集

5. 成果数据处理与检查

GNSS-RTK 控制测量外业采集的数据应及时进行备份和内外业检查。外业观测记录采用仪器自带内存卡或测量手簿，记录项目及成果输出包括下列内容：

（1）参考点的点名（号）、残差、转换参数。

（2）参考站点名（号）、流动站点名（号）。

（3）参考站、流动站的天线高、观测时间。

（4）参考站发送给流动站的参考站地心坐标、地心坐标的增量。

（5）流动站的平面、高程收敛精度。

（6）流动站的地心坐标、平面和高程成果。

（7）测区转换参考点、观测点网图。

用 GNSS-RTK 技术施测的平面控制点成果应进行 100% 的内业检查和不少于总点数 10% 的外业检测，外业检测可采用相应等级的卫星定位静态（快速静态）技术测定坐标、全站仪测量边长和角度等方法，检测点应均匀分布测区。检测结果应满足表 2-14 的要求。

GNSS-RTK 平面控制点检测精度要求　　　　　　　　　　　表 2-14

等级	边长校核		角度校核		坐标校核
	测距中误差/mm	边长较差的相对误差	测角中误差(")	角度较差限差(")	坐标较差中误差/mm
一级	≤±15	≤1/14000	≤±5	14	≤±5
二级	≤±15	≤1/7000	≤±8	20	≤±5
三级	≤±15	≤1/4500	≤±12	30	≤±5

用 GNSS-RTK 技术施测的高程控制点成果，应进行 100％的内业检查和不少于总点数 10％的外业检测。外业检测可采用相应等级的三角高程测量、几何水准测量等方法，检测点应均匀分布测区。检测结果应满足表 2-15 的要求。

GNSS-RTK 高程控制点检测精度要求　　　表 2-15

等级	高差较差（mm）
五等	$\leqslant 40\sqrt{D}$

注：D 为检测线路长度，以 km 为单位。

课前测试

一、单选题（只有 1 个正确答案，每题 10 分）

1. 随着测绘技术的发展，目前测绘领域建立平面控制网的首选方法是（　　）。

A. 三角测量　　　　B. 高程测量　　　　C. 导线测量　　　　D. GNSS 控制测量

2. GNSS-RTK 由基准站与（　　）组成。

A. 流动站　　　　B. 工作站　　　　C. 注入站　　　　D. 监测站

3. 实现 GNSS 定位至少需要（　　）颗卫星。

A. 3　　　　　　B. 4　　　　　　C. 5　　　　　　D. 6

二、多选题（至少有 2 个正确答案，每题 10 分）

1. 下列关于平面控制测量的说法，正确的有（　　）。

A. 平面控制测量是指按照一定的精度，确定一系列控制点平面位置的工作

B. 导线测量是平面控制的一种方法

C. 随着测绘技术的发展，平面控制已经很少采用三角测量

D. 大范围控制测量，宜选择单一导线测量

E. GNSS 控制网，可以用于场区平面控制测量

2. 关于平面控制测量，说法错误的有（　　）。

A. 平面控制测量可有效控制测量误差的积累

B. 导线测量可用于一、二等平面控制测量

C. GNSS 控制测量受地形条件限制较小

D. 三角形网测量，检核条件较多，可用于较高等级控制测量

E. 导线测量，受地形条件影响小，是城镇平面控制测量的首选

3. 目前全球四大卫星体系包括（　　）。

A. 美国的全球定位系统（GPS）　　　　B. 中国的北斗

C. 俄罗斯的格洛纳斯（GLONASS）　　　D. 欧盟的伽利略（Galileo）

E. 以上均不是

三、判断题（对的画"√"，错的画"×"，每题 10 分）

1. GNSS-RTK 进行图根控制测量时，最好用脚架和基座，以便能精确对中、整平，获得较高精度测量成果。（　　）

2. 对于同一个工程项目，GPS-RTK 基准站重新安置后，可以套用上一次的工程项目文件，通过单点校正的方式完成仪器设置，不用重新进行参数求解操作。（　　）

3. GNSS-RTK 目前基准站和移动站之间进行数据通信常有三种模式：外挂电台模式、内置电台模式、内置网络模式。（　　）

4. 在 GNSS 连接完成得到固定解后，接下来需要进行参数求解操作，用来将 GNSS 所测坐标和高程数据成果转换成当地绝对坐标系和绝对高程基准。（　　）

147

任务实施

根据本合同段内某带状地形图观测的工作需求，通过制订 GNSS-RTK 图根控制测量工作方案、完成建立图根控制网的观测工作。

1. 制定 GNSS-RTK 图根控制测量工作方案

工程测量人员根据本标段内待测图区域的地形概况等情况综合设计 GNSS-RTK 图根控制测量的工作方案。主要包括本次测量确定工作的目标、人员调配、选择仪器设备及相关工具、踏勘选点、执行的测量等级标准外业观测的方法及工作程序、外业观测中需要注意事项、保障条件以及安全应急预案等。

2. 规范实施 GNSS-RTK 图根控制测量观测工作

每次测量工作前，一定要先检查仪器设备是否正常，如有异常及时更换或送检。工作注意事项主要包括：

（1）RTK 基准站的设置可分为架设在已知点和未知点两种情况。常用的方法是将基准站架设在一个地势较高、视野开阔的未知点上，使用流动站对测区内的两个或两个以上的已知点进行点校正，并求解转换参数。

（2）打开流动站手簿，建立工程，选择坐标系，输入中央子午线经度和 y 坐标加常数。通常一个项目建立一个工程，以后每天工作时调用已有工程。

（3）GNSS 接收机输出的数据是 WGS-84 经纬度坐标，需要转化到施工测量坐标，这就需要软件进行坐标转换参数的计算和设置。参与计算的控制点原则上至少要用两个或两个以上的点，控制点等级的高低和分布直接决定了四参数的控制范围。四参数理想的控制范围一般都在 5～7 km。

（4）点校正是 RTK 测量中一项重要工作，每天测量工作开始之前都要进行点校正。如果工程文件中已经输入转换参数，则每次工作之前找到一个控制点，输入已知坐标，进行单点校正；然后，找到邻近的另一个控制点，测量其坐标；最后，和已知坐标对比，即可验证。点校正时一定要精确对中整平仪器。

（5）RTK 平面控制点测量平面坐标转换残差应≤±2cm。

（6）测量手簿设置控制点的单次观测的平面收敛精度应≤±2cm。

（7）RTK 平面控制点测量流动站观测时，应采用三脚架对中、整平，每次观测历元数应大于 20 个，各次测量的平面坐标较差应满足≤±4cm 要求后，取中数作为最终结果。

（8）进行后处理动态测量时，流动站应先在静止状态下观测 10～15min，然后在不丢失初始化状态的前提下进行动态测量。

（9）RTK 高程控制点测量高程异常拟合残差应≤±3cm。

（10）RTK 高程控制点测量设置高程收敛精度应≤±3cm。

（11）RTK 高程控制点测量流动站观测时，应采用三脚架对中、整平，每次观测历元数应大于 20 个，各次测量的高程较差应满足≤±4cm 要求后，取中数作为最终结果。

计划单

模块 2	控制测量		任务 2.4	GNSS-RTK 图根控制测量
计划用时	2 学时	完成人		1.（　　　　）2.（　　　　）3.（　　　　） 4.（　　　　）5.（　　　　）6.（　　　　） 7.（　　　　）8.（　　　　）9.（　　　　）
序号	计划步骤		具体工作内容	
1	准备工作			
2	组织分工			
3	现场操作			
4	核对工作			
5	成果整理			
计划说明				

作业单 1

GNSS-RTK 图根控制测量参考站观测记录表

班级	组别	观测员	记录员	天气情况

点号		点名		参考点等级	
观测记录员		观测日期		采样间隔	
接收机类型		接收机编号		开始记录时间	
天线类型		天线编号		结束记录时间	
近似纬度 N	° ′ ″	近似经度 E	° ′ ″	近似高程 H	m

天线高测定		天线高测定方法及略图	点位略图
测前	测后		
平均值:	平均值:		

时间(UTC)	跟踪卫星号(PRN)及信噪比	纬度/ ° ′ ″	经度/ ° ′ ″	大地高/ m	天气状况
备注					

工作单 2

GNSS-RTK 图根控制点观测记录表

班级		组别		观测员		记录员	

序号	点名	第一次观测			第二次观测			平均值		
		X/m	Y/m	H/m	X/m	Y/m	H/m	X/m	Y/m	H/m

评价单

模块 2	控制测量		任务 2.4	GNSS-RTK 图根控制测量		
评价对象			小组成员			
评价情境	评价内容及要求	分值 (100)	自我评价 (10%)	组员互评 (20%)	教师评价 (70%)	实得分 (Σ)
实施过程 (35)	遵守纪律、服从安排	5				
	仪器操作规范	10				
	观测步骤正确	10				
	成果计算准确	10				
质量评价 (25)	工作完整性	10				
	工作质量	5				
	报告完整性	10				
素质评价 (25)	核心价值观	5				
	创新性	5				
	参与率	5				
	合作性	5				
	劳动态度	5				
安全文明 (10)	工作中的安全保障情况	5				
	工具正确使用和 保养、放置规范	5				
工作效率 (5)	能够在要求的时间 内完成,超时不得分	5				
最终得分						

课后反思

模块 2	控制测量	任务 2.4	GNSS-RTK 图根控制测量
班级		第　　组	成员姓名	

情感反思	通过对此任务的学习和实训,你认为自己在社会主义核心价值观、职业素养、劳动精神和工匠精神等方面有哪些部分需要提高?
知识反思	通过学习此任务,你掌握了哪些知识点?
技能反思	在完成此任务的学习和实训过程中,你主要掌握了哪些技能?
方法反思	在完成此任务的学习和实训过程中,你主要掌握了哪些分析和解决问题的方法?

模块 **3**

地形图测绘及应用

情境导入

　　某路桥工程建设公司通过投标获得某高等级公路建设项目第一合同段的建设任务，该建设项目总长度 46.217km，第一合同段长度 10.349km。公司计划施工之前需对全部施工区域测绘地形图，以作为设计依据。现组织测量人员进场，以前期复测的导线点和水准点作为首级控制，测图精度时必须满足规范要求，测图完成后需计算该区域的土方量，为施工预算做好准备。

学习目标

素质目标	1. 爱岗敬业，能吃苦耐劳。 2. 团结协作，能互帮互助。 3. 认真细致、精益求精，培养工匠精神。
知识目标	1. 掌握使用全站仪、GNSS 进行数字化野外数据采集的流程和方法。 2. 掌握使用 SouthMap 软件绘制地形图的流程和方法。 3. 掌握地形图的基本应用功能。 4. 掌握使用 SouthMap 软件计算土方量的方法。
能力目标	1. 能查阅规范，使用全站仪、GNSS 完成数字测图的外业测量。 2. 能使用 SouthMap 软件完成内业绘图。 3. 能使用 SouthMap 软件完成土方量计算。

工作任务

序号	任务名称	参考学时
3.1	识读地形图	2
3.2	全站仪数据采集	4
3.3	GNSS 数据采集	4
3.4	内业绘图	4
3.5	土方量计算	2

任务 3.1 识读地形图

任务单

模块 3	地形图测绘及应用	任务 3.1	识读地形图
计划学时		2 学时 （课前 1 学时）	
布置任务			
任务描述	在工程项目施工之前，需要有实地的地形图进行工程设计，测绘院现有几年前测量的实地图纸，但因近几年城市建设较快，许多地形已发生变化，测量工作人员需要实地核对已有图纸与现实的变化，并记录变化的地物地貌，形成报告存档。		
工作目标	1. 能够读懂地形图。 2. 能够识别地形图上各图式，并找出实地对应的地物地貌。 3. 能够识别出地形图上的错误之处，并记录存档。 4. 能够在完成任务的过程中锻炼职业素养，做到工作程序严谨认真，完成任务能够吃苦耐劳、主动承担，能够主动帮助小组落后的其他成员，有团队意识，诚实守信，不瞒骗，不篡改数据，培养保证质量意识等。		

学时安排	思	学	教	做	评
	（0.5 学时）	（0.5 学时）	0.5 学时	1 学时	0.5 学时

学习要求	1. 按照思维导图自主学习，完成课前测试。 2. 严格遵守课堂纪律，学习态度认真、端正，能够正确评价自己和同学在工作任务中的素质表现。 3. 积极参与小组工作，承担外业观测中的相应工作，做到积极主动不推诿，与小组成员默契配合。 4. 能够完成技能训练作业单，对作业中的疑难点务必及时强化与突破。 5. 任务完成后，填写任务评价单，评判各小组成员的分数或等级。 6. 完成课后反思，以小组为单位提交。
考核评价办法	评价包括自我评价、小组互评、教师评价，按比例进行综合评价，并以不小于 40% 的比例计入期末总成绩。

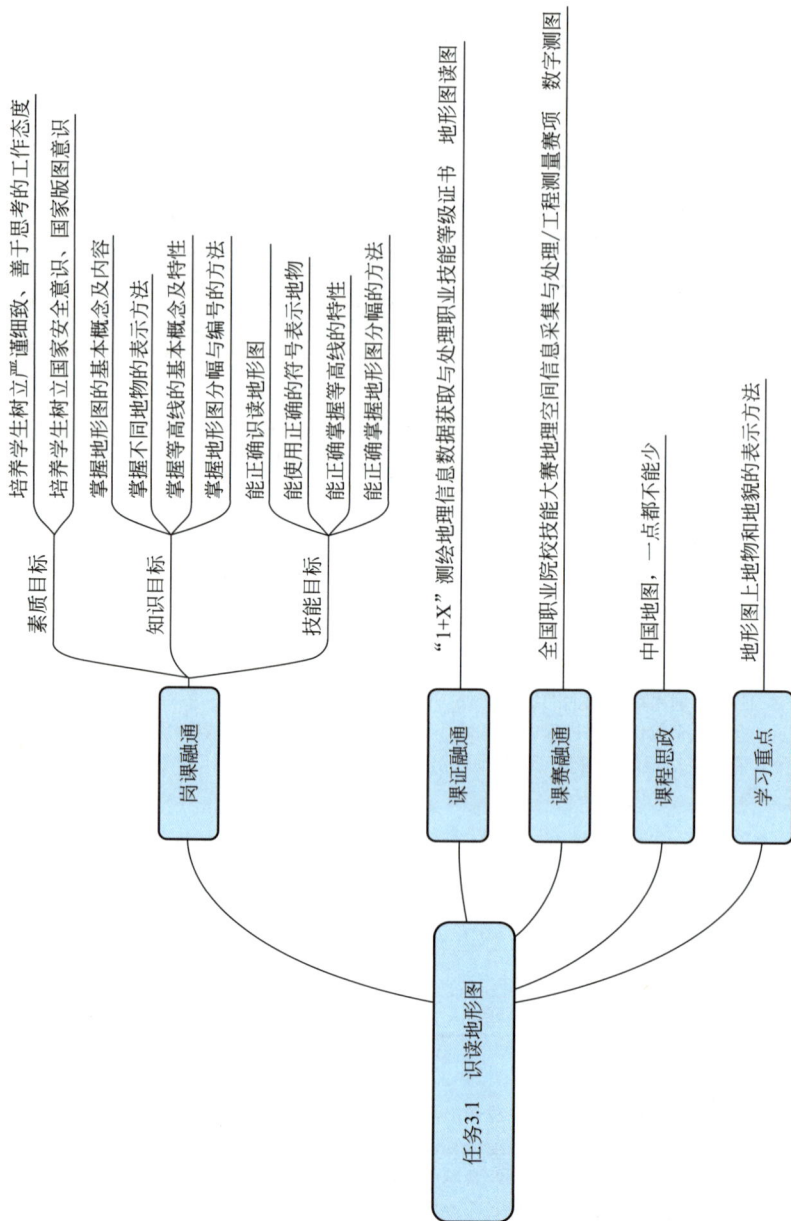

思维导图

任务3.1 识读地形图

- 岗课融通
  - 素质目标
    - 培养学生树立严谨细致、善于思考的工作态度
    - 培养学生树立国家安全意识、国家版图意识
  - 知识目标
    - 掌握地形图的基本概念及内容
    - 掌握不同地物的表示方法
    - 掌握等高线的基本概念及特性
    - 掌握地形图分幅与编号的方法
  - 技能目标
    - 能正确识读地形图
    - 能使用正确的符号表示地物
    - 能正确掌握等高线的特性
    - 能正确掌握地形图分幅的方法
- 课证融通：“1+X” 测绘地理信息数据获取与处理职业技能等级证书 地形图识读图
- 课赛融通：全国职业院校技能大赛能大赛地理空间信息采集与处理/工程测量赛项 数字测图
- 课程思政：中国地图，一点都不能少
- 学习重点：地形图上地物和地貌的表示方法

课前自学

知识点 1　地形图基本知识

1. 地形图的定义

地形图是按一定的比例，用规定的符号和法则表示地物、地貌的平面位置和高程的正射投影图，如图 3-1 所示。

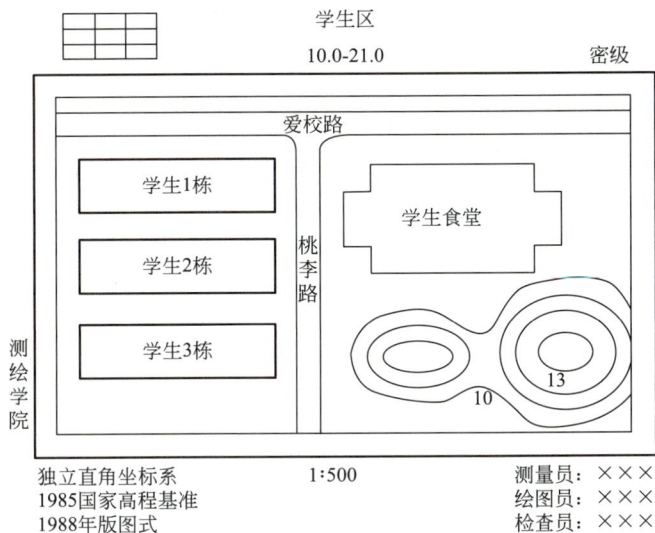

图 3-1　某学校地形图

地物和地貌总称为地形。地貌指地面各种高低起伏形态，如高山、深谷、陡坎、悬崖峭壁和雨裂冲沟等。地形指地面各种固定性的物体，包括人工地物和自然地物。人工地物包括：铁路、房屋、桥梁、大坝等，自然地物包括：江河、湖泊、森林、草地等。

通过野外实地测绘，将地面上各种地物的平面位置按一定比例尺，用规定的符号缩绘在图纸上，并注有代表性的高程点，这种图称为平面图。如果既表示出各种地物，又用等高线表示出地貌的图，称为地形图。

2. 地形图的内容

地形图的内容包括数学要素、地形要素、注记和整饰要素。

数学要素指的是比例尺、坐标系、高程系等。每幅地形图测绘完成后，都要在图上标注本图的投影方式、坐标系统和高程系统，以备日后使用时参考。地形图都是采用正投影的方式完成。坐标系统指该幅图是采用以下哪种方式完成的，如 1980 年国家大地坐标系、2000 国家大地坐标系、城市坐标系、独立平面直角坐标系等。高程系统指本图所采用的高程基准，如 1985 年国家高程基准。

地形要素指的是各种地物、地貌，在图上由地物符号和地貌符号表示。地物符号表示地物的类别、形状、大小及其位置；地貌符号一般由等高线表示。

注记包括地名注记和说明注记。地名注记包括行政区划、居民地、道路、河流、湖泊、水库、山脉、山岭、岛礁名称等；说明注记包括文字和数字注记，用以补充说明对象

157

的质量和数量属性。如房屋的结构和层数、管线性质及输送物质、比高、等高线高程、地形点高程以及河流的水深、流速等。

3. 比例尺

图上任一线段的长度与地面上相应线段水平距离之比，称为地形图的比例尺。

（1）比例尺种类

1）数字比例尺

数字比例尺是用分子为1，分母为整数的分数表示。

$$\frac{d}{S} = \frac{1}{M}$$

式中，M 为地形图比例尺分母；d 为地形图上某线段的长度；S 为实地相应的投影长度。比例尺越小，M 越大；比例尺越大，M 越小。

2）图示比例尺

直线比例尺是常见的图示比例尺。用一定长度的线段表示图上长度，且按它所对应的实地长度进行注记，如图3-2所示。

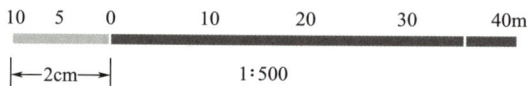

图 3-2　图示比例尺

（2）常见的地形图比例尺

1）大比例尺地形图——1∶500、1∶1000、1∶2000、1∶5000。

2）中比例尺地形图——1∶10000、1∶25000、1∶50000、1∶100000。

3）小比例尺地形图——1∶250000、1∶500000、1∶1000000。

（3）比例尺精度

人用肉眼能分辨的最小距离一般为0.1mm，所以把地形图上0.1mm所对应的实地投影长度，称为这种比例尺地形图的最大精度，或称该地形图比例尺精度，如1∶1000000、1∶10000、1∶500的地图比例尺精度依次为100m、1m、0.05m。

比例尺精度的作用如下：

1）按工作需要，多大的地物须在图上表示出来或测量地物须精确到什么程度，由此可参考决定图的比例尺。

2）若比例尺确定，则可推算出测量地物应精确到什么程度，见表3-1。

不用比例尺的相应精度　　　　　　　　　　　　　　表 3-1

比例尺	1∶500	1∶1000	1∶2000	1∶5000	1∶10000
比例尺精度/m	0.05	0.1	0.2	0.5	1.0

4. 地形图图式

为了便于测图和用图，需要用各种符号将实地上的地物和地貌表示在图上，这些符号称为地形图图式。地形图图式中的符号有三种：地物符号、地貌符号、注记符号。图式由国家测绘机关统一颁布，是测图和用图的重要依据。

（1）地物符号

地物在地形图中是用地物符号来表示的。地物符号分为比例符号、非比例符号与半比例符号。

1）比例符号（图3-3）：当地物的轮廓尺寸较大时，常按测图的比例尺将其形状大小缩绘到图纸上，绘出的符号称为比例符号。比例符号可表示地物外轮廓的形状、大小、位置，是与地物外轮廓成相似图形的符号。植被和土壤用符号，边界一般用虚线，房屋可注记结构和层次。

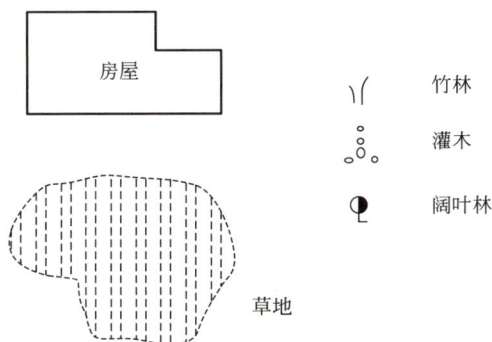

图 3-3　比例符号

2）非比例符号（图3-4）：一般指独立符号，是具有特殊意义的地物，当轮廓较小时，无法按比例缩放，就采用统一尺寸，用规定的符号来表示。非比例符号只表示地物的中心位置的象形符号，不表示地物的形状和大小。

图 3-4　非比例符号

3）半比例符号（图3-5）：一般指一些线状地物，长度按比例、宽度不按比例，又称线状符号。线状符号只表示线状地物的长度和中心位置，不表示地物宽度，符号的中心线表示线状地物的中心位置。

（2）地貌符号

地貌按其起伏变化的程度分为：平地、丘陵地、山地、高山地。

在大比例尺地形图上最常用的表示地面高低起伏变化的方法是用等高线法，所以等高线是常见的地貌符号。

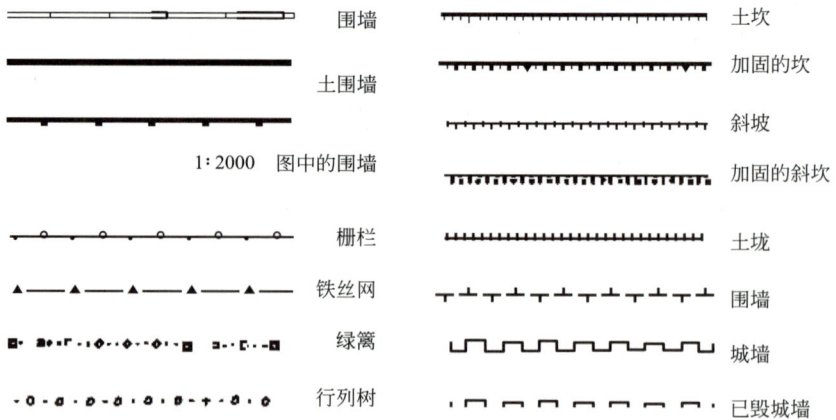

图 3-5　半比例符号

（3）注记符号

为了表明地物的种类和特性，除用相应的符号表示外，还需配合一定的文字和数字加以说明，如地名、县名、村名、路名、河流名称、水流方向以及等高线的高程和散点的高程等，如图 3-6 所示。

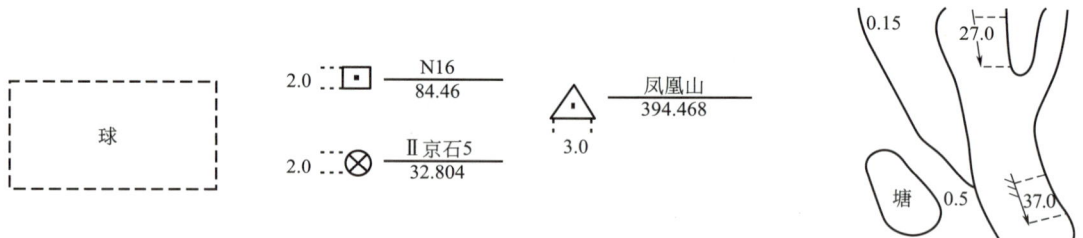

图 3-6　注记符号

5. 等高线

（1）等高线的概念

等高线是指地面上高程相等的相邻各点连成的闭合曲线，也就是水平面与地面相交的曲线，如图 3-7 所示。

（2）等高距、等高线平距、坡度及示坡线

我们把相邻两条等高线之间的高差称为等高距，用 h 表示。在同一幅地形图上只能有一个等高距。

相邻两条等高线间的水平距离称为等高线平距，用 d 表示。

地面坡度 i 是等高距 h 与等高线平距 d 的比值，用百分数或千分数形式表示。在某些等高线的斜坡下降方向绘一短线表示坡度，并把这种短线叫做示坡线。

（3）等高线的分类

1）首曲线，又称基本等高线，是按基本等高距测绘的等高线。

2）计曲线，又称加粗等高线。每隔四条首曲线加粗描绘一根等高线，其目的是方便计算高程。

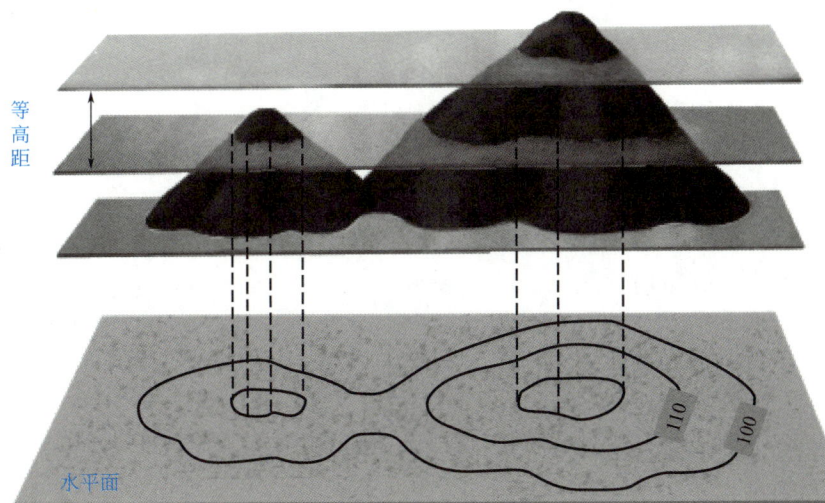

图 3-7 等高线

3）间曲线，又称半距等高线，是按 1/2 基本等高距测绘的等高线，以便显示首曲线不能显示的地貌特征。在平地，当首曲线间距过稀时，可加测间曲线，间曲线可不闭合，但一般应对称。

4）助曲线，当首曲线和间曲线仍不足以表示局部地貌特征时，可在相邻两条间曲线之间绘制 1/4 基本等高距的等高线，称为助曲线。助曲线一般用短虚线表示，描绘时可不闭合。

（4）等高线的特性

1）在同一条等高线上的各点高程相等。

2）等高线是闭合的曲线。

3）不同高程的等高线一般不能相交。

4）等高线与地形线正交。

5）在同一幅地形图上等高距相同，等高线平距的大小与地面坡度的大小成反比。

6）等高线跨越河流时，不能直穿而过，要绕经上游通过。

6. 地形图分幅与编号

为了便于测绘、使用和保管地形图，需要将大面积的地形图进行分幅，并将分幅的地形图进行有系统地编号，因此需要研究地形图的分幅和编号问题。

地形图的分幅可分为两大类：中、小比例尺地形图按经纬线方向采用梯形分幅法，大比例尺地形图按坐标格网划分的方法采用矩形分幅法。大比例尺地形图的矩形分幅，一般规定在 1∶5000 比例尺时，采用纵、横各 40cm，即实地为 2km 的分幅，每个小方格为 10cm，每幅图 16 格。1∶2000、1∶1000、1∶500 比例尺测图时，图幅纵、横各 50cm，每个小方格为 10cm，每幅图共 25 格，以整千米（或百米）坐标进行分幅。

课前测试

一、单选题（只有 1 个正确答案，每题 10 分）

1. 1∶1000 的比例尺地形图属于哪种比例尺？（   ）

A. 大比例尺　　　　B. 中比例尺　　　　C. 小比例尺　　　　D. 图示比例尺

2. 1∶50000 的地形图上，比例尺精度是（   ）m。

A. 0.05　　　　B. 0.5　　　　C. 5　　　　D. 50

3. 地形图上表示路灯应该用（   ）表示。

A. 比例符号　　　　B. 半比例符号　　　　C. 非比例符号　　　　D. 其他符号

4. 数字测图可以使用的仪器不包括下列哪种？（   ）

A. 全站仪　　　　B. 经纬仪　　　　C. GNSS　　　　D. 无人机

二、多选题（至少有 2 个正确答案，每题 10 分）

1. 数字测图的方式包括哪些？（   ）

A. 大平板测图　　　　　　　　B. GNSS-RTK 测图

C. 全站仪测图　　　　　　　　D. 无人机航摄测图

E. 手工绘图

2. 数字测图的流程分别是（   ）、（   ）和（   ）。

A. 数据采集　　B. 数据处理　　C. 图形输出　　D. 水准测量

E. 坐标计算

3. 地物符号的种类有哪些？（   ）

A. 比例符号　　B. 半比例符号　　C. 非比例符号　　D. 地貌符号

E. 等高线

4. 等高线可以分为哪几种？（   ）

A. 首曲线　　B. 计曲线　　C. 助曲线　　D. 间曲线

E. 等深线

三、判断题（对的画"√"，错的画"×"，每题 10 分）

1. 大比例尺分幅采用矩形分幅，中、小比例尺分幅采用梯形分幅。　　（　　）

2. 数字测图的成果最后必须用白纸打印。　　（　　）

💡 任务实施

根据本次工程需要，将对本项目范围内以前测量好的地形图进行现场识读，研判是否需要重新进行地形图测绘，现场调研基本包括以下步骤：

1. 准备工作

工程测量人员提前准备好本项目已测量好的地形图，了解并熟悉图纸，掌握该地区的交通、人文等基本情况，提前做好工作计划，包括人员组织分工、调研路线以及记录所需工具（笔、本、相机等）。

2. 现场调研

到达现场后，按照制定的计划、路线对现场进行调研，通过识读地形图判断出已经变更的地物地貌，并在图纸上进行标识记录，必要时拍照保存。

3. 及时进行核对工作

在现场要及时核对已有地形图，检查是否有遗漏、未进行调研的地点，如有遗漏及时补充。

4. 整理资料形成报告

将调研的地形图整理完整，并说明地形变更的数量及范围，根据规范要求判断变更范围是否应进行补测、修测或者重测，形成报告上交并存档。

计划单

模块3	地形图测绘及应用	任务3.1	识读地形图
计划用时	2学时	完成人	1.（　　　）2.（　　　）3.（　　　） 4.（　　　）5.（　　　）6.（　　　） 7.（　　　）8.（　　　）9.（　　　）
序号	计划步骤		具体工作内容
1	准备工作		
2	组织分工		
3	现场操作		
4	核对工作		
5	成果整理		
计划说明			

作业单

任务 3.1	识读地形图		
完成人	1. ( ) 2. ( ) 3. ( ) 4. ( ) 5. ( ) 6. ( ) 7. ( ) 8. ( ) 9. ( )		
序号	工作内容记录 （现场识读地形图）		分工 （负责人）
	地形图上的图式	实际地物、地 貌是否正确	
1			
2			
3			
小结	完成成果情况	存在的问题	

评价单

模块 3	地形图测绘及应用		任务 3.1	识读地形图		
评价对象			小组成员			
评价情境	评价内容及要求	分值（100）	自我评价（10%）	组员互评（20%）	教师评价（70%）	实得分（∑）
汇报展示（20）	演讲资源利用	5				
	演讲表达和非语言技巧应用	5				
	团队成员补充配合程度	5				
	时间与完整性	5				
质量评价（40）	工作完整性	10				
	工作质量	5				
	报告完整性	25				
团队精神（25）	核心价值观	5				
	创新性	5				
	参与率	5				
	合作性	5				
	劳动态度	5				
安全文明（10）	工作过程中的安全保障情况	5				
	工具正确使用和保养、放置规范	5				
工作效率（5）	能够在要求的时间内完成，超时不得分	5				
最终得分						

课后反思

模块 3	地形图测绘及应用	任务 3.1		识读地形图	
班　级		第　组	成员姓名		
情感反思	通过对此任务的学习和实训,你认为自己在社会主义核心价值观、职业素养、劳动精神和工匠精神等方面有哪些部分需要提高?				
知识反思	通过学习此任务,你掌握了哪些知识点?				
技能反思	在完成此任务的学习和实训过程中,你主要掌握了哪些技能?				
方法反思	在完成此任务的学习和实训过程中,你主要掌握了哪些分析和解决问题的方法?				

任务3.2　全站仪数据采集

模块3	地形图测绘及应用	任务3.2	全站仪数据采集
计划学时		4学时（课前2学时）	
布置任务			
任务描述	经过现场调研原有地形图后发现原有地形图变化较大，已不能满足施工设计需要，需要重新测绘现场地形图。因此测量人员需要按照规范要求，依据已做好的现场控制点，使用全站仪采用草图法测绘现场1∶500地形数据，并将采集好的数据保存下来，为后续绘制地形图做好准备。		
工作目标	1. 能熟练操作全站仪建站。 2. 能熟练运用草图法完成数字测图外业工作。 3. 能进行全野外数字测图的要素取舍。 4. 能够在完成任务的过程中锻炼职业素养，做到工作程序严谨认真，完成任务能够吃苦耐劳、主动承担，能够主动帮助小组落后的其他成员，有团队意识，诚实守信，不瞒骗，不篡改数据，培养保证质量意识等。		

学时安排	思	学	教	做	评
	（0.5学时）	（1.5学时）	1.5学时	2学时	0.5学时

学习要求	1. 按照思维导图自主学习，完成课前测试。 2. 严格遵守课堂纪律，学习态度认真、端正，能够正确评价自己和同学在工作任务中的素质表现。 3. 积极参与小组工作，承担外业观测中的相应工作，做到积极主动不推诿，与小组成员默契配合。 4. 能够完成技能训练作业单，对作业中的疑难点务必及时强化与突破。 5. 任务完成后，填写任务评价单，评判各小组成员的分数或等级。 6. 完成课后反思，以小组为单位提交。
考核评价办法	评价包括自我评价、小组互评、教师评价，按比例进行综合评价，并以不小于40％的比例计入期末总成绩。

168

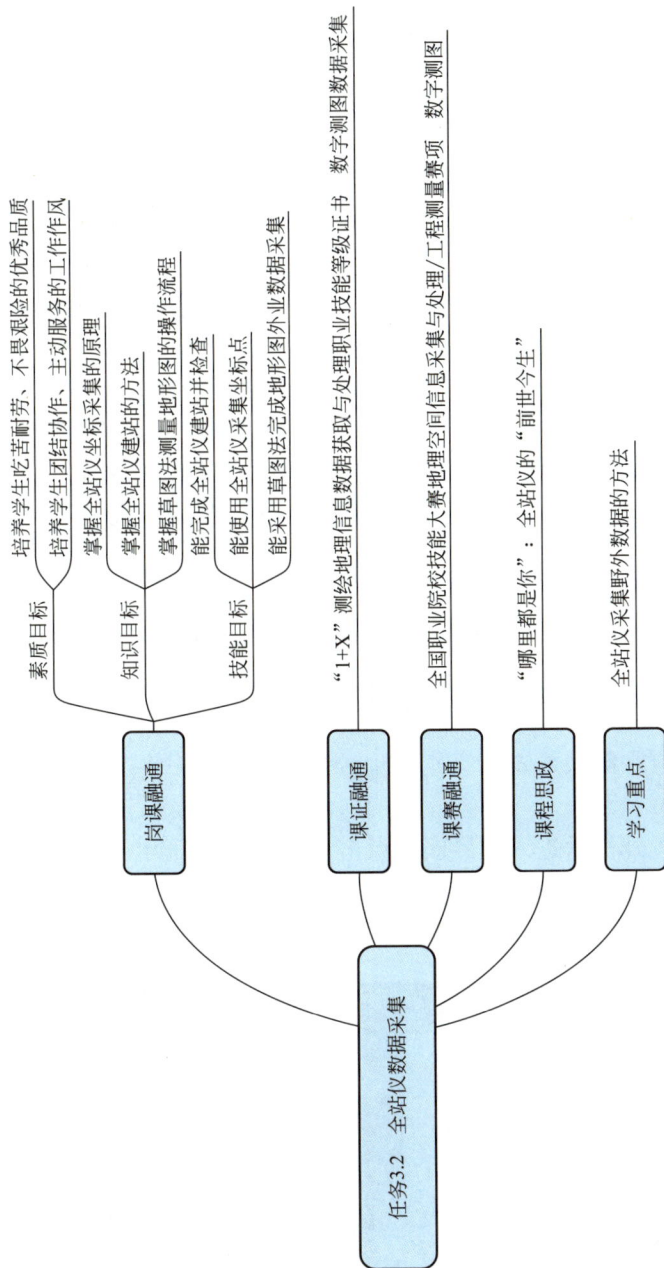

思维导图

课前自学

知识点1 全站仪坐标数据采集及传输

数字测图采用的仪器有全站仪和 GNSS-RTK。全站仪由于使用简单、方便，受外界测量环境影响小，测量数据稳定可靠，在测量的很多领域中得到广泛的应用，全站仪数据采集也是数字化测图野外数据采集最普遍的方式之一。

1. 碎部点的含义

地面上的地物、地貌虽然形态多种多样，但都可以通过一些具有决定性的点通过连成直线或曲线来描绘表达，把这些决定地物、地貌形态特征的点称为特征点。地形图测量中需采集地物、地貌的特征点并展绘到图纸上，这些特征点统称为碎部点。地形图测量实际上就是测定地物、地貌碎部点的坐标及其高程，依此绘制出各种地物和地貌。

2. 全站仪坐标采集步骤

全站仪款式虽然多样，但基本功能相似，都是采用极坐标法，通过测量碎部点与测站之间的方位角、天顶距、距离，根据全站仪的仪器高、碎部点的棱镜高，全站仪自动计算出碎部点的坐标和高程。因此全站仪进行坐标采集的步骤基本相同。

全站仪坐标采集的一般步骤是：设站前准备→建站→测站检查→坐标采集→测站检查→采集结束。

（1）设站前准备

主要是在全站仪输入测站点、后视点、检查点等控制点的已知坐标和高程数据。如果控制点比较少，可以手工输入；如果控制点比较多，则应采用计算机等工具来输入。

（2）建站

1）一般要求应在图根或图根级别以上控制点设站，如果有少部分碎部点在该测站不能采集，可适当分站。

2）建站步骤：开机后进入主界面，点击"建站"，然后点击"已知点建站"。如图 3-8 所示。

通过输入已知后视点坐标，进行已知后视点定向。如图 3-9 所示。

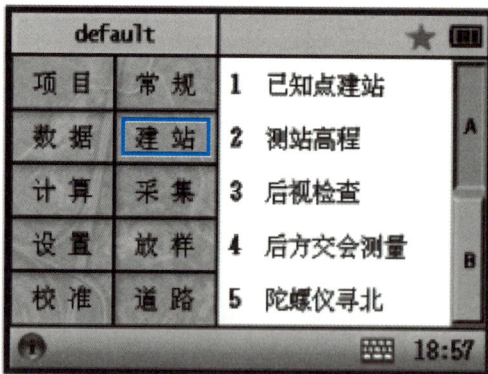

图 3-8　全站仪建站

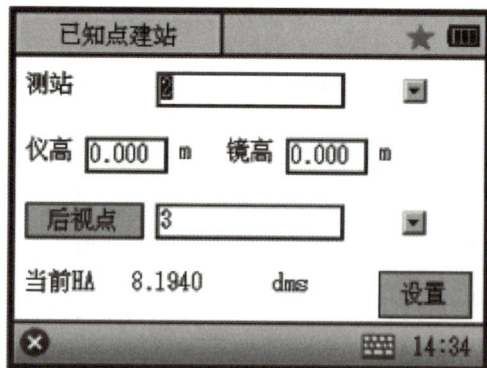

图 3-9　已知后视点定向

① 测站：输入已知测站点的名称，通过 ▼ 可以调用或新建一个已知点作为测站点。

② 仪高：输入当前的仪器高。

③ 镜高：输入当前的棱镜高。

④ 后视点：输入已知后视点的名称，通过 ▼ 可以调用或新建一个已知点作为后视点。

⑤ 设置：根据当前的输入对后视角度进行设置，如果前面的输入不满足计算或设置要求，将会给出提示。

（3）采集数据及检查

设站完成后，即可进行碎部点数据采集。本测站数据采集前及完成后，都要到另一个控制点上进行检查，以保障测站采集的坐标数据正确可靠。

3. 全站仪数据管理和传输

（1）全站仪数据管理

对于全站仪中当前项目中的数据，包括输入的数据和采集的数据，均可进行查看、添加、删除、编辑等操作。

（2）全站仪数据传输

要输入全站仪的控制点、测量点、放样点数据，如果数量少，可以通过手工输入和输出；但是如果数量大的话，则只能通过文件形式整体输入和输出。数据文件的输入和输出有三种方法：①利用与仪器配套的专用传输软件传输；②利用 SouthMap 等制图软件传输；③把数据直接传输到 SD 卡或 U 盘。

1）利用 SouthMap 等制图软件传输

SouthMap 软件有数据传输功能，可以把各种全站仪的测量数据输入或输出。

首先连接全站仪，设置全站仪的通信参数，注意全站仪的端口要与计算机的端口一致。然后在 SouthMap "数据" 菜单下选择 "读取全站仪数据" 子菜单，弹出如图 3-10 所示的对话框，选中相应型号的全站仪，通信参数要与全站仪的设置一致。

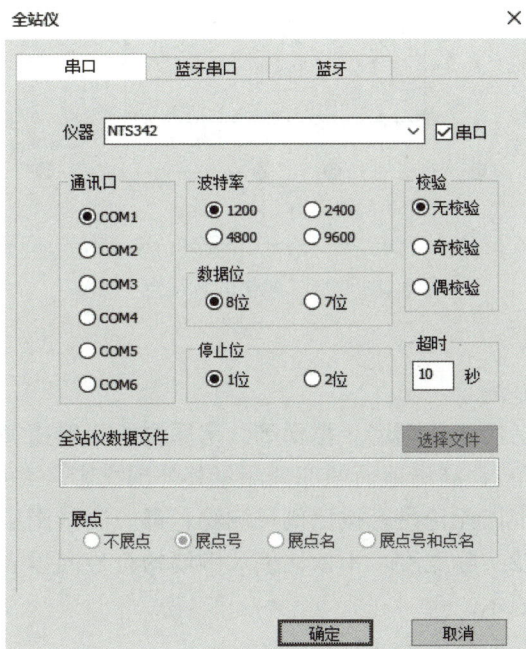

图 3-10　数据输出

171

2）数据直接传输到 SD 卡或 U 盘

目前，很多新款全站仪配置 SD 卡或可直接插入 U 盘，可以进行数据的输入和输出，且不需要进行任何设置，应用非常方便。以南方 NTF-342 为例：

在全站仪的 USB 口插入 U 盘（本款仪器配置 SD 卡）。在"导出位置"选择"SD卡"，在"数据类型""数据格式"中根据实际需要选择，点击"继续"，即可把数据传输到 SD 卡中；选择"U 盘"，可把数据传输到 U 盘。从 SD 卡或 U 盘把数据输入到全站仪的操作类似。

知识点 2　全站仪草图法数据采集

1. 地物特征点的选择

地物一般分为两大类：一类是自然地物，如河流、湖泊、森林、草地、独立岩石等；另一类是经过人类生产活动改造了的人工地物，如房屋、电线、公路、桥梁、水渠等。所有这些固定的地物都要在地形图上表示出来。

地物特征点是反映地物形状特征的"轮廓转折点"，连接这些特征点，便得到与实地相似的地物形状。面状地物的特征点为反映地物占地范围或者水平投影范围的转折点，如房屋的各角点；线状地物的特征点为线中心的转折点，如水管线的各处转折点；独立地物的特征点则是地物的中心，如路灯柱的中心点。

地物特征点的选择还应参考所使用的成图软件的地物绘图方法，如一般方正的四角房屋可以测量三个角点或者测量两个角点，并量取房屋的宽度，在 SouthMap 软件中的"三点房屋"或"两点房屋"即可绘制出房屋的其他角点。如图 3-11 所示。

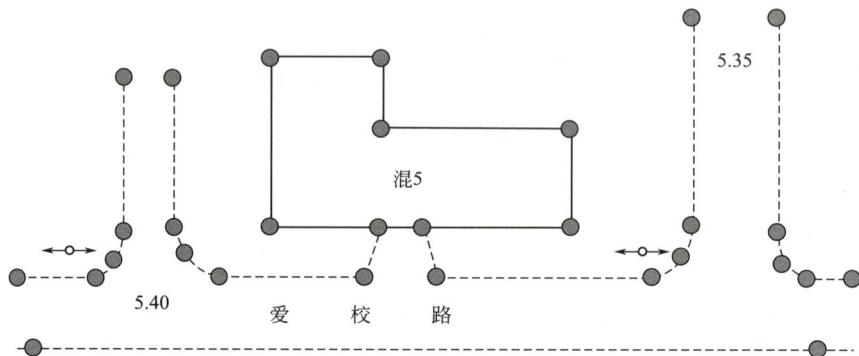

图 3-11　地物的特征点

2. 各类地物的测绘

（1）房屋及附属设施测绘

房屋及附属设施包括房屋、围墙、楼梯等。房屋测绘一般遵循：与地面接触的部分测量其占地范围（墙基外角）；高出地面的部分测量其外围投影，并按建筑材料和性质分类，注记建筑结构和层数。围墙无论是否按比例尺测绘，都应测量围墙两侧的外边线，如按比例尺测绘，还要量出围墙实际宽度，不依比例尺围墙的符号向里表示。为方便后续面积计算，各房屋建筑应封闭表示。

房屋建筑结构分类及简注见表 3-2。

房屋建筑结构分类及简注表　　　　表 3-2

编号	分类名称	简注	注释
1	钢结构、钢筋混凝土结构	砼	主要承重构件是由钢材、钢筋混凝土等建造的房屋
2	混合结构	混	主要承重构件是由钢筋混凝土和砖木等建造的房屋
3	砖(石)木结构	砖	主要承重构件是由砖、木材等建造的房屋
4	土坯、竹、木	土、竹、木	主要承重构件由土坯、竹、木等简易材料建造的房屋
5	建筑中房屋	建	已建房基或基本成型但未建成的房屋
6	破坏房屋	破	受损坏无法正常使用的房屋或废墟

（2）交通及附属设施测绘

1）铁路测绘应准确表示铁轨的宽度，标准轨距为 1.435m。铁路线上应测定轨顶的高程，曲线部分测内轨面高程。铁路两旁的附属建筑物，如信号灯、里程碑等都应按实际位置测绘。

2）公路应实测路面边线，并测定道路中心高程。高速公路应测出两侧围建的栅栏、收费站，中央分隔带按用图需要测绘。路堤、路堑应测定坡顶、坡脚的位置和高程。

3）桥梁应实测桥头、桥身和桥墩位置，桥面应测定高程，桥面上的人行道图上宽度大于 1mm 的应实测。各种人行桥图上宽度大于 1mm 的应实测桥面位置，不能依比例尺的，应实测桥面中心线。

4）道路拐弯处要注意：是折角拐弯或是弧形拐弯。弧形拐弯的点密度适当加密，内业进行圆滑时要重新拉伸处理。

（3）管线设施测绘

1）地面管线测绘。电力线、通信线的电杆应实测，高压塔外围要准确表示。当电杆上有变压器时，变压器的位置按其与电杆的相应位置绘出。当架空管道直线部分的支架密集时，可适当取舍。地面给水等管线特征点一般为管的中心，并根据需要准确注记其管径。

2）地下管线测绘。地下管线包括地下的给水、排水（污水、雨水）、煤气、热力、电力、电信和工业等。地下管线测绘应结合管线探测仪测定地下管线的平面位置、埋深（高程）和走向。各种地下管线检修井应测定其中心位置，并用相应的符号表示。

（4）植被测绘

1）植被测绘是为了反映地面的植被情况。要测出不同类别植被的边界，用地类界表示其范围，界线内用相应的植物符号和文字说明。如果地类界与道路、河流、栅栏、田埂等重合，则可不绘出地类界，但与境界、高压线等重合时，地类界应移位绘出。

2）行树是指常见的在道路两边成行的树，其特征点为行树的起点、终点和中间的转折点。独立树是指单独的、具有特定标志意义或价值的大树，其特征点为树的中心点。

3）无论是整片的树，还是行树、独立树，一般需要用文字注记树木的名称，而农作物（如菜地）则不需注记。

（5）水系设施测绘

水系设施包括河流、水库、鱼塘、渠道等地物，通常无特殊要求时均以岸边为界，水涯线（水面与地面的交线）可根据用图的需要，以测量时为准，也可以按照调查的平均水位为准。河流往往可以由陡坎线与水涯线结合表示，当水涯线与陡坎线在图上投影距离小于 1mm 时，可以用陡坎线表示。流水方向要准确表示。

（6）工矿设施测绘

工矿设施测绘指各种工业矿产设施，其外围附属线（围墙、水泥地等）要准确绘制，特征点为各外围线转折点。

（7）独立地物测绘

独立地物测绘包括污水井盖、电力井盖、通信井盖、路灯、公路里程碑、坟墓、避雷针等，特征点为地物中心，用相应符号的中心表示其中心位置。

（8）地物要素的综合取舍与表示

在地物繁多复杂的地方，由于测量的要求、比例尺限制等原因，不能把所有的地物都测绘出来，因此，测绘地物必须根据规定的测图比例尺、用途、规范和图式的要求，对地物进行综合取舍。综合取舍原则是：保留重要地物，舍弃次要地物（如：道路与花圃重合，舍弃花圃符号），固定重要地物，移动次要地物（如：水渠固坎与房屋重合，可移动固坎），保证图面准确、清晰易读。

地物在地形图上的表示原则是：凡是能依比例尺表示的地物，将它们的水平投影位置的几何形状相似地描绘到地形图上，如房屋、双线河流、运动场等，或是将它们的边界位置表示在图上，边界内再绘上相应的地物符号，如森林、草地等。对于不能依比例尺表示的地物，在地形图上以相应的地物符号表示在地物的中心位置上，如井盖、纪念碑、单线河流等。

（9）地物测量精度要求

各行业规范对地形图的精度要求不同，具体遵照各行业规范。以《城市测量规范》CJJ/T 8—2011 为例，地形图地物点精度要求见表 3-3。

地形图地物点精度要求（mm） 表 3-3

地形类别	地物点相对于临近平面控制点的点位中误差	地物点相对于临近地物点的点位中误差
平地、丘陵地	≤0.5	≤0.4
山地、高山地	≤0.75	≤0.6

（10）地物点、地形点的测距长度要求

为了减少各项误差对碎步点的影响，保证测图的精度，规范对地物点、地形点视距和测距长度作出了相应的规定。以《城市测量规范》CJJ/T 8—2011 为例，采用数字测图或按坐标展点成图时，地物点、地形点测距最大长度见表 3-4。

地物点、地形点测距最大长度（m） 表 3-4

比例尺	地物点	地形点
1∶500	160	300
1∶1000	320	500
1∶2000	600	800

3. 地貌的测绘

（1）碎部点采集

无论是用陡坎（斜坡）还是等高线表示的地貌，特征点都在地形坡度变化的地方，山区主要特征点有山顶、山脊、山谷、鞍部、盆地等，以及各处高差缓急交界处。对地形复杂的地方，碎部点要密集一些，对地形简单的地方，碎部点可以稀疏一些。为准确表示山顶、山脊、山谷、鞍部等的宽度，碎部点应适当加密。

在山区进行地形测量采点时，一般沿着近乎等高的位置采点。同一排点的间距密集一些，以反映山脊、山谷的宽度等特点，当坡度相近时，一排点与另一排点间的间距可以大一些，这样既可以准确地测绘山区地形，又可以提高效率。

（2）地貌测量精度

根据各行业和使用地形图目的不同，对地形图高程测量的精度也不同，以《城市测量规范》CJJ/T 8—2011 为例，地形图高程测量的精度要求如下：

1）城市建筑区和基本等高距为 0.5m 的平坦地区，各比例尺地形图高程注记点相对于邻近图根点的中误差不应大于 0.15m。

2）其他地区高程精度以等高线插求点的高程中误差来衡量，等高线插求点相对邻近图根点的高程中误差满足表 3-5 规定，困难地区可放宽 0.5 倍。

等高线插求点的高程中误差　　　　　　　　　　表 3-5

地形类别	平地	丘陵地	山地	高山地
高程中误差	$\leqslant 1/3 \times H$	$\leqslant 1/2 \times H$	$\leqslant 2/3 \times H$	$\leqslant 1 \times H$

4. 草图法外业数据采集

在进行数字测图野外数据采集时，全站仪记录测点的点号和坐标数据，绘图人员通过绘制工作草图，记录对应点号的测点属性以及测点间的连接关系。在绘图处理前，把测点展绘到计算机绘图软件的屏幕上，然后根据工作草图记录的信息，绘制各种地形地物，这种测量方法称为草图法。

工作草图的内容包括测点点号、属性、连接关系、文字注记等信息，对无法通过全站仪测量出来但可以通过卷尺丈量的边长距离等信息，也要在草图上清楚表示。草图可以按一定测量区域绘制，也可以按测站绘制；可以测前绘制主要地形地物，也可以一边测量，一边绘制草图，草图绘制不一定严格按实际比例绘制；地物简单的地区可以缩小一些，地物复杂的地区则需放大一些，草图上点号必须标注正确清楚，并与仪器记录的点号一一对应。绘制的草图应清晰、易读，符号与图式符号相符。

草图法数据采集一般需要三个人员为一组，一人观测，一人跑尺，另一人绘制草图，绘图人员往往是指挥者。草图法作业简单、容易掌握，但内业绘图处理时需要不断审视草图，工作量大。观测人员与绘图人员需严格配合，避免记录的点号不一致，以免影响其他测点。

课前测试

一、单选题（只有 1 个正确答案，每题 10 分）

1. 全站仪坐标测量中界面显示的 E 代表（   ）。

A. X 坐标   B. Y 坐标   C. H 高程   D. h 高差

2. 全站仪坐标测量中界面显示的 Z 代表（   ）。

A. X 坐标   B. Y 坐标   C. H 高程   D. h 高差

3. 全站仪坐标采集操作正确的是（   ）。

A. 先设置测站点，再设置后视点

B. 先设置后视点，再设置测站点

C. 设置测站点后直接进行前视点测量

D. 设置测站点和后视点后不需要进行检查

二、多选题（至少有 2 个正确答案，每题 10 分）

1. 全站仪的功能包括下列哪些？（   ）

A. 角度测量   B. 距离测量   C. 坐标测量   D. 坐标放样

E. 绘图

2. 野外数据采集应收集测点的哪些信息？（   ）

A. 测点的三维坐标   B. 测点的属性

C. 测点的形状   D. 测点的连接关系

E. 测点的时间

三、判断题（对的画"√"，错的画"×"，每题 10 分）

1. 全站仪能同时测定目标点的平面位置（X，Y）和高程（H）。   （   ）

2. 全站仪测量时目标点必须安置棱镜。   （   ）

3. 全站仪搬站后，需重新进行仪器测站和后视的设置。   （   ）

四、简答题（每题 20 分）

简述全站仪坐标采集的步骤。

任务实施

根据本次地形图测绘工作需要，通过制定外业测图工作方案，做好全站仪数据采集的准备工作，然后根据已布设好的控制网，使用草图法采集施工项目范围内的地形数据，将全站仪采集数据下载保存好并进行存档，以便后续绘制地形图。

1. 制定方案

工程测量人员根据现场控制点情况、地形情况等制定测量方案，主要包括：本次测量的工作目标、人员分工、仪器设备准备及外业观测的方法、工作程序、测量精度、地物取舍、注意事项等。

2. 准备工作

仪器检查与材料的准备：检查全站仪、棱镜、三脚架、对中杆、对讲机、铁锤、钢钉、卷尺、记号笔、记录笔等。准备好现场控制点的坐标。

另外，还需做好交通车辆准备、防晒防暑防冻准备、饮水饮食准备等，使用 GNSS 要备好电池。

3. 选择并确定测量方法

根据现场情况和控制点分布情况，确定最终测量方案。要考虑的情况包括：现场地形是地势平坦的平地还是地势起伏较大的山地，测量范围内房屋多不多，人员是否密集，测量的通视情况是否良好；现场控制点的分布情况，分析控制点的分布是否能满足现场测量需要，是否需要进行控制点加密，各控制点的通视情况。

4. 现场测量并检核成果

现场实测时，按照制定的测量方案，采用草图法采集碎部点信息。采集碎部点前，需要先建站并检查第三个控制点是否精度达标，这样才能进行碎部点的采集。采集碎部点时，各人员之间要密切配合，以免草图上记录的点号不一致。测量结束后需要核对草图和现场地形，以免发生错漏，从而影响绘图效果。最后将测量数据导出、存档。

计划单

模块 3	地形图测绘及应用		任务 3.2	全站仪数据采集
计划用时	4 学时	完成人	1.(　　　) 2.(　　　) 3.(　　　) 4.(　　　) 5.(　　　) 6.(　　　) 7.(　　　) 8.(　　　) 9.(　　　)	
序号	计划步骤		具体工作内容	
1	准备工作			
2	组织分工			
3	现场操作			
4	核对工作			
5	成果整理			
计划说明				

作业单 1

任务 3.2	全站仪数据采集	
完成人	1.（　　　） 2.（　　　） 3.（　　　） 4.（　　　） 5.（　　　） 6.（　　　） 7.（　　　） 8.（　　　） 9.（　　　）	
序号	工作内容记录 （全站仪数据采集的实际工作）	分工 （负责人）
1		
2		
3		
小结	完成成果情况	存在的问题

作业单 2

任务 3.2	全站仪数据采集		
已知点坐标			
点名	X 坐标/m	Y 坐标/m	H 高程/m
检核点坐标			
点名	X 坐标/m	Y 坐标/m	H 高程/m

作业单 3

地形图草图绘制区域

评价单

模块 3	地形图测绘及应用		工作任务 3.2	全站仪数据采集		
评价对象			小组成员			
评价情境	评价内容及要求	分值 （100）	自我评价 （10%）	组员互评 （20%）	教师评价 （70%）	实得分 （∑）
汇报展示 （20）	演讲资源利用	5				
	演讲表达和非语言技巧应用	5				
	团队成员补充配合程度	5				
	时间与完整性	5				
质量评价 （40）	工作完整性	10				
	工作质量	5				
	报告完整性	25				
团队精神 （25）	核心价值观	5				
	创新性	5				
	参与率	5				
	合作性	5				
	劳动态度	5				
安全文明 （10）	工作过程中的安全保障情况	5				
	工具正确使用和保养、放置规范	5				
工作效率 （5）	能够在要求的时间内完成，超时不得分	5				
最终得分						

课后反思

模块 3	地形图测绘及应用	任务 3.2		全站仪数据采集
班　级		第　组	成员姓名	

情感反思	通过对此任务的学习和实训，你认为自己在社会主义核心价值观、职业素养、劳动精神和工匠精神等方面有哪些部分需要提高？
知识反思	通过学习此任务，你掌握了哪些知识点？
技能反思	在完成此任务的学习和实训过程中，你主要掌握了哪些技能？
方法反思	在完成此任务的学习和实训过程中，你主要掌握了哪些分析和解决问题的方法？

任务 3.3 GNSS 数据采集

任务单

模块 3	地形图测绘及应用	任务 3.3	GNSS 数据采集
计划学时		4 学时（课前 2 学时）	
布置任务			
任务描述	使用全站仪采集第一期外业数据之后，现需扩大测量范围，绘制第二期的地形图。第二期的地形数据使用 GNSS-RTK 进行采集，测量时运用编码法进行成图。测量人员需要按照规范要求对第二期地形进行测量，测量时要注意与第一期的地形做好接边处理，测量完成后将成果下载保存，以备后期绘图使用。		
工作目标	1. 能熟练完成 GNSS-RTK 参数解算及检验校正。 2. 能熟练使用 GNSS-RTK 进行碎部点数据采集。 3. 能运用编码法完成数字测图外业工作。		

学时安排	思	学	教	做	评
	（0.5 学时）	（1.5 学时）	1.5 学时	2 学时	0.5 学时

学习要求	1. 按照思维导图自主学习，完成课前测试。 2. 严格遵守课堂纪律，学习态度认真、端正，能够正确评价自己和同学在工作任务中的素质表现。 3. 积极参与小组工作，承担外业观测中的相应工作，做到积极主动不推诿，与小组成员默契配合。 4. 能够完成技能训练作业单，对作业中的疑难点务必及时强化与突破。 5. 任务完成后，填写任务评价单，评判各小组成员的分数或等级。 6. 完成课后反思，以小组为单位提交。
考核评价办法	评价包括自我评价、小组互评、教师评价，按比例进行综合评价，并以不小于 40% 的比例计入期末总成绩。

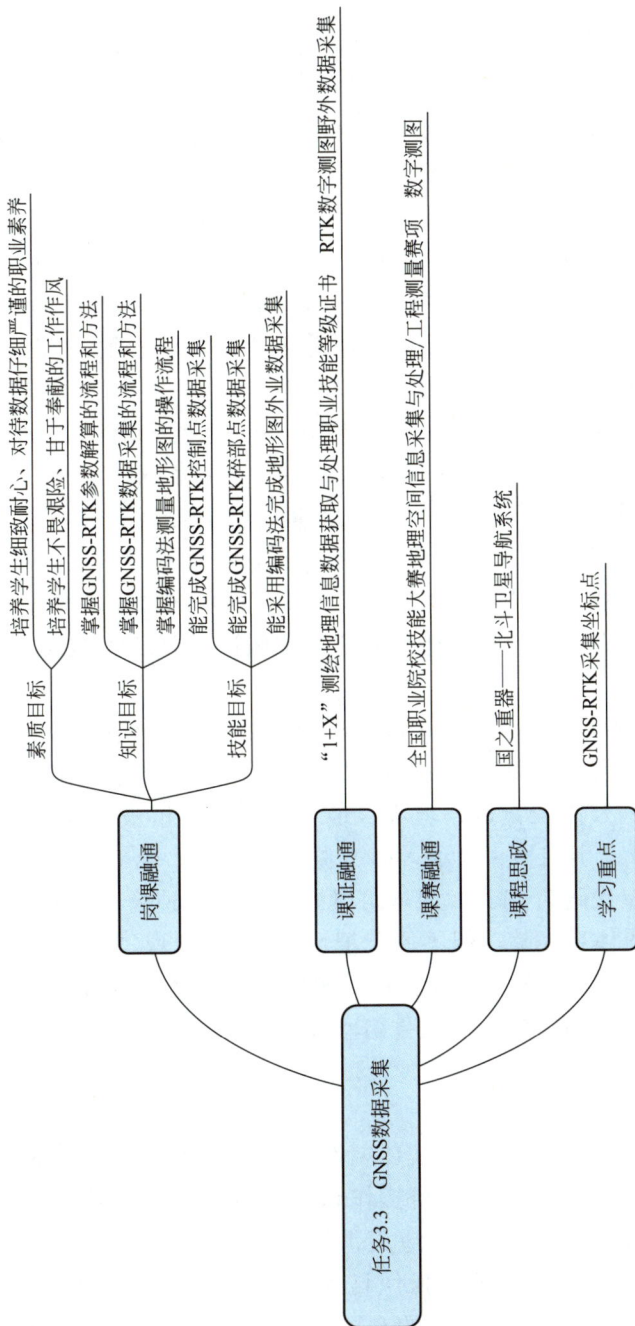

思维导图

任务3.3　GNSS数据采集

岗课融通

　素质目标
　　培养学生细致耐心、对待数据仔细严谨道的职业素养
　　培养学生不畏艰险、甘于奉献的工作作风

　知识目标
　　掌握GNSS-RTK参数解算的流程和方法
　　掌握GNSS-RTK数据采集的流程和方法
　　掌握编码法测量地形图的操作流程

　技能目标
　　能完成GNSS-RTK控制点数据采集
　　能完成GNSS-RTK碎部点数据采集
　　能采用编码法完成地形图外业数据采集

课证融通
　"1+X"测绘地理信息数据获取与处理职业技能等级证书　RTK数字测图野外数据采集

课赛融通
　全国职业院校技能大赛地理空间信息采集与处理/工程测量赛项　数字测图

课程思政
　国之重器——北斗卫星导航系统

学习重点
　GNSS-RTK采集坐标点

185

课前自学

知识点 1　编码法地物测绘

为了减少绘制草图和内业绘图处理时需要不断审视草图的工作量，在野外数据采集时，全站仪除了记录各测点的点号和坐标信息外，还记录测点的编码。编码是由一定规则构成的符号串来表示地物属性和连接关系等信息，在内业绘图时，绘图人员根据编码信息进行绘图处理，这种测图方法称为编码法。

1. 自由编码法

用简单的数据或字母表示地物的属性关系，如"路"编码为"L"，"配电线"的编码为"PD"，"电力检修井"编码为"DJ"，1 层"混凝土房"编码为"TF"，2 层"砖房"编码为"2Z"等，编码由测量人员自定，但需尽量简单。内业绘图时，绘图人员根据编码的属性信息和点号测量顺序进行绘图处理。

自由编码法操作灵活，对地物简单的地区，可以不绘制草图，而地物复杂的地区，仅需绘制简单的草图，或者拍摄照片即可，大量减少绘制草图的工作，外业作业小组仅需两个人即可；内业绘图大量减少了审视草图的时间，大大提高了效率。

2. 编码自动成图法

自由编码法虽然减少了外业绘制草图和内业审视草图时间，但在地物的连线方面还是无法很好地表达。在内业绘图时，还是需要对编码进行判断才能绘图，并且需手工绘图，作业效率还是不够高。

《基础地理信息要素分类与代码》GB/T 13923—2022 把地形图要素分为 9 个大类，分别为：测量控制点、居民地和垣栅、工矿建（构）筑物及其他设施、交通及附属设施、管线及附属设施、水利及附属设施、境界、地貌和土质、植被。各要素代码由 4 位数字组成，第 1 位是大类码，用 1～9 表示，第 2 位是小类码，第 3、4 位分别表示一、二级代码。例如，一般房屋代码为 2110，简单房屋为 2120，高速公路为 4210 等。

虽然国家的编码体系完整，但不便于记忆，所以在通常情况下，在外业数据采集时，用便于记忆的简编码代替，然后在绘图的时候由系统自动替换回来完成绘图，此种工作方式也称"带简编码格式的坐标数据文件自动绘图方式"。下面以 SouthMap 野外简码为例进行说明。

（1）地物简码

SouthMap 的野外操作码由描述实体属性的野外地物码和一些描述连接关系的野外连接码组成。SouthMap 专门有一个野外操作码定义文件"jcode. def"，该文件是用来描述野外操作码与 SouthMap 内部编码的对应关系的，用户可编辑此文件使之符合自己的要求，但要注意不能重复。SouthMap 野外操作码有 1～3 位，第 1 位是英文字母，大小写等价，后面是范围为 0～99 的数字，无意义的 0 可以省略。例如，A 和 A00 等价、F1 和 F01 等价。野外操作码后面可跟参数，如野外操作码不到 3 位，与参数间应有连接符"-"；如有 3 位，后面可紧跟参数，参数有下面几种：控制点的点名、房屋的层数、陡坎的坎高等。野外操作码第一个字母不能是"P"，该字母只代表平行信息。可旋转独立地物，要测两个点以便确定旋转角。野外操作码如以"U""Q""B"开头，将被认为是拟合的。房屋类和填充类地物将自动被认为是闭合的。对于查不到 SouthMap 编码的地物以及没有测够点数的地物，如只测一个点，自动绘图时不做处理，如测两点以上，按线性地物处理。例如，K0—直线型的陡坎，U0—曲线型的陡坎，W1—土围墙，T0—标准铁路（大比例尺），Y012.5—以该点为圆心、半径为 12.5m 的圆，详见表 3-6。

地物符号编码 表 3-6

地物类别	编码方案
控制点	C＋数 0—图根点；1—埋石图根点；2—导线点；3—小三角点；4—三角点；5—土堆上的三角点；6—土堆上的小三角点；7—天文点；8—水准点；9—界址点
房屋类	F＋数 0—坚固房；1—普通房；2—一般房屋；3—建筑中房；4—破坏房；5—棚房；6—简单房
垣栅类	W＋数 0,1—宽为 0.5m 的围墙；2—栅栏；3—铁丝网；4—篱笆；5—活树篱笆；6—不依比例围墙；不拟合；7—不依比例围墙，拟合
坎类（曲）	K(U)＋数 0—陡坎；1—加固陡坎；2—斜坡；3—加固斜坡；4—垄；5—陡崖；6—干沟
线类（曲）	X(Q)＋数 0—实线；1—内部道路；2—小路；3—大车路；4—建筑公路；5—地类界；6—乡、镇界；7—县、县级市界；8—地区、地级市界；9—省界线
铁路类	T＋数 0—标准铁路(大比例尺)；1—标(小)；2—窄轨铁路(大)；3—窄(小)；4—轻轨铁路(大)；5—轻(小)；6—缆车道(大)；7—缆车道(小)；8—架空索道；9—过河电缆
电力线类	D＋数 0—电线塔；1—高压线；2—低压线；3—通信线
管线类	G＋数 0—架空(大)；1—架空(小)；2—地面上的；3—地下的；4—有管堤的
植被土质	拟合边界：B＋数 不拟合边界：H＋数 0—旱地；1—水稻；2—菜地；3—天然草地；4—有林地；5—行树；6—狭长灌木林；7—盐碱地；8—沙地；9—花圃
圆形物	Y＋数 0—半径；1—直径两端点；2—圆周三点
平行体	P＋［X(0-9)；Q(0-9)；K(0-6)；U(0-6)……］
点状地物	A14—水井；A20—电视发射塔；A36—消火栓；A40—变电室；A45—里程碑等

（2）关系码

关系码是描述地物点连接关系的代码，SouthMap 关系码见表 3-7。

描述地物点连接关系的符号含义 表 3-7

符号	含义
＋	本点与上一点相连,连线依测点顺序进行
－	本点与下一点相连,连线依测点顺序相反方向进行

续表

符号	含义
$n+$	本点与上 n 点相连,连线依测点顺序进行
$n-$	本点与下 n 点相连,连线依测点顺序相反方向进行
p	本点与上一点所在地物平行
np	本点与上 n 点所在地物平行
$+A\$$	断点标识符,本点与上点相连
$-A\$$	断点标识符,本点与下点相连

（3）操作码的具体构成规则

1）对于地物的第一点，操作码＝地物代码，如图 3-12 中的 1、5 两点（点号表示测点顺序，括号中为该测点的编码，下同）。

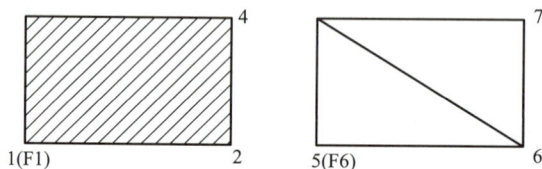

图 3-12　地物起点的操作码

2）连续观测某一地物时，操作码为"＋"或"－"。其中"＋"号表示连线依测点顺序，"－"号表示连线依测点顺序相反的方向，如图 3-13 所示。在 SouthMap 中，连线顺序将决定类似于坎类的齿牙线的画向，齿牙线及其他类似标记总是画向连线方向的左边，因而改变连线方向就可改变其画向。

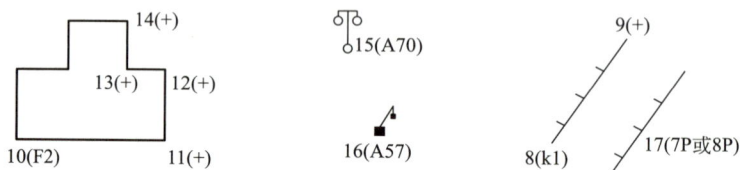

图 3-13　连续观测点的操作码

3）交叉观测不同地物时，操作码为"$n+$"或"$n-$"。其中"＋""－"号的意义同上，n 表示该点应与以上 n 个前面的点相连（$n=$当前点号－连接点号－1，即跳点数），还可用"$+A\$$"或"$-A\$$"标识断点，$A\$$ 是任意助记字符，当一对 $A\$$ 断点出现后，可重复使用 $A\$$ 字符。如图 3-14 所示。

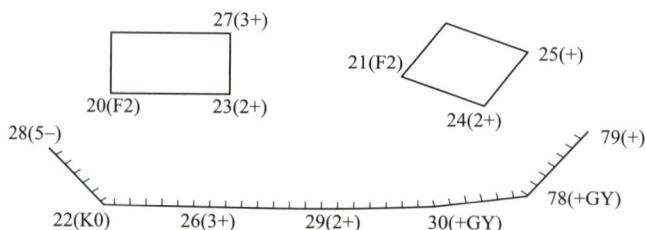

图 3-14　交叉观测点的操作码

4）观测平行体时，操作码为"p"或"np"。其中，"p"的含义为通过该点所画的符号应与上点所在地物的符号平行且同类，"np"的含义为通过该点所画的符号应与以上跳过 n 个点后的点所在的符号画平行体，对于带齿牙线的坎类符号，将会自动识别是堤还是沟。若上点或跳过 n 个点后的点所在的符号不为坎类或线类，系统将会自动搜索已测过的坎类或线类符号的点。因而，用于绘平行体的点，可在平行体的一"边"未测完时测对面点，亦可在测完后接着测对面的点，还可在加测其他地物点之后，测平行体的对面点。

（4）个性化简码

外业数据采集时，虽然不同的地物种类多样，但 SouthMap 的简码是可以个性化编辑的，如图 3-15 所示，点击"新增"，还可以根据 SouthMap 的编码增加一定的简码，如"砼房"原来的简码是"F2"，可选择 SouthMap 文件菜单中的"系统配置文件"改成"TF"，可以通过 SouthMap 查找出阳台的编码是 140001，然后于"系统配置文件"新增简码为"YT"，最后点击"保存"即可。

序号	简编码	原编码	颜色	名称
1	K0	204201		未加固陡坎
2	U0	204201		未加固陡坎
3	K1	204202		加固陡坎
4	U1	204202		加固陡坎
5	K2	204101		未加固的人工斜坡
6	U2	204101		未加固的人工斜坡
7	K3	204102		已加固的斜坡
8	U3	204102		已加固的斜坡
9	K4	205402		半依比例石垄
10	U4	205402		半依比例石垄
11	K5	203320		石质的陡崖
12	U5	203320		石质的陡崖
13	K6	183502		双线干沟
14	U6	183502		双线干沟
15	X0	163300		县道乡道村道
16	Q0	163300		县道乡道村道
17	X1	164400		内部道路

导出　导入　删除　新增　保存　退出

图 3-15　个性化修改简码

编码法数据采集不仅能记录测点的属性以及测点间的简单相互关系，减少画草图的工作，还能实现计算机自动成图，提高内业的处理效率，是目前测图中普遍使用的方法。

知识点 2　GNSS-RTK 编码法数据采集

GNSS-RTK 测量由于操作简单方便，在野外开阔的地区可以实时采集厘米级精度的坐标数据，是测图野外数据采集的一种重要手段。GNSS-RTK 编码法数据采集（简称"RTK 测图数据采集"）的作业原理和步骤与 RTK 图根测量相似，只是少部分不同，下面以南方 S-86 工程之星 3.0 为例进行说明。

1. 测量要求

（1）RTK 测图数据采集与 RTK 图根测量环境要求相同，都必须在开阔地区、远离高压线和大功率无线电发射源的环境下。

（2）RTK 测图数据采集的转换参数可以是三参数、四参数和七参数，相应的，进行参数解算的起算点分别需要 1 个、2 个和 3 个。在小范围的测区中，只需要进行三参数转换即可。

在范围较大的测区，可采用四参数或七参数。为了进行测量检查，测区起算点的数量应比进行转换参数计算所需起算点的数量多至少 1 个。

2. 测站设置

无论采用什么转换参数，RTK 测图数据采集可以在已知控制点设站，也可以任意设站。在已知控制点设站的测量方法步骤与 RTK 图根测量相似，如果采用任意站设站，则需要进行点校正。

3. 数据采集与输出

点校正完成后，到另外一起算点进行检查，检查无误后即可进行碎部点采集，输入相应的点名、编码后保存，步骤与 RTK 图根测量相似，采集的数据为包含点名、编码、（X，Y，H）的坐标数据文件，数据文件的导出与 RTK 图根测量的数据导出步骤相同。

3-1

无人机测绘

课前测试

一、单选题（只有 1 个正确答案，每题 10 分）

1. 下列哪个卫星定位系统是我国的?（　　　）

A. GPS　　　　　　B. 北斗　　　　　　C. 伽利略　　　　D. 格洛纳斯

2. GNSS-RTK 外挂电台工作模式中，不需要的部件是（　　　）。

A. 接收机　　　　B. 三脚架　　　　　C. 电池　　　　　D. 手机卡

3. 编码法测图时编码"＋"代表的含义是（　　　）。

A. 该点作废　　　　　　　　　　B. 添加一个点

C. 该点与上一点相连　　　　　　D. 该点与下一点相连

4. 关于网络 RTK 与常规 RTK 相比，下列说法不正确的是（　　　）

A. 两者都需要直接接收参考站的数据

B. 前者不需用户架设基准站

C. 前者作业半径大

D. 前者要有网络覆盖的地方才能测绘

二、多选题（至少有 2 个正确答案，每题 10 分）

1. GNSS-RTK 工作时，在用户端是由哪两部分共同完成测量的?（　　　）

A. 基准站　　　　B. 监控站　　　　　C. 移动站　　　　D. 注入站

E. 主控站

2. 编码法成图的优点有（　　　）。

A. 减少了人员的需求　　　　　　B. 减少了外业测图的时间

C. 减少了外业绘制草图的时间　　D. 减少了内业绘图的时间

E. 增加了记忆简码的工作量

三、判断题（对的画"√"，错的画"×"，每题 10 分）

1. GNSS-RTK 采集高程的精度高于水准测量。　　　　　　　　　　（　　　）

2. 采用编码法测图时，不用绘制草图。　　　　　　　　　　　　　（　　　）

3. 用户可以根据需要自定义简码。　　　　　　　　　　　　　　　（　　　）

4. GNSS-RTK 工作时，基准站可以不架设在已知点上。　　　　　　（　　　）

任务实施

根据本次测量任务需要，通过制定外业测图工作方案，做好 GNSS 数据采集的准备工作，然后根据已布设好的控制网，使用编码法采集新增范围内的地形数据，将 GNSS 采集的数据下载保存好进行存档，以便后续绘制地形图。

1. 制定方案

工程测量人员根据现场控制点情况、地形情况等制定测量方案。主要包括本次测量的工作目标、人员分工、仪器设备准备及外业观测的方法、工作程序、测量精度、地物取舍、注意事项等。

2. 准备工作

仪器检查与材料的准备：检查 GNSS 接收机主机及手簿、三脚架、碳素杆、对讲机、铁锤、钢钉、卷尺、记号笔、记录笔等。准备好现场控制点的坐标。

另外还需做好交通车辆准备、防晒防暑防冻准备、饮水饮食准备等，使用 GNSS 要备好电池。

3. 选择并确定测量方法

根据仪器设备准备情况和起算点数量，选择使用 GNSS-RTK 测图或者 CORS 测图，架设好移动站然后求解参数，最后检验校正采集坐标的正确性。

4. 现场测量并检核成果

现场实测时，按照制定的测量方案，采用编码法采集碎部点信息。采集碎部点时一定要在固定解状态下，保持气泡尽量水平进行采集。作业结束后应检查作业区是否测量完整，如有遗漏应及时补测。最后导出测量成果进行存档。

计划单

模块 3	地形图测绘及应用		任务 3.3	GNSS 数据采集
计划用时	4 学时	完成人	1.（　　　）　2.（　　　）　3.（　　　） 4.（　　　）　5.（　　　）　6.（　　　） 7.（　　　）　8.（　　　）　9.（　　　）	
序号	计划步骤		具体工作内容	
1	准备工作			
2	组织分工			
3	现场操作			
4	核对工作			
5	成果整理			
计划说明				

作业单 1

任务 3.3	GNSS 数据采集	
完成人	1.（　　　　）2.（　　　　）3.（　　　　） 4.（　　　　）5.（　　　　）6.（　　　　） 7.（　　　　）8.（　　　　）9.（　　　　）	
序号	工作内容记录 （GNSS 数据采集的实际工作）	分工 （负责人）
1		
2		
3		
小结	完成成果情况	存在的问题

任务 3.3	GNSS 数据采集		
已知点坐标			
点名	X 坐标/m	Y 坐标/m	H 高程/m
检核点坐标			
点名	X 坐标/m	Y 坐标/m	H 高程/m

评价单

模块 3	地形图测绘及应用		任务 3.3	GNSS 数据采集		
评价对象			小组成员			
评价情境	评价内容及要求	分值 (100)	自我评价 (10%)	组员互评 (20%)	教师评价 (70%)	实得分 (∑)
汇报展示 (20)	演讲资源利用	5				
	演讲表达和非语言技巧应用	5				
	团队成员补充配合程度	5				
	时间与完整性	5				
质量评价 (40)	工作完整性	10				
	工作质量	5				
	报告完整性	25				
团队精神 (25)	核心价值观	5				
	创新性	5				
	参与率	5				
	合作性	5				
	劳动态度	5				
安全文明 (10)	工作过程中的安全保障情况	5				
	工具正确使用和保养、放置规范	5				
工作效率 (5)	能够在要求的时间内完成，超时不得分	5				
最终得分						

课后反思

模块 3	地形图测绘及应用	任务 3.3	GNSS 数据采集	
班　级		第　组	成员姓名	
情感反思	通过对此任务的学习和实训,你认为自己在社会主义核心价值观、职业素养、劳动精神和工匠精神等方面有哪些部分需要提高?			
知识反思	通过学习此任务,你掌握了哪些知识点?			
技能反思	在完成此任务的学习和实训过程中,你主要掌握了哪些技能?			
方法反思	在完成此任务的学习和实训过程中,你主要掌握了哪些分析和解决问题的方法?			

任务 3.4　内业绘图

模块 3	地形图测绘及应用	任务 3.4	内业绘图
计划学时		4 学时（课前 2 学时）	
布置任务			
任务描述	外业测量数据之后，需要将测量好的数据绘制成地形图交给设计人员。因此测量人员需要按照规范要求，使用地形图成图软件 SouthMap 将外业测量数据绘制成地形图，并做好图面的整饰，绘制好图框，将成果输出存档。		
工作目标	1. 能熟练完成地形图的绘制。 2. 能熟练完成地形图图面整饰。 3. 能熟练完成地形图图形分幅。		

学时安排	思	学	教	做	评
	（0.5 学时）	（1.5 学时）	0.5 学时	3 学时	0.5 学时

学习要求	1. 按照思维导图自主学习，完成课前测试。 2. 严格遵守课堂纪律，学习态度认真、端正，能够正确评价自己和同学在工作任务中的素质表现。 3. 积极参与小组工作，承担外业观测中的相应工作，做到积极主动不推诿，与小组成员默契配合。 4. 能够完成技能训练作业单，对作业中的疑难点务必及时强化与突破。 5. 任务完成后，填写任务评价单，评判各小组成员的分数或等级。 6. 完成课后反思，以小组为单位提交。
考核评价办法	评价包括自我评价、小组互评、教师评价，按比例进行综合评价，并以不小于 40% 的比例计入期末总成绩。

思维导图

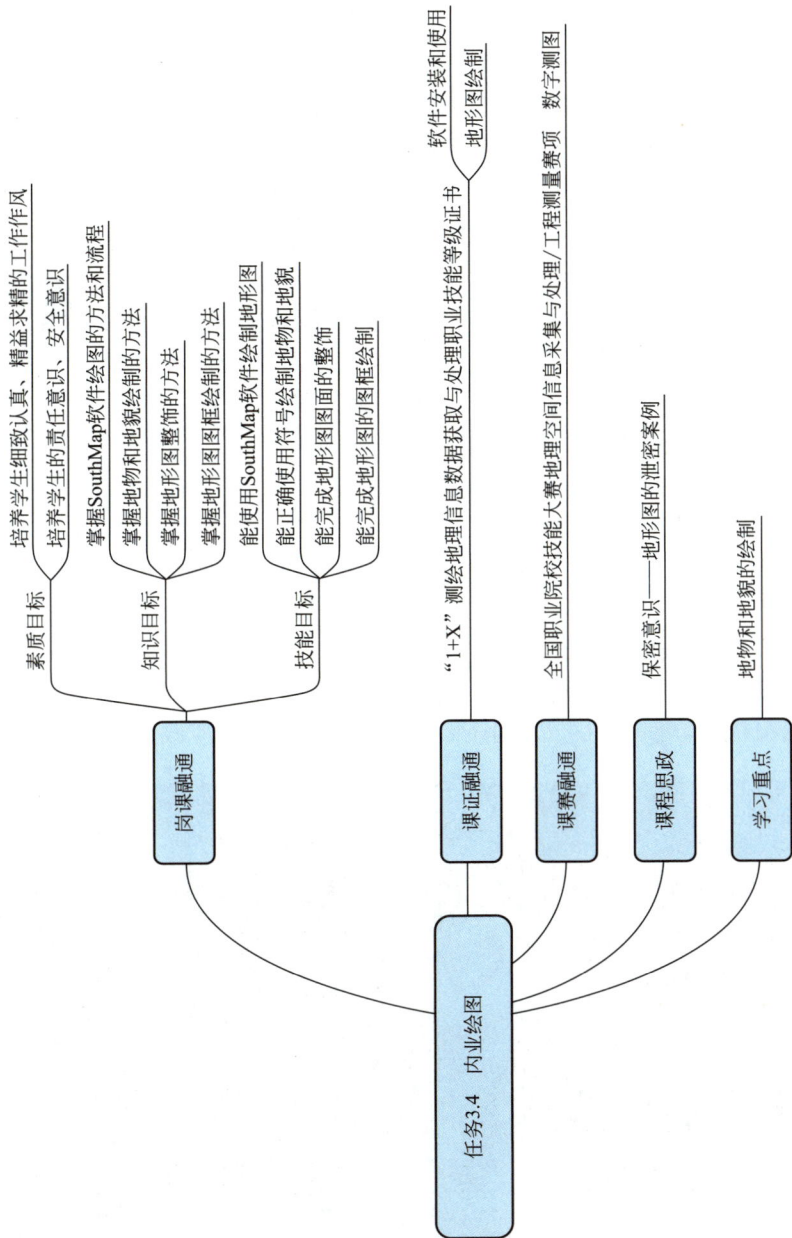

任务3.4　内业绘图

岗课融通
- 素质目标
  - 培养学生细致认真、精益求精的工作作风
  - 培养学生的责任意识、安全意识
- 知识目标
  - 掌握SouthMap软件绘图的方法和流程
  - 掌握地物和地貌绘饰的方法
  - 掌握地形图图框绘制的方法
- 技能目标
  - 能使用SouthMap软件绘制地形图
  - 能正确使用符号绘制地物和地貌
  - 能完成地形图图面的整饰
  - 能完成地形图的图框绘制

课证融通
- "1+X" 测绘地理信息数据获取与处理职业技能等级证书
  - 软件安装和使用
  - 地形图绘制

课赛融通
- 全国职业院校技能大赛地理空间信息采集与处理/工程测量赛项　数字测图

课程思政
- 保密意识——地形图的泄密案例

学习重点
- 地物和地貌的绘制

课前自学

知识点 1　内业成图软件的初步认识

南方地理信息数据成图软件 SouthMap 是南方测绘基于 AutoCAD 平台技术开发的 GIS 前端数据处理系统，也就是说 SouthMap 成图软件是二次开发软件，广泛应用于地形成图、地籍成图、工程测量应用、空间数据建库、市政监管等领域，全面面向 GIS，彻底打通数字化成图系统与 GIS 接口，使用骨架线实时编辑、简码用户化、GIS 无缝接口等先进技术。

SouthMap 是南方测绘推出的最新版地形、地籍成图软件，相对于以前各版本，除在平台、基本绘图功能上做了进一步升级外，还根据最新发表的图式、地籍等标准，更新完善了图式符号库和相应的功能，增加了属性面板等大量的实用工具。

1. SouthMap 成图软件的安装简介

无论何种版本的 SouthMap 成图软件，安装之前都必须先成功安装 AutoCAD，并运行一次，然后安装 SouthMap，安装成功后，启动 SouthMap（运行 SouthMap 之前必须先将"软件狗"插入 USB 接口）。

3-2

SouthMap 安装与基本操作

2. SouthMap 主界面及工具栏

（1）SouthMap 的主界面

SouthMap 的操作主界面如图 3-16 所示，主要由下拉菜单栏、CAD 标准工具栏、实用工具栏、属性面板、屏幕菜单栏、图形编辑区、命令行、状态栏等组成。标有"＞"符号的下拉菜单表示还有下一级菜单，每个菜单项均以对话框或命令行提示的方式与用户交互应答。图形编辑区是图形显示窗口，用户在该区域内进行图形编辑操作。图形窗口有自己的标准 Windows 特征，如滚动条、最大化、最小化及控制按钮等，使用户可以在图形界面的框架内移动或改变它的大小。命令行缺省

图 3-16　SouthMap 的标准主界面

界面中一般显示 3 行命令行，其中最下面一行等待键入命令，上面两行一般显示命令提示符或与命令进程有关的其他信息。操作时要随时注意命令行提示。有些命令有多种执行途径，用户可根据自己的喜好灵活地选用快捷工具按钮、下拉菜单或在命令行输入命令。

（2）菜单与工具栏

1）顶部下拉菜单栏

操作界面标题栏下面即为下拉菜单栏，包括"文件、工具、编辑、显示、数据、绘图处理、地籍、土地利用、等高线、地物编辑、检查入库、工程应用、其他应用"共 13 个下拉菜单。利用这些菜单功能，可满足数字图绘制、编辑、应用、管理等操作需要。

2）屏幕菜单栏

屏幕菜单栏一般设置在操作界面右侧，是用于绘制各类地物的交互式菜单。屏幕菜单第一页提供了"坐标定位、点号定位、电子平板和地物匹配"共 4 种定点方式。进入屏幕菜单的交互编辑功能时，必须先选定某一定点方式。如果想从第二页菜单返回到第一页菜单，单击屏幕菜单顶部的"定点方式"条目提示，即可返回上级屏幕菜单。

3）实用工具栏

SouthMap 实用工具栏如图 3-17 所示。

图 3-17　实用工具栏

SouthMap 实用工具栏具有 SouthMap 的一些常用功能，如查看实体编码、加入实体编码、批量选取目标、线型换向、查询坐标、距离与方位角、文字注记、常见地物绘制、交互展点等。当光标在工具栏某个图标停留时可显示该图标的功能提示。使用实用工具栏，配合命令行提示操作，可简化对下拉菜单和屏幕菜单的操作。

4）标准工具栏

标准工具栏如图 3-18 所示。它包含了 CAD 的许多常用功能，如图层的设置、线型管理器、打开已有图形、图形存盘、重画屏幕、图形平移、缩放、对象特征编辑器、移动、复制、修剪、延伸等（这些功能在"下拉菜单栏"中也都有）。

图 3-18　标准工具栏

3. 属性面板

SouthMap 的属性面板是传统版本"对象特性管理器"的升级，它不只是具有显示、编辑属性的功能，而是集图层管理、常用工具、检查信息、实体属性为一体，分别有图层、常用、信息、快捷地物、属性共 5 个选项。属性面板可关闭，也可缩小成一列，排在SouthMap 界面的左侧。

知识点 2　SouthMap 内业成图及编辑

1. 绘平面图

（1）展控制点

菜单：绘图处理—展控制点，如图 3-19 所示。

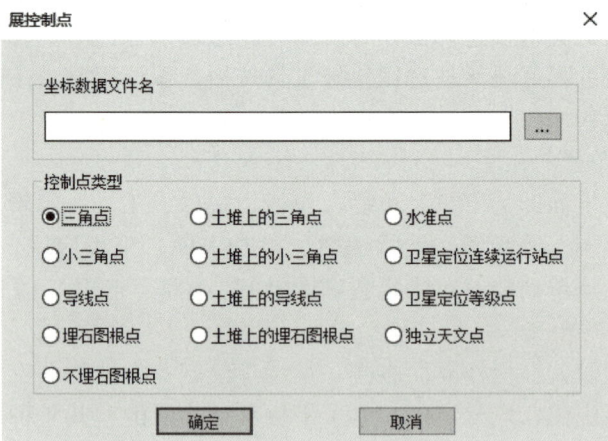

图 3-19　展控制点

（2）展测点点号

菜单：绘图处理—展野外测点点号，按命令行提示碎部点坐标数据即可。

（3）绘制点、线、面符号，标注文字注记

在右侧的地物绘制面板（图 3-20）选择点号定位或者坐标定位的方式，选择地物符号，按命令行提示完成绘制。

（4）删除或隐藏测点点号

1）删除点号

菜单：编辑—删除—删除实体所在图层，选择任一点号，即可删除全图点号。

2）隐藏点号

在左侧面板，找到 ZDH 图层，取消勾选，即可关闭测点点号的显示，如图 3-21 所示。

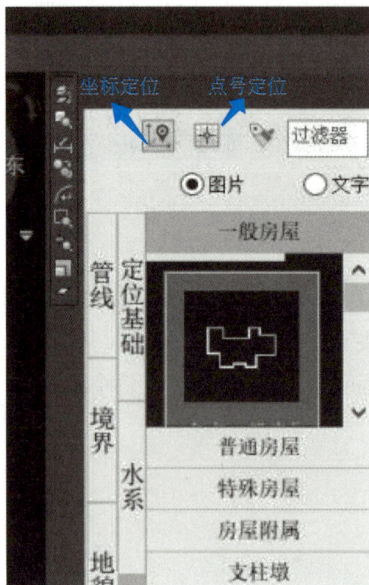

图 3-20　地物绘制面板

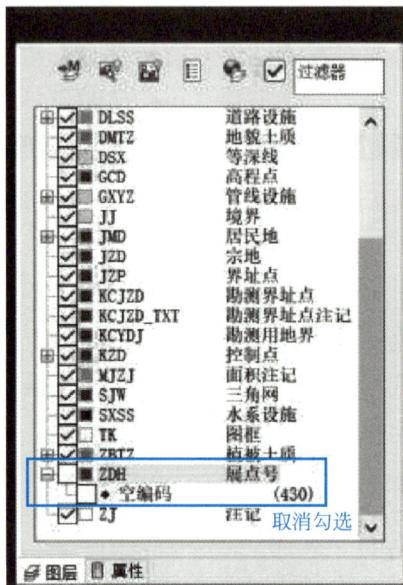

图 3-21　图层属性面板

2. 高程点处理

（1）展高程点

菜单：数据-读取虚拟仿真数据，输入 2，回车选择碎部点坐标文件"dat"。

（2）高程点删除

菜单：绘图处理—高程点处理—删除房角处高程点/删除地物点重合高程点。批量删除无须保留的高程点。

（3）高程点过滤

菜单：绘图处理—高程点过滤。输入过滤距离，并点击确定，如图 3-22 所示。

（4）高程点消隐

菜单：绘图处理—高程点处理—高程点消隐。批量消隐压盖线符号的高程点，如图 3-23 所示。

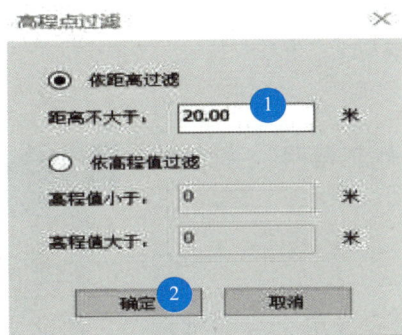

图 3-22　高程点过滤

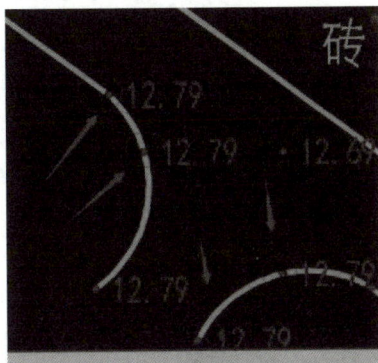

图 3-23　消隐后高程点

3. 等高线处理

（1）建立三角网

菜单：等高线—建立三角网，按图 3-24 步骤设置，并按命令行提示选择高程点。

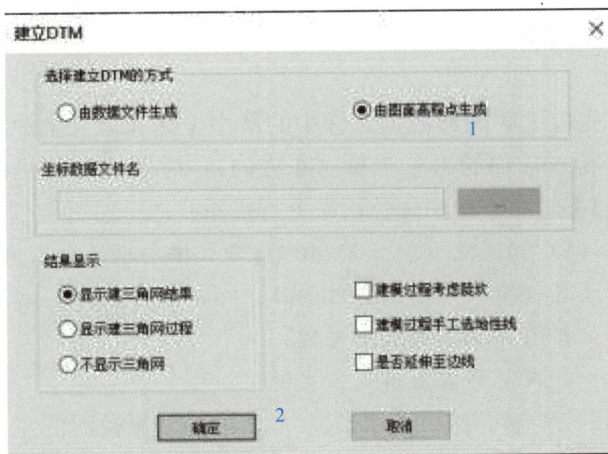

图 3-24　建立三角网

（2）绘制等高线

菜单：等高线—绘制等高线，按图 3-25 步骤设置等高距和拟合方式，并点击确定。

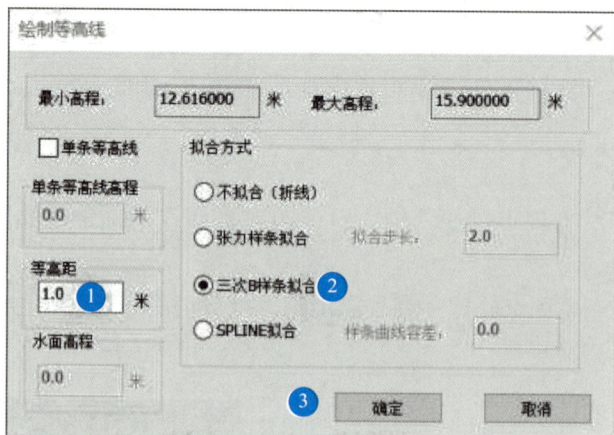

图 3-25　绘制等高线

（3）删三角网

等高线绘制完成后，可点击菜单"等高线—删三角网"，批量删除全图三角网。

（4）注记和修剪等高线

1）注记

菜单：等高线—等高线注记，按命令行提示完成单个或者批量注记。

2）修剪

菜单：等高线—等高线修剪，按命令行提示完成等高线消隐或者修剪。

3-3

SouthMap地形图
绘图标准流程

知识点 3　数字地形图的整饰及输出

数字地形图编辑好后即可根据上交成果的要求进行图幅整饰及输出。

1. 图形分幅与图幅整饰

（1）图形分幅

图形分幅前，首先应了解图形数据文件中的最小坐标和最大坐标。同时应注意 South-Map 信息栏显示的坐标，前面的为 y 坐标（东方向），后面的为 x 坐标（北方向）。

执行【绘图处理】-【批量分幅】命令，命令行提示：

请选择图幅尺寸（1）50×50（2）50×40<1>（按要求选择或直接回车默认选1）。

请输入分幅图目录名（输入分幅图存放的目录名，回车）。

输入测区一角：（在图形左下角点击左键）。

输入测区另一角：（在图形右上角点击左键）。

这样在所设目录下就产生了各个分幅图，自动以各个分幅图的左下角的东坐标和北坐标结合起来命名，如："31.00—53.00""31.00—53.50"等。

如果要求输入分幅图目录名时，直接回车，则各个分幅图自动保存在安装了 South-

Map 的驱动器的根目录下。

（2）图幅整饰

首先，把图形分幅时所保存的图形打开，并执行【文件】-【加入 SouthMap 环境】命令。然后，执行【绘图处理】-【标准图幅】命令，打开如图 3-26 所示的对话框。输入图幅的名字、邻近图名、测量员、绘图员、检查员，在左下角坐标的"东""北"栏内输入相应坐标（最好拾取）。在"删除图框外实体"前打勾，则可删除图框外实体，按实际要求选择。最后，用鼠标单击【确定】按钮即可得到加上标准图框的分幅地形图。

图廓外的单位名称、日期、图式和坐标系、高程系等可以在加框前定制，即在"参数配置＼SouthMap 综合设置＼图廓属性"对话框中依实际情况填写，定制符合实际的统一的图框，也可以直接打开图框文件，利用【工具】菜单【文字】项的【写文字】【编辑文字】等功能，依实际情况编辑修改图框图形中的文字，不改名存盘，即可得到满足需要的图框。

图 3-26　"图幅整饰"对话框

2. 绘图输出

地形图绘制完成后，可用绘图仪、打印机等设备输出。执行【文件】-【绘图输出】-【打印】命令，打开"打印"对话框，在对话框中可完成相关打印设置，并打印出图。

课前测试

一、单选题（只有 1 个正确答案，每题 10 分）

1. 用 SouthMap 绘制有向符号时，一定要注意点号的输入顺序，以陡坎符号的绘制为例，陡坎的坎毛是沿前进方向的（　　）自动生成的。

  A. 左侧   B. 右侧   C. 上侧   D. 下侧

2. 对地形图上的地物符号进行数字化，其中独立地物符号（非比例符号）的特征点的采集就是符号的（　　）。

  A. 定位点   B. 几何中心   C. 任意位置   D. 同比例符号

3. 在地形图上有高程分别为 26m、27m、28m、29m、30m、32m 的等高线，则需加粗的等高线为（　　）m。

  A. 26、31   B. 27、32   C. 29   D. 30

4. 下列地形图上表示的要素中，属于地貌的是（　　）。

  A. 森林   B. 冲沟   C. 界限   D. 道路

5. 下列关于地形图的比例尺，说法正确的是（　　）。

  A. 分母小，比例尺大，表示地形详细

  B. 分母大，比例尺小，表示地形详细

  C. 分母大，比例尺大，表示地形概略

  D. 分母小，比例尺小，表示地形概略

二、多选题（至少有 2 个正确答案，每题 10 分）

1. 在 SouthMap 中用"坐标定位法"绘图时，经常要在屏幕上把若干碎部点连接成一定图形，此时必须先捕捉到碎部点，才能把点连接成线；在编辑图形时，要捕捉图形的特征点来绘图。SouthMap 系统在（　　）中均提供了物体的捕捉功能，绘图时可根据实际情况选择使用。

  A. 工具菜单   B. 编辑菜单   C. 屏幕菜单   D. 状态栏

  E. 文件菜单

2. 对象特征管理可以修改图元的（　　）。

  A. 图层   B. 颜色   C. 线形   D. 位置

  E. 线宽

三、判断题（对的画"√"，错的画"×"，每题 10 分）

1. SouthMap 屏幕菜单主要用于绘制平面图。   （　　）

2. 坐标定位成图法可以设置"节点"捕捉功能。   （　　）

3. 绘制等高线应先建立数字高程模型。   （　　）

任务实施

根据本次任务要求，将外业测量的成果使用地形图成图软件绘制成图，并将成果输出存档。

1. 准备工作

准备好绘制数字地形图所需的工具及资料，包括安装有地形图成图软件 SouthMap 的计算机、外业测量数据、草图等。

将外业测量数据转换成软件能够识别的格式。

2. 绘制地形图

将转换好格式的外业测量数据展绘至 SouthMap，根据外业测量采用的测量方式，选取不同的方法进行图形的编辑、绘制地物地貌，然后进行图面整饰，使图形符合地形图图式要求，最后按图形安装要求进行分幅并输出存档。

3. 图形检核

为了避免图形绘制错误或者遗漏，应对绘制好的图形进行现场检核。应将成果打印出来，到现场逐一进行检查核对。

计划单

模块3	地形图测绘及应用		任务3.4	内业绘图
计划用时	4学时	完成人		1.( ) 2.( ) 3.( ) 4.( ) 5.( ) 6.( ) 7.( ) 8.( ) 9.( )
序号	计划步骤			具体工作内容
1	准备工作			
2	组织分工			
3	现场操作			
4	核对工作			
5	成果整理			
计划说明				

作业单

任务 3.4	内业绘图	
完成人		
序号	工作内容记录 （内业绘图的实际工作）	
1		
2		
3		
小结	完成成果情况	存在的问题

评价单

模块 3	地形图测绘及应用		任务 3.4		内业绘图	
评价对象			小组成员			
评价情境	评价内容及要求	分值（100）	自我评价（10%）	组员互评（20%）	教师评价（70%）	实得分（∑）
汇报展示（20）	演讲资源利用	5				
	演讲表达和非语言技巧应用	5				
	团队成员补充配合程度	5				
	时间与完整性	5				
质量评价（40）	工作完整性	10				
	工作质量	5				
	报告完整性	25				
团队精神（25）	核心价值观	5				
	创新性	5				
	参与率	5				
	合作性	5				
	劳动态度	5				
安全文明（10）	工作过程中的安全保障情况	5				
	工具正确使用和保养、放置规范	5				
工作效率（5）	能够在要求的时间内完成，超时不得分	5				
最终得分						

课后反思

模块 3	地形图测绘及应用	任务 3.4		内业绘图	
班　级		第　　组	成员姓名		
情感反思	通过对此任务的学习和实训,你认为自己在社会主义核心价值观、职业素养、劳动精神和工匠精神等方面有哪些部分需要提高?				
知识反思	通过学习此任务,你掌握了哪些知识点?				
技能反思	在完成此任务的学习和实训过程中,你主要掌握了哪些技能?				
方法反思	在完成此任务的学习和实训过程中,你主要掌握了哪些分析和解决问题的方法?				

任务 3.5　土方量计算

任务单

模块 3	地形图测绘及应用	任务 3.5	土方量计算
计划学时		2 学时（课前 1 学时）	
布置任务			
任务描述	设计人员在设计之时需要预估工程大致需要挖、填的土方量。因此，根据已经测绘好的地形图计算工程的土方量，并采用方格网法、三角网法、断面法等不同方法分别计算土方量并比较各方法计算结果之间的误差，将计算结果分别保存存档。		
工作目标	1. 能进行地形图的基本应用。 2. 能使用方格网法、三角网法、断面法等不同方法计算土方量。		

学时安排	思	学	教	做	评
	（0.5 学时）	（0.5 学时）	0.5 学时	1 学时	0.5 学时

学习要求	1. 按照思维导图自主学习，完成课前测试。 2. 严格遵守课堂纪律，学习态度认真、端正，能够正确评价自己和同学在工作任务中的素质表现。 3. 积极参与小组工作，承担外业观测中的相应工作，做到积极主动不推诿，与小组成员默契配合。 4. 能够完成技能训练作业单，对作业中的疑难点务必及时强化与突破。 5. 任务完成后，填写任务评价单，评判各小组成员的分数或等级。 6. 完成课后反思，以小组为单位提交。
考核评价办法	评价包括自我评价、小组互评、教师评价，按比例进行综合评价，并以不小于 40％的比例计入期末总成绩。

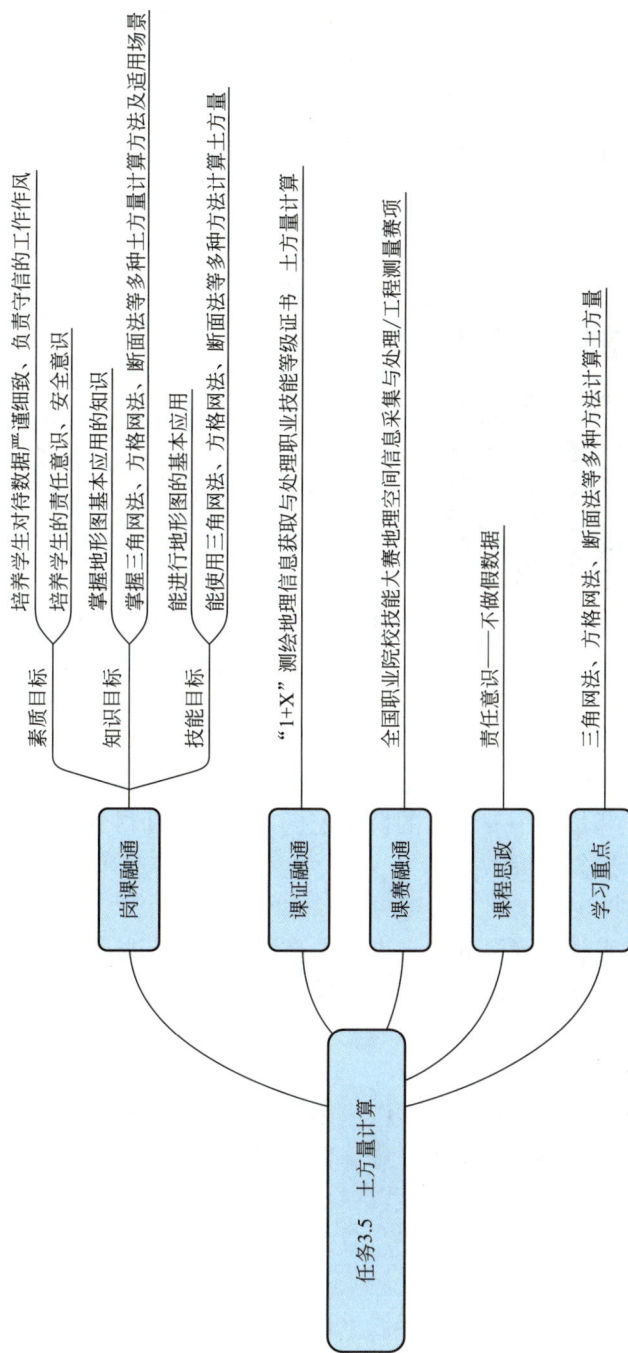

思维导图

智能工程测量

💡 **课前自学**

随着计算机技术的迅速发展及向工程建设各个领域的渗透，数字地图在工程建设中的应用也越来越广泛，如在 AutoCAD 软件环境下，利用数字地形图可以很方便地查询各种工程建设中需要的基本几何要素，应用专业软件可以非常方便地进行面积、土方量计算和地形三维轴视图以及纵、横断面图的绘制等。

知识点 1　基本几何要素的量测

地形图的基本几何要素主要包括指定点坐标、两点间距离和方位角、线段长度、实体面积等。

在图 3-27 的 SouthMap【工程应用】菜单中，可以先执行【查询指定点坐标】命令，然后用鼠标点取所查询的点，即可得到该点的实地坐标。

同样，在该"菜单"中，分别执行【查询两点距离及方位】【查询线长】【查询实体面积】命令，然后用鼠标分别点取所要查询的两点、点取图上曲线、点取待查询的实体边界线（实体应该是闭合的），即可得到所查询的两点的实地距离及方位、图上曲线长度、实体面积。

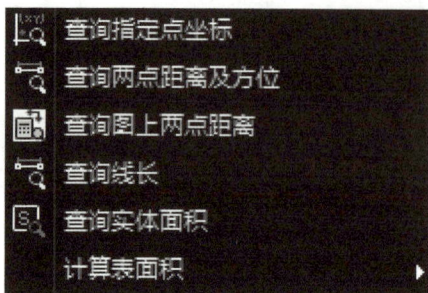

图 3-27　工程应用菜单

知识点 2　土石方量的计算

1. 由 DTM 计算土方量

由 DTM 模型来计算土方量是根据实地测定的地面点坐标（X，Y，Z）和设计高程，通过生成三角网，计算每一个三棱锥的填、挖量，最后累计得到指定范围内填方和挖方的土方量，并绘出填、挖方分界线。

用 DTM 模型计算土方量的方法有两种：一种是完全计算，它包含重新建立三角网的过程，又分为"根据坐标计算"和"根据图上高程点计算"两种方法；另一种是根据图上的三角网计算，此法直接采用图上已有的三角形，不再重建三角网。

（1）完全计算

1）根据坐标计算操作过程

用复合线沿需要计算土方量的区域画出闭合线，注意不要拟合。

执行【工程应用】—【三角网法土方计算】—【根据坐标文件】命令项，命令行提示选择边界线，用鼠标点取所画的闭合复合线，弹出的对话框如图 3-28 所示。

设置好计算参数后，点击"确定"，命令行显示"挖方量＝××××立方米，填方量＝××××立方米"。

同时创建了三角网、填挖方的分界线（白色线条）和信息提示框，如图 3-29 所示。

关闭对话框后，系统提示：

请指定表格左下角位置＜直接回车不绘表格＞（用鼠标在图上适当位置点击）

SouthMap 会在该处绘出一个表格，包含平场面积、最小高程、最大高程、平场标高、挖方量、填方量和图形，如图 3-30 所示。

214

DTM土方计算参数设置

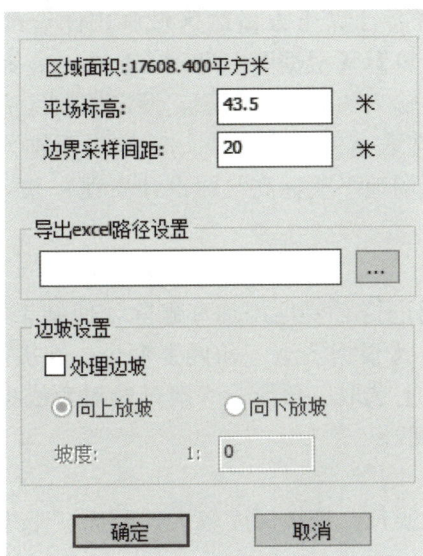

区域面积:17608.400平方米

平场标高:　43.5　米

边界采样间距:　20　米

导出excel路径设置

边坡设置
☐ 处理边坡
◉ 向上放坡　○ 向下放坡
坡度:　1:　0

确定　取消

其中:
区域面积:该值为复合线围成的多边形的水平投影面积。
平场标高:指设计要达到的目标高程。
边界采样间距:边界插值间距的设定,默认值为20m。
边坡设置:选中"处理边坡"复选框后,则坡度设置功能变为可选,选中放坡的方式(向上或向下指平场标高相对于实际地面高程的高低,平场标高高于地面高程,则设置为向下放坡,系统就不能计算向内放坡和向范围线内部放坡的工程量),然后输入坡度值。

图 3-28　"DTM 土方计算参数设置"对话框。

SouthMap For ZWCADOEM　×

挖方量=9405.59立方米
填方量=12499.05立方米
详见 C:\Users\Administrator\Desktop\方格网土方量计算 (设计标高43.50)\sjwtfjs.log 文件

确定

图 3-29　挖填方提示框

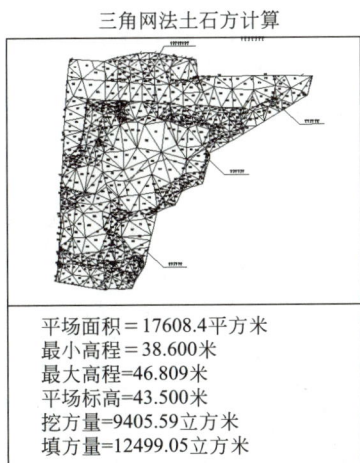

三角网法土石方计算

平场面积＝17608.4平方米
最小高程＝38.600米
最大高程=46.809米
平场标高=43.500米
挖方量=9405.59立方米
填方量=12499.05立方米

计算日期:2023年4月14日　　计算人:

图 3-30　挖填方量计算结果表格

3-4

量算土方量

215

2）根据图上高程点计算操作过程

首先展绘高程点，然后用复合线沿需要计算土方量的区域画出闭合线，注意不要拟合；执行【工程应用】—【三角网法土方计算】—【根据图上高程点】命令；命令行提示选择边界线，用鼠标点取所画的闭合复合线；输入边界插值间隔，设定的默认值为20m；根据实际需要在提示中进行选择，选"1"则选取高程点的边界，选"2"再键入"ALL"将选取图上所有绘出的高程点。在提示中输入场地平整标高（即设计高程），屏幕上即显示填、挖土方量和填、挖土方的分界线。

（2）根据图上三角网计算

对上述用完全计算功能生成的三角网进行必要地添加和删除，使结果符合实际地形。选择【工程应用】—【三角网法土方计算】—【根据图上三角网】命令，在提示"平场标高"后，输入平整后的目标高程，用鼠标在图上选取三角形，一般是拉对角线批量选取，屏幕上即显示填、挖土方量和填、挖方的分界线。

2. 断面法土方量计算

当地形复杂、起伏变化较大，或地块狭长、挖填深度较大，断面又不规则时，宜选择断面法土方量计算。

断面法土方量计算主要用在线路土方计算和区域土方计算，对于特别复杂的地方，可以用任意断面设计方法。SouthMap断面法土方量计算主要有线路断面、场地断面和任意断面三种计算方法。该法计算操作比较复杂，下面以道路断面法土方量计算为例，简要介绍其主要操作步骤。

（1）选择土方计算类型

执行【工程应用】—【断面法土方计算】—【道路断面】命令，弹出"断面设计参数"对话框，如图3-31所示。道路的所有参数都是在这个对话框中进行设置。

（2）给定计算参数

在"断面设计参数"对话框中输入道路的各种参数。单击"确定"后，打开"绘制纵断面图"对话框，如图3-32所示。

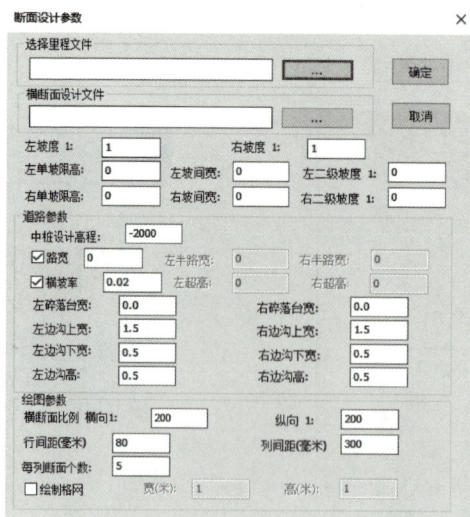

图3-31　"断面设计参数"对话框　　　图3-32　"绘制纵断面图"对话框

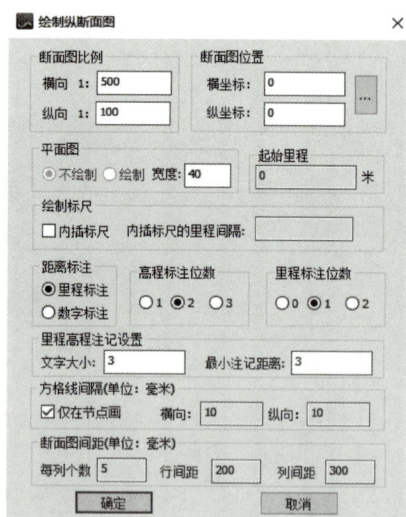

在对话框中输入绘制断面图的横向比例和纵向比例，单击"确定"，在屏幕上适当处指定横断面图起始位置，即可绘出道路的纵断面图。

如果生成的部分断面参数需要修改，可执行【工程应用】—【断面法土方计算】—【修改设计参数】命令，在弹出的"断面设计参数"对话框中，可以非常直观地修改相应参数。修改完毕后单击【确定】，系统取得各个参数，自动对断面图进行修正，实现"所改即所得"。

（3）计算工程量

执行【工程应用】—【断面法土方计算】—【图面土方计算】命令，按命令行提示，选择要计算土方的断面图和指定土方计算表位置，系统自动在图上绘出土石方计算表。

3. 方格网法土方计算

该方法是根据实地测定的地面点坐标（X，Y，Z）和设计高程，通过生成方格网来计算每一个方格内的填、挖方量，最后累计得到指定范围内填方和挖方的土方量，并绘出填、挖方分界线。

系统首先将方格的四个角上的高程相加（如果角上没有高程点，通过周围高程点内插得出其高程），取平均值与设计高程相减。然后通过指定的方格边长得到每个方格的面积，再用长方体的体积计算公式得到填、挖方量。方格网法简便直观，易于操作，因此这一方法在实际工作中应用非常广泛。

用方格网法算土方量，设计面可以是平面，也可以是斜面，还可以是三角网，如图 3-33 所示。

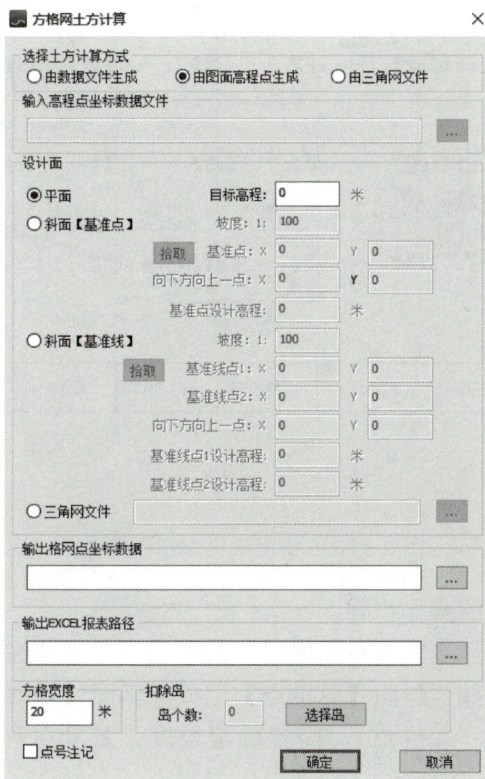

图 3-33　"方格网土方计算"对话框

（1）设计面是平面时的操作步骤

用复合线画出所要计算土方的区域，一定要闭合，但是尽量不要拟合。因为拟合过的曲线在进行土方计算时会用折线迭代，影响计算结果的精度。

选择"工程应用＼方格网法土方计算"命令。

命令行提示："选择计算区域边界线"；选择土方计算区域的边界线（闭合复合线）。

屏幕上将弹出如图 3-33 所示的对话框，在对话框中选择所需的坐标文件；在"设计面"栏选择"平面"，并输入目标高程；在"方格宽度"栏，输入方格网的宽度，这是每个方格的边长，默认值为 20m。由原理可知，方格的宽度越小，计算精度越高。但如果给的值太小，超过了野外采集的点的密度也是没有实际意义的。

点击"确定"，命令行提示：

最小高程＝××.×××，最大高程＝××.×××

总填方＝××××.×立方米，总挖方＝×××.×立方米

同时图上绘出所分析的方格网，填挖方的分界线（绿色折线），并给出每个方格的填挖方，每行的挖方和每列的填方。结果如图 3-34 所示。

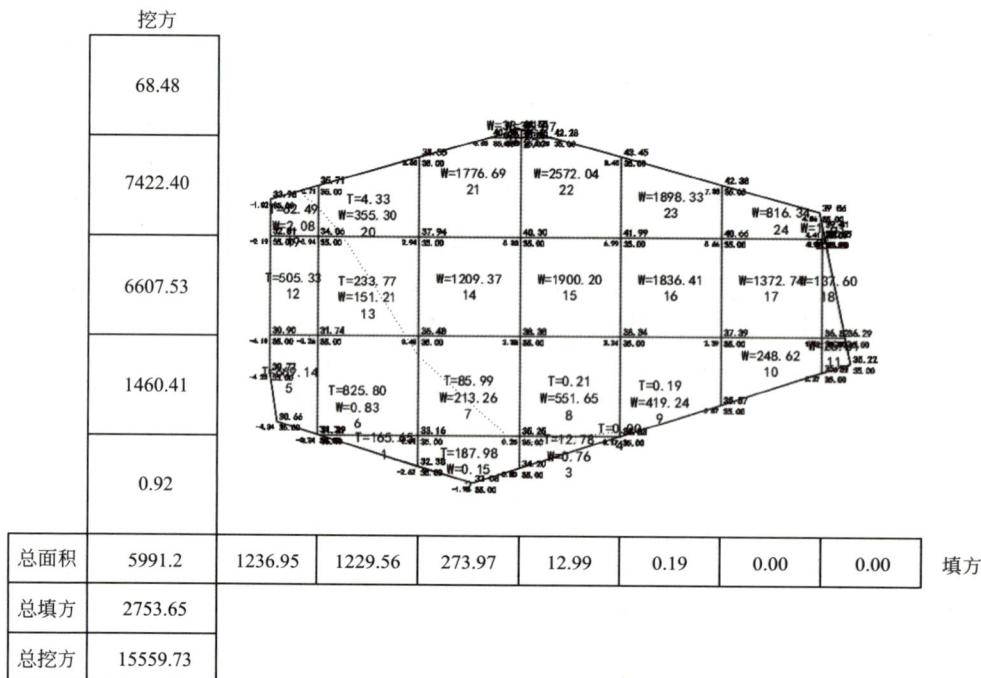

图 3-34　方格网法土方计算成果图

（2）设计面是斜面时的操作步骤

设计面是斜面时，操作步骤与平面的时候基本相同，区别在于在方格网土方计算对话框中"设计面"栏中，选择"斜面【基准点】"或"斜面【基准线】"。

如果设计的面是斜面（基准点），需要确定坡度、基准点和向下方向上一点的坐标，以及基准点的设计高程。

点击"拾取"，命令行提示：

点取设计面基准点：确定设计面的基准点；

指定斜坡设计面向下的方向：点取斜坡设计面向下的方向。

如果设计的面是斜面（基准线），需要输入坡度并点取基准线上的两个点以及基准线向下方向上的一点，最后输入基准线上两个点的设计高程即可进行计算。

点击"拾取"，命令行提示：

点取基准线第一点：点取基准线的一点；点取基准线第二点：点取基准线的另一点；

指定设计高程低于基准线方向上的一点：指定基准线方向两侧低的一边。

（3）设计面是三角网文件时的操作步骤

选择设计的三角网文件，点击"确定"，即可进行方格网土方计算。三角网文件由"等高线"菜单生成。

4. 区域土方平衡

土方平衡的功能常在场地平整时使用。当一个场地的土方平衡时，挖掉的土石方刚好等于填方量。以填挖方边界线为界，从较高处挖得的土石方直接填到区域内较低的地方，就可完成场地平整，这样可以大幅度减少运输费用。此方法只考虑体积上的相等，并未考虑砂石密度等因素。

在图上展出点，用复合线绘出需要进行土方平衡计算的边界。

点取"工程应用\区域土方平衡\根据坐标数据文件（根据图上高程点）"。

如果要分析整个坐标数据文件，可直接回车，如果没有坐标数据文件，而只有图上的高程点，则选根据图上高程点。

命令行提示：

选择边界线点取第一步所画闭合复合线输入边界插值间隔（米）：<20>

这个值将决定边界上的取样密度，如前面所说，如果密度太大，超过了高程点的密度，实际意义并不大。一般用默认值即可。

如果前面选择"根据坐标数据文件"，这里将弹出对话框，要求输入高程点坐标数据文件名，如果前面选择的是"根据图上高程点"，此时命令行将提示："选择高程点或控制点"。用鼠标选取参与计算的高程点或控制点，回车后弹出如图 3-35 对话框。

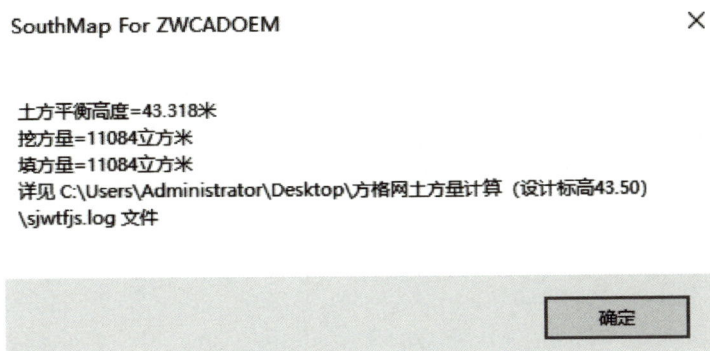

SouthMap For ZWCADOEM　　　　　　　　×

土方平衡高度=43.318米
挖方量=11084立方米
填方量=11084立方米
详见 C:\Users\Administrator\Desktop\方格网土方量计算（设计标高43.50)
\sjwtfjs.log 文件

确定

图 3-35　土方平衡

同时命令行出现提示：

平场面积＝××××平方米，土方平衡高度＝×××米，挖方量＝×××立方米，填

219

方量＝×××立方米

点击对话框的确定按钮，命令行提示：

请指定表格左下角位置：＜直接回车不绘制表格＞

在图上空白区域点击鼠标左键，在图上绘出计算结果表格，如图 3-36 所示。

三角网法土石方计算

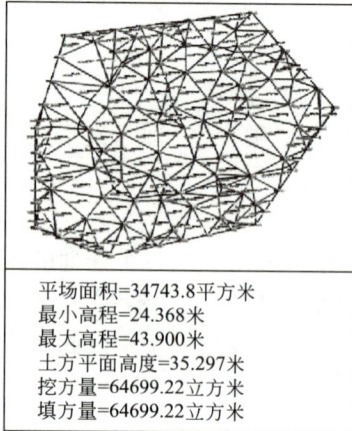

平场面积=34743.8平方米
最小高程=24.368米
最大高程=43.900米
土方平面高度=35.297米
挖方量=64699.22立方米
填方量=64699.22立方米

计算日期：2020年5月29日　　计算人：

图 3-36　区域土方量平衡

课前测试

一、单选题（只有 1 个正确答案，每题 10 分）

1. 若地形点在图纸上的最大距离不能超过 3cm，对于比例尺为 1：500 的地形图，相应地形点在实地距离的最大距离为（　　）m。

A. 15　　　　　　B. 20　　　　　　C. 30　　　　　　D. 40

2. 在 1：1000 地形图上，AB 两点间的距离为 0.10m，高差为 5m；则地面上两点连线的坡度为（　　）%。

A. 7　　　　　　B. 6　　　　　　C. 5　　　　　　D. 4

3. 已知 CD 两点的坡度 $i = -0.65\%$，D 点的高程为 100m，CD 的水平距离为 1000m，则 C 点的高程为（　　）m。

A. 93.5　　　　　B. -93.5　　　　C. 106.5　　　　D. 100.65

4. 数字高程模型是通过有限的地形高程数据实现对地面地形的数字化模拟，它是用一组有序数值阵列形式表示地面高程的一种实体地面模型，其简称为（　　）。

A. TIN　　　　　B. DTS　　　　　C. DTM　　　　　D. DEM

二、多选题（至少有 2 个正确答案，每题 10 分）

1. 地形图的基本应用包括（　　）。

A. 量测坐标　　　B. 量测高程　　　C. 量测距离　　　D. 量测角度

E. 量测地面上的温度

2. 数字高程模型主要应用有（　　）。

A. 夜间光灯数据　　B. 剖面计算　　　C. 体积计算　　　D. 三维地形显示

E. 等高线绘制

3. SouthMap 计算土方量的方法有（　　）。

A. 三角网法　　　B. 方格网法　　　C. 等高线法　　　D. 断面法

E. DTM 法

三、判断题（对的画"√"，错的画"×"，每题 10 分）

1. 坡度是高差与水平距离之比，其比值大，说明坡度缓。　　　　　　（　　）

2. 查询线长只能查询直线长度，不能查询曲线长度。　　　　　　　　（　　）

四、简答题（每题 10 分）

如何在数字地形图上确定直线的距离、方位角和坡度。

任务实施

以已测绘好的地形图为依据，分别采用三角网法、方格网法、断面法计算指定范围内的土方量，并对计算结果进行比较，分析各方法计算出的结果的精度，选出最适宜的成果提交。

1. 准备工作

准备好已绘制完毕的地形图，划定好计算土方量的范围。

2. 计算土方量

根据不同的计算方法，使用 SouthMap 软件提取出计算土方量所需的数据（如高程点数据文件、三角网文件等）。然后分别使用三角网法、方格网法、断面法计算指定区域的土方量。

3. 提交成果

对计算结果进行整理，分析在指定区域使用哪种方法计算的土方量结果精度最高，提交精度最高的成果。

计划单

模块 3	地形图测绘及应用		任务 3.5	土方量计算
计划用时	2 学时	完成人	1.（　　　　） 2.（　　　　） 3.（　　　　） 4.（　　　　） 5.（　　　　） 6.（　　　　） 7.（　　　　） 8.（　　　　） 9.（　　　　）	
序号	计划步骤		具体工作内容	
1	准备工作			
2	组织分工			
3	现场操作			
4	核对工作			
5	成果整理			
计划说明				

作业单

任务 3.5	土方量计算	
完成人		
序号	工作内容记录 （土方量计算的实际工作）	
1		
2		
3		
小结	完成成果情况	存在的问题

评价单

模块 3	地形图测绘及应用		任务 3.5		土方量计算	
评价对象			小组成员			
评价情境	评价内容及要求	分值（100）	自我评价（10％）	组员互评（20％）	教师评价（70％）	实得分（∑）
汇报展示（20）	演讲资源利用	5				
	演讲表达和非语言技巧应用	5				
	团队成员补充配合程度	5				
	时间与完整性	5				
质量评价（40）	工作完整性	10				
	工作质量	5				
	报告完整性	25				
团队精神（25）	核心价值观	5				
	创新性	5				
	参与率	5				
	合作性	5				
	劳动态度	5				
安全文明（10）	工作过程中的安全保障情况	5				
	工具正确使用和保养、放置规范	5				
工作效率（5）	能够在要求的时间内完成，超时不得分	5				
最终得分						

225

课后反思

模块 3	地形图测绘及应用	任务 3.5		土方量计算
班　级		第　组	成员姓名	
情感反思	通过对此任务的学习和实训，你认为自己在社会主义核心价值观、职业素养、劳动精神和工匠精神等方面有哪些部分需要提高？			
知识反思	通过学习此任务，你掌握了哪些知识点？			
技能反思	在完成此任务的学习和实训过程中，你主要掌握了哪些技能？			
方法反思	在完成此任务的学习和实训过程中，你主要掌握了哪些分析和解决问题的方法？			

模块 4

Modular 04

施工测量基本知识

情境导入

　　小张是刚毕业大学生，被公司安排到一新建房建项目上担任测量员工作，在接下来的一年小张将跟随测量负责人吴工一起开展整个项目的测量工作。测区范围内有若干已知控制点，吴工给了小张一份点的坐标数据表和设计图，现在需要对一些点进行放样，小张该如何开展工作？

学习目标

素质目标	1. 培养学生团队协作和吃苦耐劳的精神。 2. 培养学生具有与人沟通协调的能力。 3. 培养学生踏实肯干、勇挑重担、耐心细致的工作作风。
知识目标	1. 掌握施工放样基本知识。 2. 掌握水平距离与水平角测设的方法。 3. 掌握高程测设的方法。 4. 掌握点的平面位置测设的几种方法。
能力目标	1. 会使用钢尺进行水平距离测设。 2. 会使用全站仪进行水平角度测设。 3. 会使用水准仪进行高程测设。 4. 会用全站仪进行点的平面位置的测设。

工作任务

序号	任务名称	参考学时
4.1	工程基本测设	2
4.2	高程测设	2
4.3	地面点的测设	4

任务 4.1　工程基本测设

任务单

模块 4	施工测量基本知识	任务 4.1	工程基本测设
计划学时		2 学时（课前 1 学时）	
布置任务			
任务描述	在施工阶段，从设计图纸上算得点位之间的距离、方位角，通过施工测量工作把点位测设到施工平面上，作为施工的依据。		
工作目标	1. 能利用已有的设计图纸计算待放样点的放样参数。 2. 能遵循规范要求，团队协作完成外业观测工作，独立完成外业观测资料的计算检核。 3. 会评判测量成果的合格性，填写"放样记录表"。 4. 能够在完成任务过程中锻炼职业素养，做到工作程序严谨，作业认真细致，能够吃苦耐劳，敢于承担责任，并能主动帮助小组中其他成员，有团队意识，诚实守信，精益求精。		

学时安排	思	学	教	做	评
	（0.5 学时）	（0.5 学时）	0.5 学时	1 学时	0.5 学时

学习要求	1. 按照思维导图自主学习，完成课前测试。 2. 严格遵守课堂纪律，学习态度认真、端正，能够正确评价自己和同学在工作任务中的素质表现。 3. 积极参与小组工作，承担外业观测中的相应工作，做到积极主动不推诿，与小组成员默契配合。 4. 能够完成技能训练作业单，对作业中的疑难点务必及时强化与突破。 5. 任务完成后，填写任务评价单，评判各小组成员的分数或等级。 6. 完成课后反思，以小组为单位提交。
考核评价办法	评价包括自我评价、小组互评、教师评价，按比例进行综合评价，并以不小于 40% 的比例计入期末总成绩。

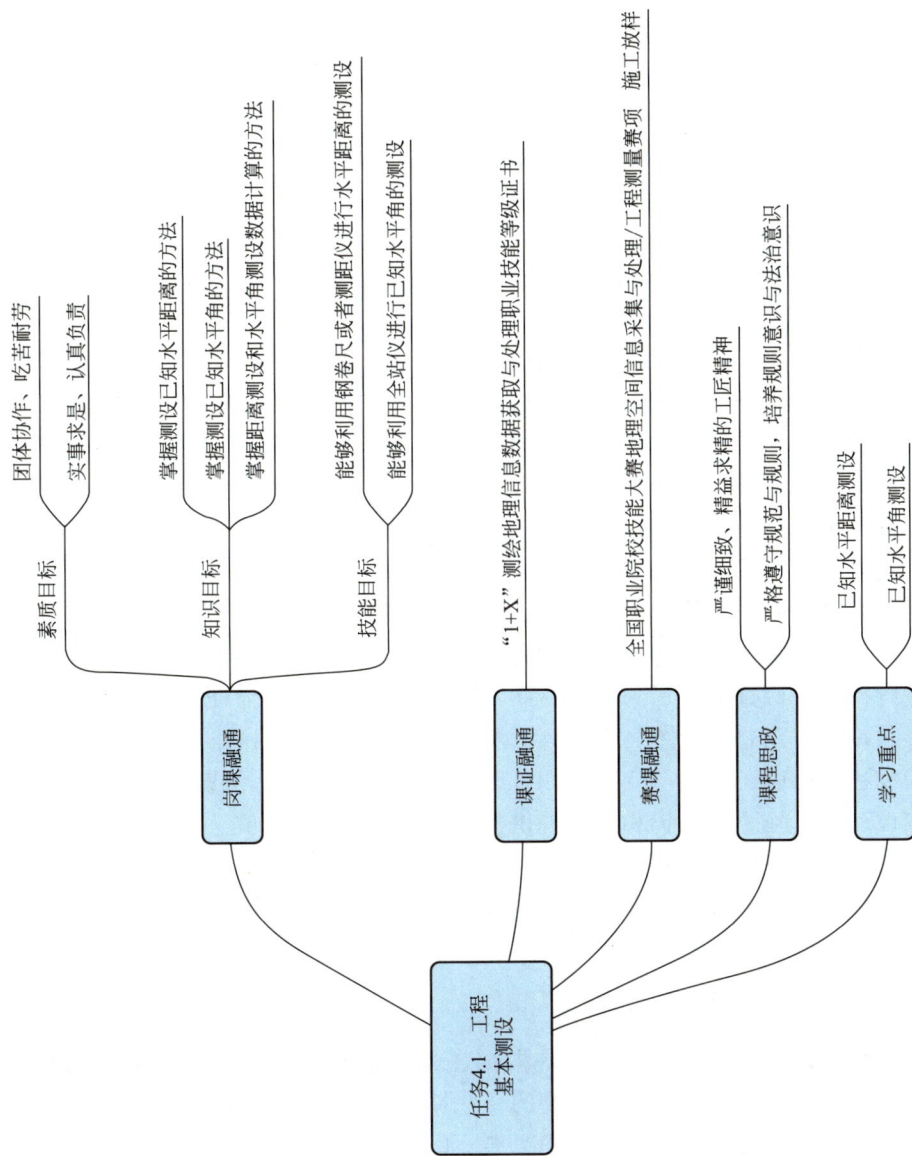

思维导图

课前自学

知识点 1 施工测量概述

1. 施工测量的内容

在施工阶段所进行的测量工作称为施工测量。施工测量的目的是：将图纸上设计的建筑物的平面位置和高程标定在施工现场的地面上，作为施工的依据，使工程严格按照设计要求进行建设。施工测量与地形图测绘都是研究和确定地面上点位的相互关系，测图是地面上先有一些点，然后测出它们之间的关系，而施工放样是先从设计图纸上算得点位之间距离、方向和高差，再通过测量工作把点位测设到地面上。因此，距离测设、角度测设、高程测设是施工测量的基本内容。

2. 施工测量的特点和要求

（1）施工测量的精度要求较测图高。施工测量的精度则与建筑物的大小、性质、用途、结构形式、建筑材料以及放样点的位置有关。一般来说，高层建筑测设精度要求高于多层建筑；钢筋混凝土结构工程测设精度高于砖混结构工程；钢结构测设精度高于钢筋混凝土结构；建筑物本身的细部点测设精度比建筑物主轴线点的测设精度要求高。这是因为建筑物主轴线测设误差只影响建筑物的微小偏移，而建筑物各部分之间的位置和尺寸，在设计上有严格要求，破坏了相对位置和尺寸，就会造成工程事故。

（2）施工测量与施工密不可分。施工测量是设计与施工之间的桥梁，贯穿于整个施工过程中，是施工的重要组成部分。施工测量的进度与精度直接影响着施工的进度和施工质量。这就要求测量人员在放样前，应熟悉建筑物总体布置和各个建筑物的结构设计图，并要检查和校核设计图上轴线间的距离和各部位高程注记。在施工过程中对主要部位的测设一定要进行校核，检查无误后方可施工。多数工程建成后，为便于管理、维修以及续扩建，还必须编绘竣工总平面图。有些高大和特殊建筑物，比如高层楼房、水库大坝等，在施工期间和建成以后还要进行变形观测，以便控制施工进度、积累资料、掌握规律，为工程严格按设计要求施工、维护和使用提供保障。

（3）由于施工现场各工序交叉作业、材料堆放、运输频繁、场地变动以及施工机械的振动，使测量标志易受破坏，因此，测量标志从形式、选点到埋设均应考虑便于使用、保管和检查，如有破坏，应及时恢复。

知识点 2 测设的基本工作

建（构）筑物的测设工作实际上是根据已知控制点或已有的建筑物，按照设计的角度、距离和高程把图纸上建（构）筑物的一些特征点（如轴线的交点）标定在实地上。因此，测设的基本工作就是测设已知水平距离、已知水平角。

1. 测设已知水平距离

已知水平距离的测设，就是根据一个设计的起点、一条直线的已知长度和方向，在地面上标定终点，使起点与终点的水平距离为设计的长度。目前，工程建筑物放样时的距离测设，一般使用钢卷尺或测距仪，现分别介绍测设方法：

（1）用钢卷尺测设已知水平距离

1）一般方法。当放样要求精度不高时，放样可以从已知点开始，沿给定的方向量出设计的水平距离，在终点处打一木桩，并在桩顶标出测设的方向线，然后仔细量出给定的水平距离，对准读数在桩顶画一至测设方向的短线，两线相交即为要放的点位。

为了校核和提高放样精度，以测设的点位为起点向已知点返测水平距离，若返测的距离与给定的距离有误差，且相对误差超过允许值时，须重新放样。若相对误差在容许范围内，可取两者的平均值，用设计距离与平均值的差的一半作为改正数，改正测设点位的位置（当改正数为正时，短线向外平移，反之向内平移），即得到正确的点位。

如图 4-1 所示，已知 A 点，欲放样 B 点。AB 设计距离为 28.500m，放样精度要求达到 1/2000。

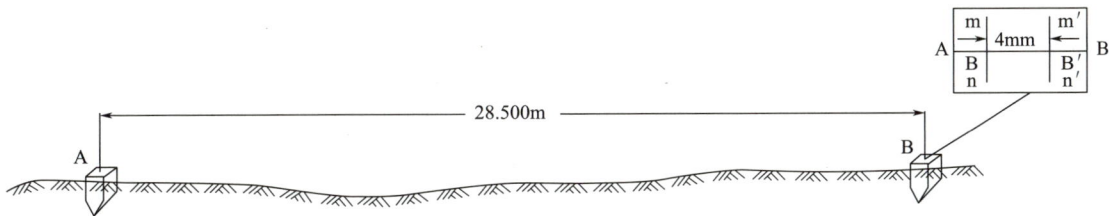

图 4-1　已知水平距离的测设

放样方法与步骤：

① 以 A 为准在放样的方向（A—B）上量 28.500m，打一木桩，并在桩顶标出方向线 AB。

② 甲把钢尺零点对准 A 点；乙拉直并放平尺子对准 28.500m 处，在桩上画出与方向线垂直的短线 m′n′，交 AB 方向线于 B′点。

③ 返测 BA 得距离为 28.508m。则 $\Delta D=$（28.500－28.508）m＝－0.008m

相对误差 $=\dfrac{0.008}{28.500}\approx\dfrac{1}{3560}<\dfrac{1}{2000}$，故测设精度符合要求。

改正数 $=\dfrac{\Delta D}{2}=-0.004$m。

④ m′n′垂直向内平移 4mm 得 mn 短线，其与方向线的交点即为欲测设的 B 点。

2）精确方法。当放样距离要求精度较高时，就必须考虑尺长、温度、倾斜等因素对距离放样的影响。放样时，可先用一般方法初步定出设计长度的终点，测出该点与起点的高差、丈量时的现场温度，再根据钢尺的尺长方程式计算尺长改正数、温度改正数和高差改正数。

如图 4-2 所示，设 d 为欲测设的设计长度，在测设之前必须根据所使用钢尺的尺长方程式计算尺长改正数、温度改正数和高差改正数，则应丈量的水平距离 d 为：

$$d=d_0-\Delta l_d-\Delta l_t-\Delta l_h \quad (4-1)$$

式中，Δl_d 为尺长改正数；Δl_t 为温度改正数；Δl_h 为高差改正数。

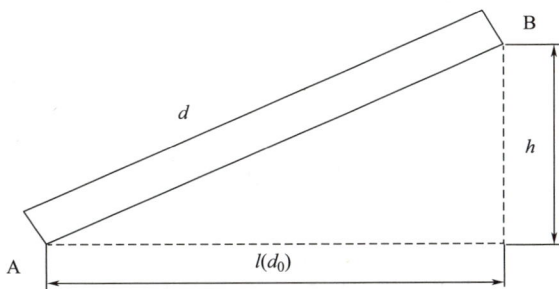

图 4-2　已知水平距离测设示意图

（2）用测距仪测设已知水平距离

用光电测距仪进行直线长度放样时，可先在欲测设方向上面安置反射棱镜，用测距仪测出的水平距离设为 d，设 d 与欲测设的距离（设计长度）d_0 相差 Δd，则可前后移动反射棱镜，直至测出的水平距离等于 d_0 为止。如测距仪有自动跟踪功能，可对反光棱镜进行跟踪，直到显示的水平距离为设计长度即可。

2. 测设已知水平角

已知水平角的测设，就是根据地面上一点及一个给定的方向，定出另外一个方向，使得两方向间的水平角为设计的角值。

（1）一般方法

如图 4-3 所示，设地面上已知方向线 OA，在 O 点测设另一方向线 OB，使 $\angle AOB = \beta$。可将全站仪安置在点 O 上，在盘左位置，用望远镜瞄准 A 点，使水平度盘读数为 $0°0'0''$，然后顺时针转动照准部，使水平度盘读数为 β，在视线方向上定出 B_1 点。再倒转望远镜变为盘右位置，重复上述步骤，在地面上定出 B_2，B_1 与 B_2 往往不相重合，取两点连线的中点 B，则 OB 即为所测设的方向，$\angle AOB$ 就是要测设的水平角 β。

（2）精密方法

当水平角测设的精度要求较高时，可以采用精密的测设方法，即采用多测回和垂距正正法来提高放样精度。其方法与步骤是：

1）如图 4-4 所示，在 O 点根据已知方向线 OA，精确地测设 $\angle AOB$，使它等于设计角值 β，可先用全站仪按一般方法放出方向线 OB$'$。

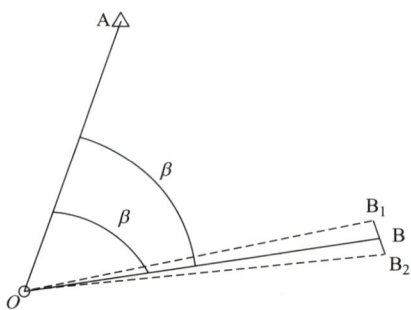

4-2

水平角测设

图 4-3　水平角测设的一般方法　　　图 4-4　角度测设的精确方法

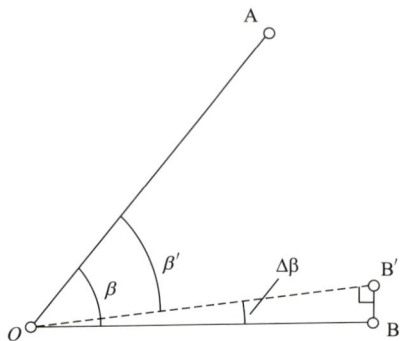

2）用测回法对 $\angle AOB'$ 进行观测（测回数由测设精度或有关测量规范确定），取其平均值为 β'。

3）计算观测的平均角值 β' 与设计角值 β 之差 $\Delta\beta$：

$$\Delta\beta = \beta' - \beta \tag{4-2}$$

4）设 OB$'$ 的水平距离为 D，则需改正的垂距为：

$$\Delta D = \frac{\Delta\beta}{\rho''} \times D \tag{4-3}$$

5）过 B$'$ 点作 OB$'$ 的垂线并截取 B$'$B$=\Delta D$（当 $\Delta\beta > 0$ 时，向内截，反之向外截）得到 B 点，则 $\angle AOB$ 就是要放样的水平角 β。

课前测试

一、单选题（只有 1 个正确答案，每题 10 分）

1. 将设计的建（构）筑物按设计与施工的要求施测到实地上，以作为工程施工的依据，这项工作叫做（　　）。

A. 测定　　　　　　B. 测设　　　　　　C. 地物测量　　　　　D. 地形测绘

2. 施工测量与地形图测绘都是研究和确定地面上（　　）的相互关系。

A. 地物　　　　　　B. 点　　　　　　　C. 建筑物　　　　　　D. 坐标

二、多选题（至少有 2 个正确答案，每题 10 分）

1. 施工测量的目的是将图纸上设计好的建筑的（　　）标定在施工现场的地面上。

A. 平面位置　　　　B. 角度　　　　　　C. 高程　　　　　　　D. 地物点

E. 距离

2. 施工测量的特点和要求为（　　）。

A. 施工测量的精度要求较测图高

B. 施工测量与施工密不可分

C. 施工测量只有在施工前期需要进行

D. 施工测量过程中测量标志埋设要便于使用、保管和检查

E. 施工测量同样需要遵循测量工作的基本原则

3. 目前，工程建筑放样时距离测设通常使用的设备有（　　）。

A. 经纬仪　　　　　B. 全站仪　　　　　C. 钢卷尺　　　　　　D. 手持测距仪

E. 水准仪

4. 使用精确方法放样距离时，要考虑（　　）等因素对距离放样的影响。

A. 尺长　　　　　　B. 温度　　　　　　C. 倾斜　　　　　　　D. 光照

E. 气压

三、判断题（对的画"√"，错的画"×"，每题 10 分）

1. 施工测量服务于施工的整个阶段。　　　　　　　　　　　　　　　　　（　　）

2. 施工测量的精度要求较测图高。　　　　　　　　　　　　　　　　　　（　　）

3. 已知水平距离的测设，就是根据一个设计的起点和一条直线的长度在地面上将终点标定出来。　　　　　　　　　　　　　　　　　　　　　　　　　　　　　（　　）

4. 已知水平角的测设就是根据地面上一点及一个给定的方向，定出另外一个方向，使得两个方向之间的水平角为设计的角值。　　　　　　　　　　　　　　　　（　　）

🔵 任务实施

1. 准备工作

测量前的准备工作尤为重要，直接关系到测量工作能否顺利进行。主要包括：

（1）测量人员安排：按照测量任务量与人员数量做好分组分工。

（2）仪器与材料的准备：按照水平距离与水平角度测设任务要求，领取全站仪、三脚架、棱镜、钢卷尺并对仪器进行检查校核，如有异常及时更换或送检。

（3）测量资料的准备：搜集测区已有相关数据，准备待测设数据及放样记录表并填写表头。

2. 选择测量方法并现场组织测量

（1）任务一：已知水平距离测设（按照精度要求选择不同的测设方法）

当精度要求不高时，从已知点开始，沿着给定的方向，用钢尺直接丈量出已知水平距离，在地面上标定出这段距离的另一个端点。为了校核，应该再丈量一次，两次丈量的误差在精度允许的范围内，取平均值作为该端点的最终位置。

当精度要求较高时，用全站仪进行测设，在起点安置全站仪，在已知方向上放置棱镜，根据测距数据，前后移动棱镜，测设水平距离的终点位置。

（2）任务二：已知水平角的测设

当测设水平角精度要求不高时，可采用盘左、盘右分中的方法进行测设。

当测设水平角精度要求较高时，可采用多测回和垂距改正法来提高放样精度。

3. 测设数据检核与资料整理

水平距离和水平角放样后，对放样数据进行检查测量，将实测数据与已知数据进行比对，并以此对放样点进行检核和必要的归化改正。

将放样及检核相关数据计入观测记录表中相应的栏内，仔细、认真检查外业各项记录和计算值，如发现问题，应查明原因予纠正。

计划单

模块 4	施工测量基本知识		任务 4.1	工程基本测设
计划用时	2 学时	完成人	1.（　　　）2.（　　　）3.（　　　） 4.（　　　）5.（　　　）6.（　　　） 7.（　　　）8.（　　　）9.（　　　）	
序号	计划步骤		具体工作内容	
1	准备工作			
2	组织分工			
3	现场操作			
4	核对工作			
5	成果整理			
计划说明				

作业单 1

距离放样记录表

日　期		天　气		班　级		姓　名	
仪器编号		仪器管理		安全监督		质量检验	
测站点	目标点	已知距离/m		实测距离/m		距离偏差/m	用时/s

作业单 2

水平角度放样记录表

日　期		天　气		班　级		姓　名	
仪器编号		仪器管理		安全监督		质量检验	
测站点	目标点	已知水平角		实测水平角		角度偏差	用时/s

评价单

模块 4	施工测量基本知识		任务 4.1	工程基本测设		
评价对象			小组成员			
评价情境	评价内容及要求	分值(100)	自我评价(10%)	组员互评(20%)	教师评价(70%)	实得分(Σ)
实施过程(35)	遵守纪律、服从安排	5				
	仪器操作规范	10				
	观测步骤正确	10				
	成果计算准确	10				
质量评价(25)	工作完整性	10				
	工作质量	5				
	报告完整性	10				
素质评价(25)	核心价值观	5				
	创新性	5				
	参与率	5				
	合作性	5				
	劳动态度	5				
安全文明(10)	工作中的安全保障情况	5				
	工具正确使用和保养、放置规范	5				
工作效率(5)	能够在要求的时间内完成，超时不得分	5				
最终得分						

课后反思

模块 4	施工测量基本知识	任务 4.1	工程基本测设
班　级		第　　组　　成员姓名	
情感反思	通过对此任务的学习和实训,你认为自己在社会主义核心价值观、职业素养、劳动精神和工匠精神等方面有哪些部分需要提高?		
知识反思	通过学习此任务,你掌握了哪些知识点?		
技能反思	在完成此任务的学习和实训过程中,你主要掌握了哪些技能?		
方法反思	在完成此任务的学习和实训过程中,你主要掌握了哪些分析和解决问题的方法?		

任务 4.2　高程测设

模块 4	施工测量基本知识	任务 4.2	高程测设
计划学时		2 学时(课前 1 学时)	
布置任务			
任务描述	利用水准测量的方法,根据已知水准点和设计标高计算放样参数,将设计高程测设在现场作业面上。		
工作目标	1. 能根据水准测量的技术要求,根据不同地形合理选择并确定测量方法。 2. 能遵循规范要求,团队协作完成外业观测工作,独立完成外业观测资料的计算检核。 3. 会评判测量成果的合格性。 4. 能够在完成任务过程中锻炼职业素养,做到工作程序严谨,作业认真细致,能够吃苦耐劳,敢于承担责任,并能主动帮助小组中其他成员,有团队意识,诚实守信,精益求精。		

学时安排	思	学	教	做	评
	(0.5 学时)	(0.5 学时)	0.5 学时	1 学时	0.5 学时

学习要求	1. 按照思维导图自主学习,完成课前测试。 2. 严格遵守课堂纪律,学习态度认真、端正,能够正确评价自己和同学在工作任务中的素质表现。 3. 积极参与小组工作,承担外业观测中的相应工作,做到积极主动不推诿,与小组成员默契配合。 4. 能够完成技能训练作业单,对作业中的疑难点务必及时强化与突破。 5. 任务完成后,填写任务评价单,评判各小组成员的分数或等级。 6. 完成课后反思,以小组为单位提交。
考核评价办法	评价包括自我评价、小组互评、教师评价,按比例进行综合评价,并以不小于 40% 的比例计入期末总成绩。

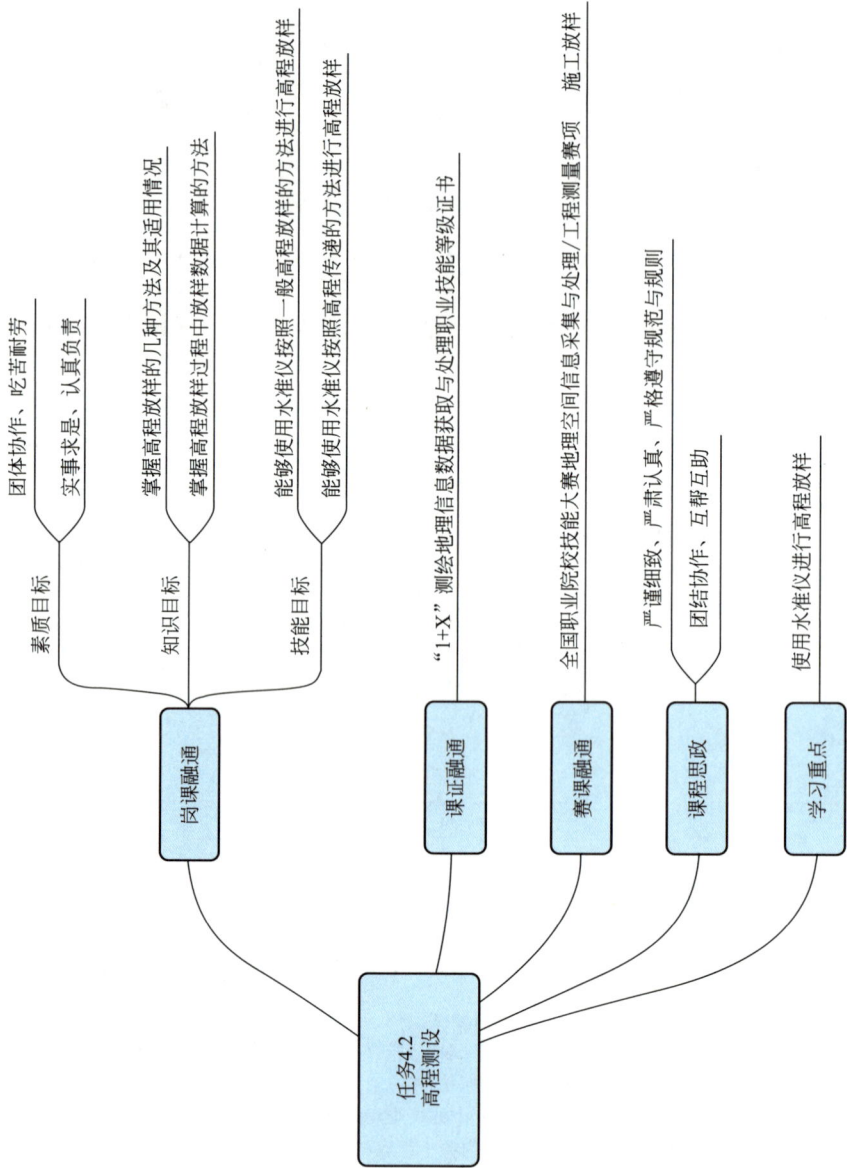

思维导图

课前自学

知识点 1　测设已知高程

已知高程的测设，就是根据已给定的点的设计高程，利用附近已知水准点，在点位上标定出设计高程的高程位置。例如，在施工放样中，经常要把设计的室内地坪（±0.000）高程及房屋其他各部位的设计高程（在工地上，常将高程称为"标高"）在地面上标定出来，作为施工的依据。这项工作称为高程测设（或称为"标高放样"）。

1. 一般方法

如图 4-5 所示，设 R 为已知水准点。高程为 H_R，A 为设计点，设计高程为 H_A，安置水准仪于水准点 R 与待测设高程点 A 之间，后视读数为 a，则视线高程 $H_视 = H_R + a$；前视应读数 $b_应 = H_视 - H_A$。此时，在 A 点木桩侧面上下移动标尺，直至水准仪在尺上截取的读数恰好等于 $b_应$ 时，紧靠尺底在木桩侧面画一横线，此横线即为设计高程位置。

若 A 点为室内地坪，则在横线上注明"±0.000"。

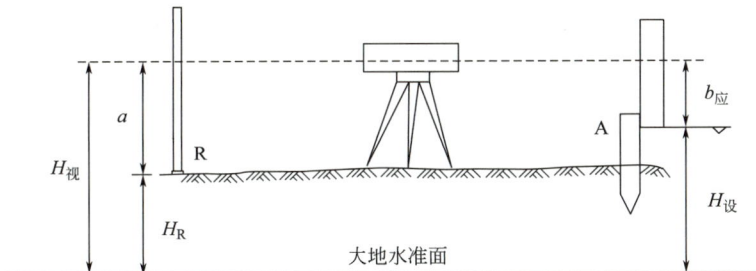

图 4-5　高程测设的一般方法

4-3

高程测设

2. 高程传递法

若待测设高程点的设计高程与附近已知水准点的高程相差很大，如当测设较深的基坑标高或测设高层建筑物的标高时，只用标尺已无法放样，此时可借助钢尺将地面水准点的高程传递到在坑底或高楼上。

如图 4-6（a）所示，将地面水准点 A 的高程传递到基坑临时水准点 B 上。在坑边的

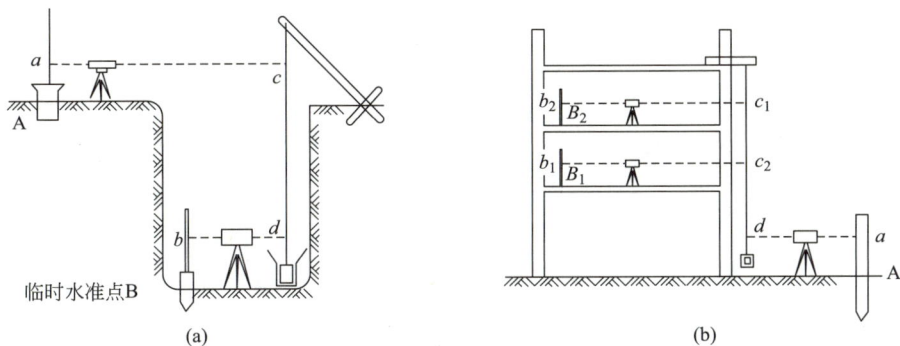

图 4-6　高程测设的传递方法

杆上倒挂经过检定的钢尺，零点在下端并挂 10kg 重锤，在地面上和坑内分别安置水准仪，瞄准水准尺和钢尺读数（图 4-6 中 a、b、c、d），根据水准测量原理有：

$$H_B = H_A + a - (c - d) - b \qquad (4\text{-}4)$$

则：

$$b = H_A + a - (c - d) - H_B \qquad (4\text{-}5)$$

在 B 点立尺，使水准尺贴着坑壁上下移动，当水准仪视线在尺子上的读数等于 b 时，紧靠尺底在坑壁上画线，并用木桩标定，木桩面就是设计高程 H_B 点。

如图 4-6（b）所示，是将地面水准点 A 的高程传递到高层建筑物上，方法与上述相似。

课前测试

一、单选题（只有 1 个正确答案，每题 10 分）

1. 高程测设就是根据已给定的点的设计高程，利用附近的水准点，在点位上标定出（　　）的高程位置。

A. 设计高程　　　　　　　　　B. 已知高程

C. 高差　　　　　　　　　　　D. 标高

2. 在施工放样中，经常要把设计的室内地坪（　　）高程及房屋其他各部位的设计高程在地面上标定出来作为施工的依据。

A. 1 层　　　　　　　　　　　B. ±0.000

C. 标准层　　　　　　　　　　D. 最底层

3. 场地附近有一水准点 A，其高程为 138.316m，欲测设高程为 139.000m 的室内地坪±0.000，水准仪在水准点 A 所立水准尺上的读数为 1.038m，则前视读数应该为（　　）m。

A. 0.355　　　　　　　　　　B. 0.353

C. 0.358　　　　　　　　　　D. 0.354

4. 高程放样后，可按水准测量的方法观测已知点与放样点之间的实际（　　），并以此对放样点进行检核和必要的归化改正。

A. 距离　　　　　　　　　　　B. 高程

C. 高差　　　　　　　　　　　D. 标高

二、判断题（对的画"√"，错的画"×"，每题 10 分）

1. 为了提高放样精度，放样前应仔细检校水准仪和水准尺。（　　）

2. 高程放样就是根据已知水准点，用水准测量的方法将设计高程测设到实地的过程。（　　）

3. 当高程测设时，水准仪要严格安置在已知点和待放样点中间的位置。（　　）

4. 当待测设高程点与附近已知水准点高差相差很大时，可以借助钢尺利用高程传递的方法进行高程测设。（　　）

三、简答题（每题 20 分）

简述高程测设的基本原理和操作流程。

💡 **任务实施**

1. 准备工作

测量前的准备工作尤为重要，直接关系到测量工作能否顺利进行。主要包括：

（1）测量人员安排：按照测量任务量与人员数量做好分组分工。

（2）仪器与材料的准备：按照高程测设任务，领取水准仪、三脚架、水准尺、钢尺，并对仪器进行检查校核，如有异常及时更换或送检。

（3）测量资料的准备：搜集测区已有控制点高程数据及其他相关数据，准备待测设点设计高程数据及高程测设记录表并填写表头。

2. 选择测量方法并现场组织测量

在已知点和待测设点中间架设水准仪，在已知点立尺，然后用仪器照准已知点水准尺并读数和记录，随后将仪器照准待测设点水准尺并读数和记录。

计算：已知点高程＋后视读数－前视读数＝待测设点高程

注意：

（1）水准视距不要超过100m（无论任何仪器，均会受大气折光率影响）。

（2）前后视距一定要保持大致一致（会受 i 角视差影响）。

（3）尽量保证仪器、前后尺在一条直线上，不要以仪器为转角（受安平影响）。自动安平水准仪虽受影响小，但还需注意。

（4）仪器要一次安平，不要读完后尺再次安平再读前尺，若读完后尺发现不平，应安平后重新读后尺。

（5）所有的记录不要涂改，发现记录错误后，用横线划掉错误数据，在错误数据下方重新记录。

3. 测设数据检核与资料整理

高程放样后，可按水准测量的方法观测已知点与放样点之间的实际高差，并以此对放样点进行检核和必要的归化改正。

将高程测设相关测量数据计入观测记录表中相应的栏内，仔细、认真检查外业各项记录和计算值，如发现问题，应查明原因予以纠正。

计划单

模块4	施工测量基本知识		任务4.2	高程测设
计划用时	2学时	完成人	1.(　　　)　2.(　　　)　3.(　　　) 4.(　　　)　5.(　　　)　6.(　　　) 7.(　　　)　8.(　　　)　9.(　　　)	
序号	计划步骤		具体工作内容	
1	准备工作			
2	组织分工			
3	现场操作			
4	核对工作			
5	成果整理			
计划说明				

作业单
高程测设检查记录表

日 期		天 气		班 级		姓 名	
仪器编号		仪器管理		安全监督		质量检验	

测点	水准尺读数			设计高程	实测高程	实测偏差	允许偏差	备注
	后视	前视	插前视					

成果整理

检测评定依据

检查结论

评价单

模块 4	施工测量基本知识		任务 4.2	高程测设		
评价对象			小组成员			
评价情境	评价内容及要求	分值（100）	自我评价（10%）	组员互评（20%）	教师评价（70%）	实得分（∑）
实施过程（35）	遵守纪律、服从安排	5				
	仪器操作规范	10				
	观测步骤正确	10				
	成果计算准确	10				
质量评价（25）	工作完整性	10				
	工作质量	5				
	报告完整性	10				
素质评价（25）	核心价值观	5				
	创新性	5				
	参与率	5				
	合作性	5				
	劳动态度	5				
安全文明（10）	工作中的安全保障情况	5				
	工具正确使用和保养、放置规范	5				
工作效率（5）	能够在要求的时间内完成，超时不得分	5				
最终得分						

课后反思

模块 4	施工测量基本知识	任务 4.2		高程测设
班　级		第　组	成员姓名	
情感反思	通过对此任务的学习和实训,你认为自己在社会主义核心价值观、职业素养、劳动精神和工匠精神等方面有哪些部分需要提高?			
知识反思	通过学习此任务,你掌握了哪些知识点?			
技能反思	在完成此任务的学习和实训过程中,你主要掌握了哪些技能?			
方法反思	在完成此任务的学习和实训过程中,你主要掌握了哪些分析和解决问题的方法?			

任务 4.3　地面点的测设

模块 4	施工测量基本知识	任务 4.3	地面点的测设
计划学时		4 学时(课前 2 学时)	
布置任务			
任务描述	利用全站仪坐标放样法将图纸上设计建筑物的平面位置(设计坐标点)按设计与施工要求,以一定的精度标定到实地,作为施工的依据。		
工作目标	1. 能根据全站仪坐标放样的技术要求,合理选择并确定全站仪坐标放样的测量方案。 2. 能遵循规范要求,团队协作完成外业观测工作,独立完成外业观测资料的计算检核。 3. 能够在完成任务过程中锻炼职业素养,做到工作程序严谨,作业认真细致,能够吃苦耐劳,敢于承担责任,并能主动帮助小组中其他成员,有团队意识,诚实守信,精益求精。		

学时安排	思	学	教	做	评
	(1.5 学时)	(0.5 学时)	1.5 学时	2 学时	0.5 学时

学习要求	1. 按照思维导图自主学习,完成课前测试。 2. 严格遵守课堂纪律,学习态度认真、端正,能够正确评价自己和同学在工作任务中的素质表现。 3. 积极参与小组工作,承担外业观测中的相应工作,做到积极主动不推诿,与小组成员默契配合。 4. 能够完成技能训练作业单,对作业中的疑难点务必及时强化与突破。 5. 任务完成后,填写任务评价单,评判各小组成员的分数或等级。 6. 完成课后反思,以小组为单位提交。
考核评价办法	评价包括自我评价、小组互评、教师评价,按比例进行综合评价,并以不小于 40% 的比例计入期末总成绩。

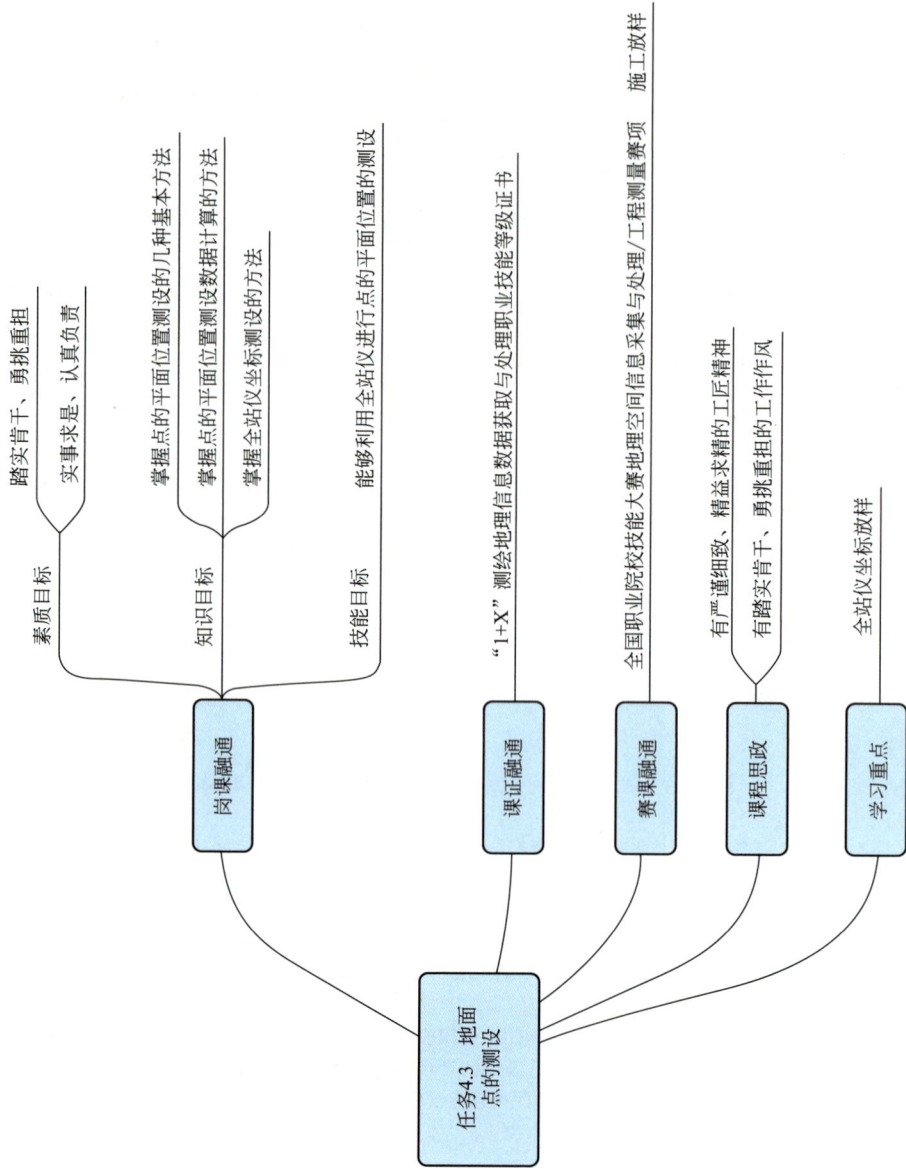

思维导图

测设点的平面位置，就是根据已知控制点，在地面上标定出一些点的平面位置，使这些点的坐标为给定的设计坐标。

根据设计点位与已有控制点的平面位置关系，结合施工现场条件，测设点的平面位置的方法有直角坐标法、极坐标法、角度交会法和距离交会法。

1. 直角坐标法

直角坐标法是根据两个彼此垂直的水平距离测设点的平面位置的方法。当施工控制网为方格网或彼此垂直的主轴线时，采用此法较为方便。

如图 4-7 所示，A、B、C、D 为方格网的 4 个控制点，P 为欲放样点。放样的方法与步骤：

$$\Delta x_{AP} = x_P - x_A$$
$$\Delta y_{AP} = y_P - y_A$$

4-4

直角坐标法
放样

（1）计算放样参数

计算出 P 点相对控制点 A 的坐标增量。

（2）外业测设

1）A 点架全站仪，瞄准 B 点，在此方向上测设水平距离 AN＝ΔY 得 N 点。

2）N 点架全站仪，瞄准 B 点，仪器左转 90°。确定方向，在此方向上丈量 NP＝ΔX，即得出 P 点。

也可以按照以上方法先测设 M 点，再测设 P 点。

2. 极坐标法

极坐标法是根据水平角和水平距离测设地面点的平面位置的方法。当施工控制网为导线时，常采用极坐标法进行放样，特别是当控制点与测站点距离较远时，用全站仪进行极坐标法放样非常方便。

（1）用经纬仪测设

如图 4-8 所示，A、B 为地面上已有的控制点，其坐标分别为 A（x_A，y_A）和 B（x_B，y_B），P 为一待放样点，其设计坐标为 P（x_P，y_P）。用极坐标法放样的工作步骤如下：

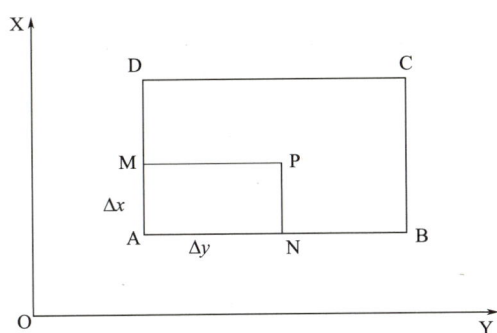

图 4-7　直角坐标法测设点

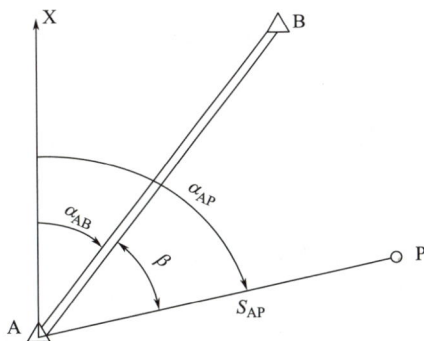

图 4-8　极坐标法测设点

1）计算放样数据。先根据 A、B 和 P 点坐标，计算出 AB、AP 边的方位角和 AP 的距离。

$$a_{AB} = \arctan \frac{\Delta y_{AB}}{\Delta x_{AB}}$$
$$a_{AP} = \arctan \frac{\Delta y_{AP}}{\Delta x_{AP}}$$
$$\tag{4-6}$$

$$D_{AP} = \sqrt{\Delta x_{AP}^2 + \Delta y_{AP}^2} \tag{4-7}$$

再计算出∠BAP的水平角 β，则有：

$$\beta = a_{AP} - a_{AB} \tag{4-8}$$

2）外业测设

① 安置经纬仪于 A 点上，对中、整平。

② 以 AB 为起始边，顺时针转动望远镜，测设水平角 β，再固定照准部。

③ 在望远镜的视准轴方向上测设水平距离 D_{AP}，即得 P 点。

（2）用全站仪测设

用全站仪放样点位，其原理同极坐标法。由于全站仪具有计算和存储数据的功能，所以放样非常方便、准确。其方法如下（图 4-8）：

1）安置全站仪于测站点 A 上，进入放样状态。按仪器要求输入测站点 A 的点号和坐标，检查无误后确定。输入后视点 B 的点号和坐标，精确瞄准后视点 B，检查无误后确定。这时仪器自动计算出 AB 的坐标方位角，并自动设置 AB 方向的水平盘读数为 AB 的坐标方位角。

2）按要求输入放样点 P 的点号和坐标。检查无误后确定。这时，仪器自动计算出 AP 的坐标方位角和水平距离。水平转动望远镜，使仪器视准轴方向为 AP 方向。

3）在望远镜视线的方向上立反射棱镜，显示屏显示的距离差是测量距离与放样距离的差值，即棱镜的位置与待放样点位的水平距离之差。若为正值，表示已超过放样标定位置；若为负值，则相反。

4）反射棱镜沿望远镜的视线方向移动，当距离差值读数为 0.000m 时，棱镜所在的点即为待放样点 P 的位置。

4-5

全站仪坐标放样

3. 角度交会法

当欲测设的点位远离控制点、地形起伏较大、距离丈量困难且没有全站仪时，可采用经纬仪角度交会法来放样点位。

如图 4-9 所示，A、B、C 为已知控制点，P 为欲测设点。P 点的坐标由设计人员给出或从图上量得。

放样的步骤是：

1）计算放样数据

① 用坐标反算 AB、AP、BP、CP 和 CB 边的方位角 α_{AB}、α_{AP}、α_{BP}、α_{BA}、α_{CP} 和 α_{CB}。

② 根据各边的方位角计算 α_1、β_1 和 β_2 的角值，则：

$$\alpha_1 = \alpha_{AB} - \alpha_{AP}$$
$$\beta_1 = \alpha_{BP} - \alpha_{BA}$$
$$\beta_2 = \alpha_{CP} - \alpha_{CB}$$
$$\tag{4-9}$$

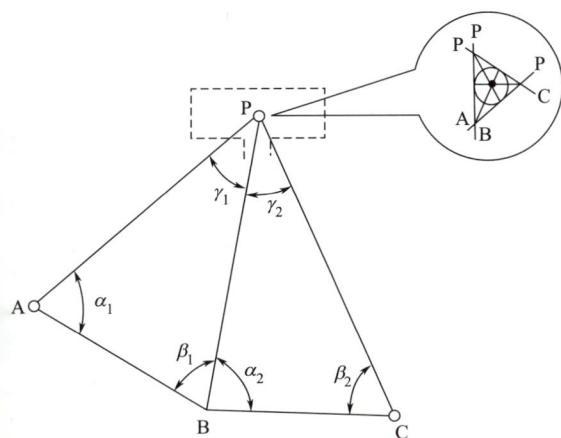

图 4-9　角度交会法示意图

2）外业测设

① 分别在 A、B、C 三点架经纬仪，依次以 AB、BA、CB 为起始方向，分别测设水平角 α_1、β_1 和 β_2。

② 通过交会概略定出 P 点位置，打一大木桩。

③ 在桩顶平面上精确放样，具体方法是：由观测者指挥，在木桩上定出 3 条方向线，即 AP、BP 和 CP。

④ 理论上这 3 条线应交于一点，由于放样存在误差，形成了一个误差三角形（图 4-9）。当误差三角形内切圆的半径在允许误差范围内，取内切圆的圆心作为 P 点的位置。

为了保证 P 点的测设精度，交会角一般不得小于 30°和大于 150°，最理想的交会角在 70°~110°之间。

4. 距离交会法

距离交会法是根据测设的两个水平距离，交会出点的平面位置的方法。当施工场地平坦、易于量距，且测设点与控制点距离不长（小于一整尺长），常用距离交会法测设点位。

如图 4-10 所示，A、B 为控制点，P 为要测设的点位，测设方法如下：

1）计算放样数据。根据 A、B 的坐标和 P 点坐标，用坐标反算方法计算出 D_{AP}、D_{BP}。

2）外业测设。分别以控制点 A、B 为圆心，以距离 D_{AP} 和 D_{BP} 为半径，在地面上画圆弧，两圆弧的交点即为欲测设的 P 点的平面位置。

3）实地校核。如果待放点有两个以上，可根据各待放点的坐标，反算各待放点之间的水平距离。对已经放样出的各点，再实测出它们之间的距离，并与相应的反算距离进行比较、校核。

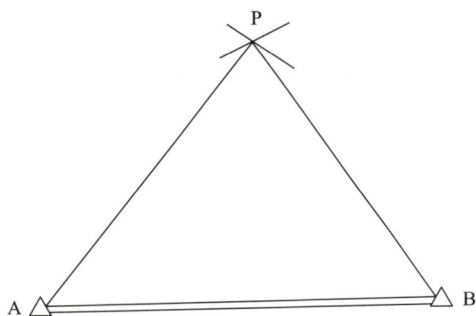

图 4-10　距离交会法示意图

253

课前测试

一、单选题（只有 1 个正确答案，每题 10 分）

1. 测设点的平面位置，就是根据已有的控制点，在地面上标出一些点的（   ），使这些点的坐标为给定的设计坐标。

A. 高程   B. 平面位置   C. 位置   D. 平面坐标

2. 根据设计点位与已有（   ）的平面关系，结合施工现场条件，测设点的平面位置。

A. 控制点   B. 特征点   C. 高程点   D. 地物点

3. 当建筑场地的施工控制网为方格网或轴线形式时，采用（   ）进行建筑物细部点的平面位置测设最为方便。

A. 直角坐标法   B. 极坐标法   C. 角度交会法   D. 距离交会法

4. 全站仪放样法的原理如同（   ）。

A. 直角坐标法   B. 极坐标法   C. 角度交会法   D. 距离交会法

5. 极坐标法是根据水平距离和（   ）测设点的平面位置。

A. 水平角   B. 竖直角   C. 平面坐标   D. 设计高程

二、多选题（至少有 2 个正确答案，每题 10 分）

1. 点的平面位置的测设方法有（   ）。

A. 直角坐标法   B. 极坐标法

C. 角度交会法   D. 距离交会法

E. GNSS-RTK 法

2. 点的平面位置测设使用的仪器有（   ）。

A. 经纬仪   B. 水准仪

C. 全站仪   D. 钢卷尺

E. GNSS 接收机

三、判断题（对的画"√"，错的画"×"，每题 10 分）

1. 由于全站仪具有计算和存储的功能，所以放样非常方便、准确。 （   ）

2. 直角坐标法是根据两个彼此垂直的水平距离测设点的平面位置。 （   ）

3. 当欲测设的点位远离控制点、地形起伏较大、距离丈量困难且没有全站仪时，可采用经纬仪角度交会法来放样点位。 （   ）

任务实施

1. 准备工作

测量前的准备工作尤为重要，直接关系到测量工作能否顺利进行。主要包括：

（1）测量人员安排：按照测量任务量与人员数量做好分组分工。

（2）仪器与材料的准备：按照点的平面位置测设任务要求，领取全站仪、三脚架、棱镜，并对仪器进行检查校核，如有异常及时更换或送检。

（3）测量资料的准备：搜集测区已有控制点数据资料及其他相关数据，准备待测设点设计坐标及平面坐标放样记录表并填写表头。

2. 选择测量方法并现场组织测量

在坐标放样前，选择合适的测站点和后视点，将全站仪架设到测站点，对中、整平。然后进入仪器菜单项，选择放样模式，进行测站设置和后视设置。当后视设置时，在仪器的提示下将仪器十字丝对准后视点棱镜中心后，按确定键，这样仪器已经设置好坐标方位，在测区内选择第三个已知坐标点进行坐标复测，确认无误后就可以进行外业测量工作。

当坐标放样时，将设计坐标输入后，再根据仪器显示角度方位进行调整。将棱镜移动到正确方位进行距离测量，再根据仪器上显示距离，将棱镜进行适当的前后调整（这一过程中，一定要把棱镜圆水准器调平，直到仪器上显示为几毫米甚至更小为止），此时棱镜所在的位置就是设计坐标所在的位置。

放样出设计坐标点位后，在放样点处打上木桩或者钉上钉子，再用混凝土沿木桩四周围护好，以免松动。

注意事项：

（1）一定要控制测量中的误差，尽可能做好每一步，避免出现累计误差。

（2）在操作过程中要保管好仪器，避免暴晒淋雨等不当操作。

3. 测设数据检核与资料整理

平面坐标放样后，对放样点的坐标进行检查测量，将实测坐标与设计坐标进行对比，并以此对放样点进行检核和必要的归化改正。

将平面坐标放样相关测量数据计入观测记录表中相应的栏内，仔细、认真检查外业各项记录和计算值，如发现问题，应查明原因予以纠正。

计划单

模块 3	施工测量基本知识		任务 4.3	地面点的测设
计划用时	4 学时	完成人	1.（　　　） 2.（　　　） 3.（　　　） 4.（　　　） 5.（　　　） 6.（　　　） 7.（　　　） 8.（　　　） 9.（　　　）	
序号	计划步骤		具体工作内容	
1	准备工作			
2	组织分工			
3	现场操作			
4	核对工作			
5	成果整理			
计划说明				

作业单

平面坐标放样检查记录表

日 期		天 气		班 级		姓 名	
仪器 编号		仪器 管理		安全 监督		质量 检验	

点号	设计坐标		检查坐标		坐标偏差	
	X	Y	X$'$	Y$'$	ΔX	ΔY

评价单

模块 4	施工测量基本知识		任务 4.3	地面点的测设		
评价对象			小组成员			
评价情境	评价内容及要求	分值 （100）	自我评价 （10％）	组员互评 （20％）	教师评价 （70％）	实得分 （∑）
实施过程 （35）	遵守纪律、服从安排	5				
	仪器操作规范	10				
	观测步骤正确	10				
	成果计算准确	10				
质量评价 （25）	工作完整性	10				
	工作质量	5				
	数据完整性	10				
素质评价 （25）	核心价值观	5				
	创新性	5				
	参与率	5				
	合作性	5				
	劳动态度	5				
安全文明 （10）	工作中的安全保障情况	5				
	工具正确使用和保养、放置规范	5				
工作效率 （5）	能够在要求的时间内完成，超时不得分	5				
最终得分						

课后反思

模块 4	施工测量基本知识	任务 4.3	地面点的测设
班　级		第　组　成员姓名	
情感反思	通过对此任务的学习和实训,你认为自己在社会主义核心价值观、职业素养、劳动精神和工匠精神等方面有哪些部分需要提高?		
知识反思	通过学习此任务,你掌握了哪些知识点?		
技能反思	在完成此任务的学习和实训过程中,你主要掌握了哪些技能?		
方法反思	在完成此任务的学习和实训过程中,你主要掌握了哪些分析和解决问题的方法?		

模块 5

建筑施工测量

情境导入

　　某大酒店高层建筑总建筑面积 50500m²，建筑总高度 94m，采用框架剪力墙结构，由一栋 25 层的主楼、一栋 5 层的宿舍楼和 2 层地下室组成。施工单位组织工程测量人员会同监理单位、建设单位、设计单位完成了测量控制点的交接工作，并踏勘了施工现场。

　　工程测量技术人员在已有测量控制点的基础上，完成了测量控制点平面和高程的复核及加密工作。为了完成该工程施工测量工作，需要对该施工建筑外部轮廓及地下室边线进行平面定位，确定基础开挖线，同时在基础开挖过程中，需要测设至地下室底板以下（扣除底板厚度和垫层厚度）设计高程。根据设计要求，本建筑采用人工挖孔桩基础，对设计图纸上各人工挖孔桩中心坐标进行准确定位。桩基础施工完毕后，对该施工建筑主轴线进行准确定位，严格控制好地下室底板设计高程，在主轴线基础上再进行细部轴线的定位，在施工轴线基础上完成基础部分的施工。待施工到地下室以上的楼层，将建筑物主轴线投测到不同楼层的底板上（一般采用激光准直仪内控法），再在不同的楼层进行细部轴线的定位，与此同时完成不同楼层高程的传递和测设，从而高效快捷地指导建筑主体的施工。

学习目标

素质目标	1. 爱岗敬业，能吃苦耐劳。 2. 团结协作，能互帮互助。 3. 认真细致、精益求精，培养工匠精神。
知识目标	1. 掌握施工建筑平面图各项内容的识读。 2. 掌握施工建筑平面定位的原理及方法。 3. 掌握施工建筑轴线投测的原理及方法。 4. 掌握施工建筑高程传递的原理与方法。
能力目标	1. 能读懂施工建筑各项施工图纸。 2. 能完成施工建筑平面定位及轴线投测等相关工作。 3. 能完成施工建筑高程传递及高程测设等相关工作。

工作任务

序号	任务名称	参考学时
5.1	施工建筑定位	4
5.2	施工建筑轴线投测	4
5.3	施工建筑高程测设与传递	4

任务 5.1　施工建筑定位

任务单

模块 5	建筑施工测量	任务 5.1	施工建筑定位
计划学时		4 学时(课前 2 学时)	
布置任务			
任务描述	施工单位进场后,需要对施工建筑主体及地下室边线进行定位,从而确定好基础开挖范围线,在基础开挖过程中,由于需要预留基础施工工作面,加之坑基开挖从上往下放坡,需要及时验证基础开挖坡脚线是否已到位;对于建筑桩基础施工,还需要准确放样出桩中心点坐标,以方便打桩,桩基础施工过程前后需要对桩中心坐标进行验核,以确保满足施工精度要求。		
工作目标	1. 能够找到完成任务所需的工具、材料,做好施测前的准备工作。 2. 熟悉建筑施工平面图的基本内容。 3. 掌握施工建筑平面定位数据获取的方法。 4. 掌握施工建筑平面定位原理和方法。 5. 能够在完成任务过程中锻炼职业素养,做到工作程序严谨认真对待,能够吃苦耐劳、主动承担,有团队意识,诚实守信、不弄虚作假,培养保证质量、建设优质工程的爱国情怀。		

学时安排	思	学	教	做	评
	(0.5 学时)	(1.5 学时)	1.0 学时	2.5 学时	0.5 学时

学习要求	1. 按照思维导图自主学习,完成课前测试。 2. 严格遵守课堂纪律,学习态度认真、端正,能够正确评价自己和同学在工作任务中的素质表现。 3. 积极参与小组工作,承担外业观测中的相应工作,做到积极主动不推诿,与小组成员默契配合。 4. 能够完成技能训练作业单,对作业中的疑难点务必及时强化与突破。 5. 任务完成后,填写任务评价单,评判各小组成员的分数或等级。 6. 完成课后反思,以小组为单位提交。
考核评价办法	评价包括自我评价、小组互评、教师评价,按比例进行综合评价,并以不小于 40% 的比例计入期末总成绩。

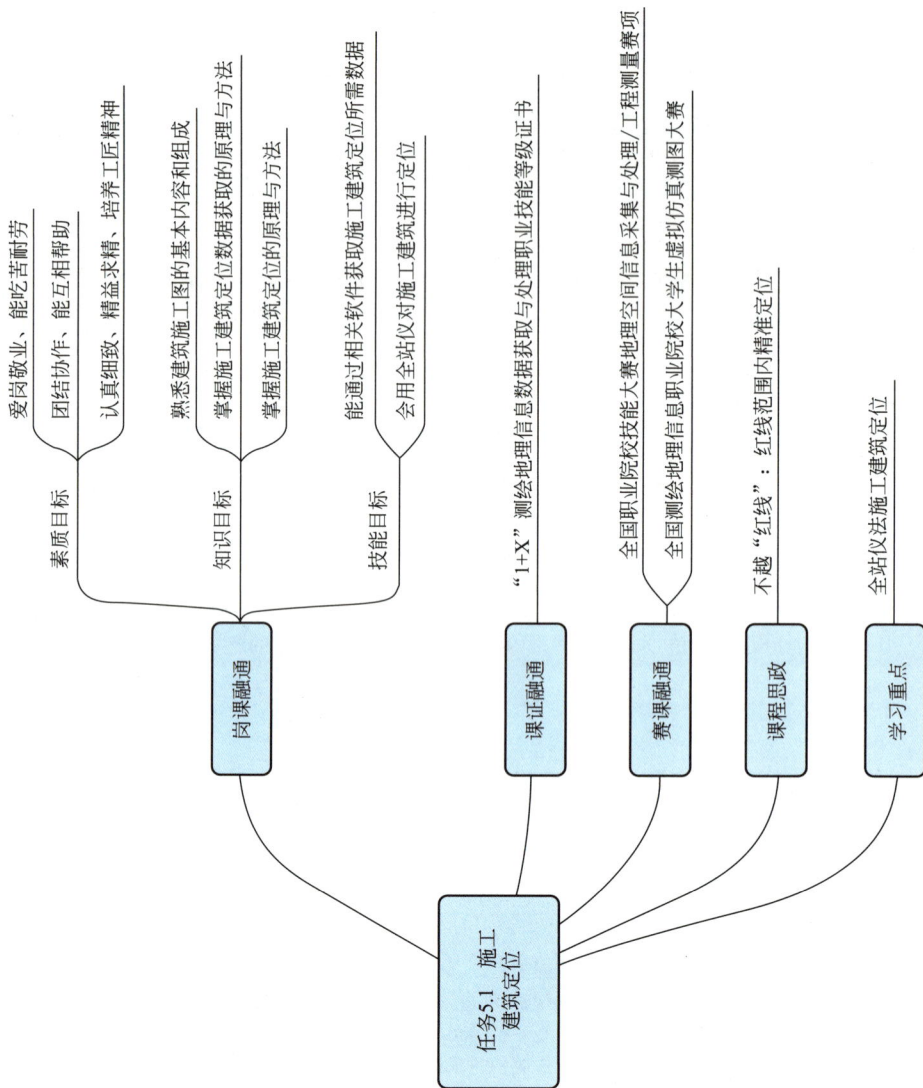

课前自学

知识点 1　建筑施工平面图的识读

设计图纸是施工测量的主要依据，测设前应充分熟悉各种有关的设计图纸，以便了解施工建筑物与相邻地物的相互关系，以及建筑物本身的内部尺寸关系，准确无误地获取测设工作中所需要的各种定位数据。与测设工作有关的设计图纸主要有：

1. 建筑总平面图

建筑总平面图给出了建筑场地上所有建筑物和道路的平面位置及其主要点的坐标，标出了相邻建筑物之间的尺寸关系，注明各栋建筑物室内地坪高程，这是测设建筑物总体位置和高程的重要依据，如图 5-1 所示。要注意其与相邻建筑物、用地红线、道路红线及高压线等的间距是否符合要求。

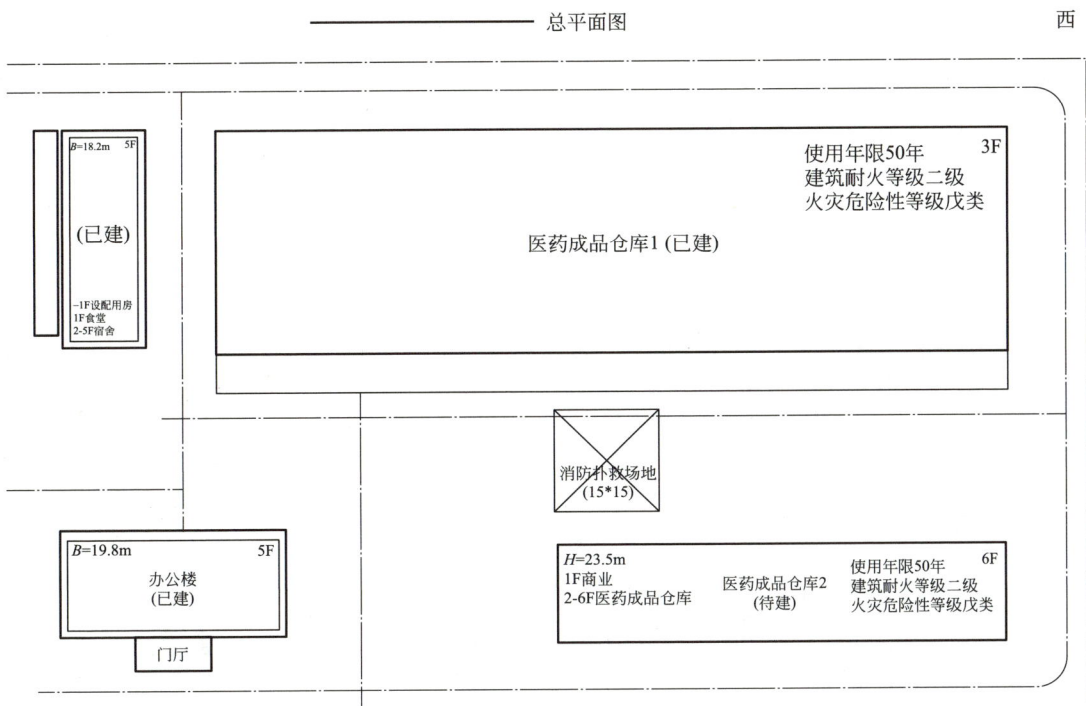

图 5-1　建筑总平面图

2. 建筑平面图

建筑平面图标明了建筑物首层、标准层等各楼层的总尺寸，以及楼层内部各轴线之间的尺寸关系，如图 5-2 所示。它是测设建筑物细部轴线的依据，要注意其尺寸是否与建筑总平面图的尺寸相符。

3. 基础平面图及基础详图

基础平面图及基础详图标明了基础形式、基础平面布置、基础中心线或中线的位置、基础边线与定位轴线之间的尺寸关系、基础横断面的形状和大小以及基础不同部位的设计标高等，它是测设基槽（坑）开挖边线和开挖深度的依据，也是基础定位及细部放样的依

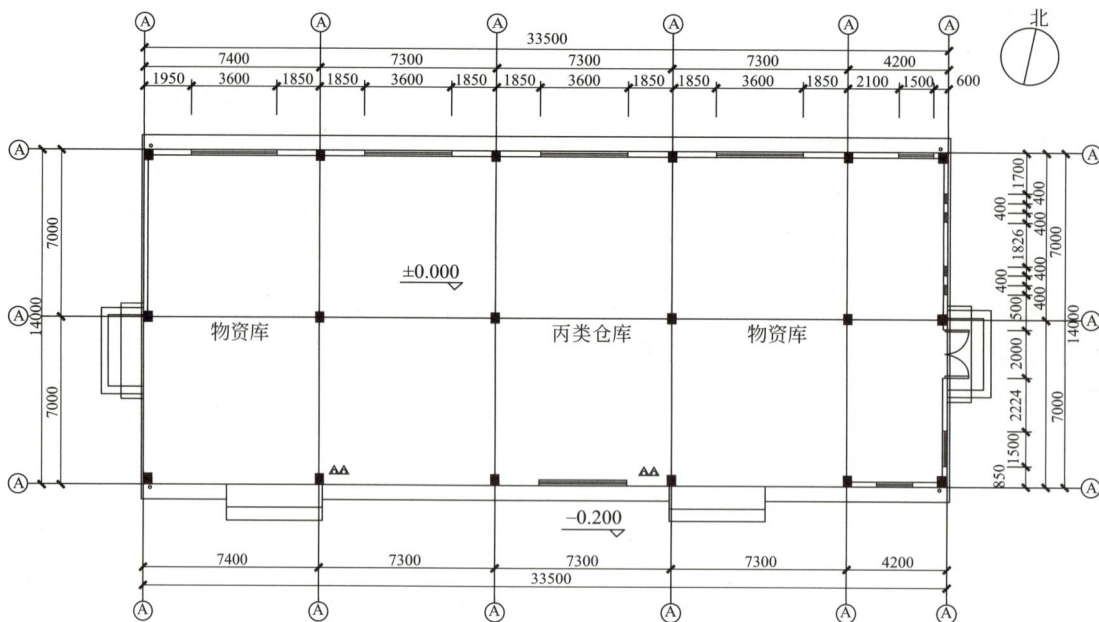

图 5-2 建筑平面图

据，如图 5-3 所示。

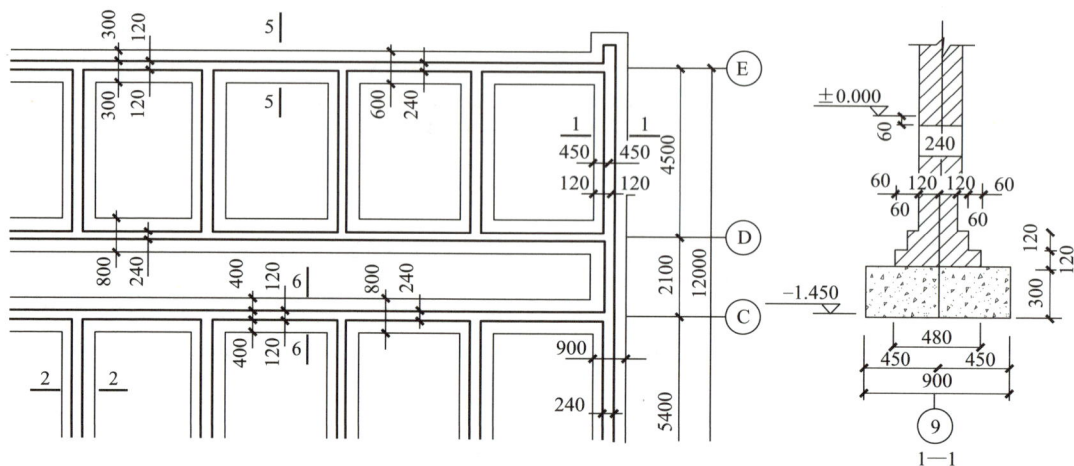

图 5-3 基础平面图及基础详图

4. 立面图和剖面图

立面图和剖面图标明了室内地坪、门窗、楼梯平台、楼板、屋面及屋架等的设计高程，这些高程通常是以±0.000 标高为起算点的相对高程，它是测设建筑物各部位高程的依据，如图 5-4 所示。

知识点 2 施工建筑定位数据的准备

在熟悉设计图纸、掌握施工计划和施工进度的基础上，结合现场条件和实际情况，拟

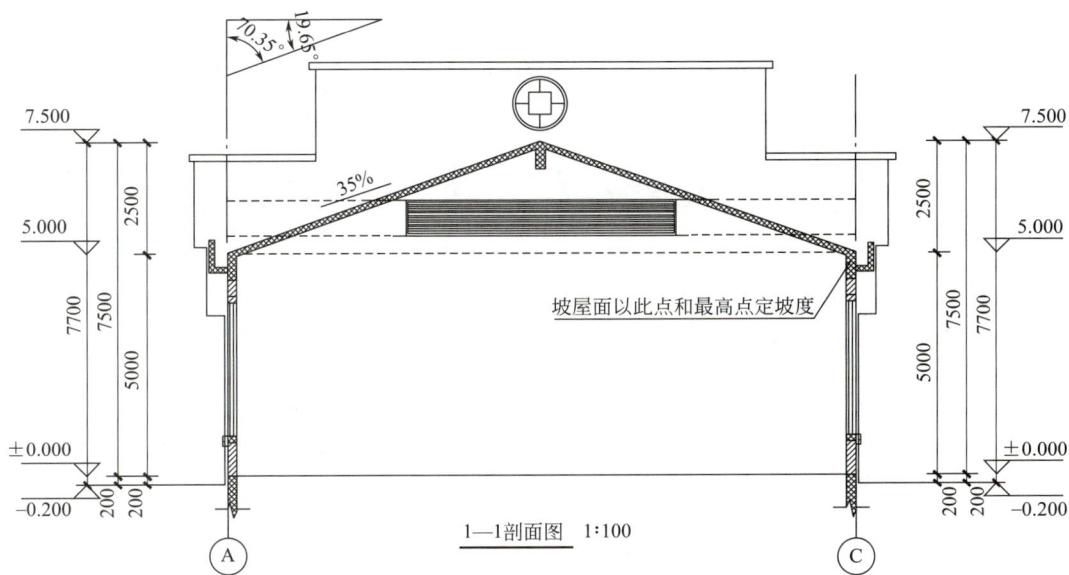

图 5-4　剖面图

定测设方案。测设方案包括测设方法、测设步骤、采用的仪器工具、精度要求、时间安排等。在每次现场测设之前，应根据设计图纸和测量控制点的分布情况，准备好相应的测设数据并对数据进行检核，需要时还可绘出测设略图，把测设数据标注在略图上，使现场测设时更方便快速，并减少出错的可能。

1. 直接从纸质总平面图上查询

如图 5-5 所示，对于在建筑总平面纸质图上已标有坐标的情况，可以直接在建筑总平面图上查询已标注的坐标，作为建筑定位的依据。

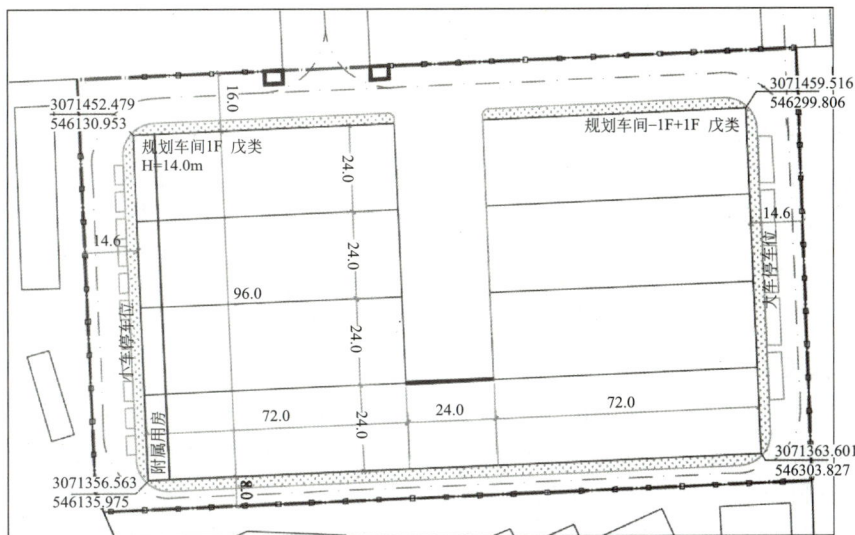

图 5-5　已标有坐标的建筑总平面图

2. 利用 CAD 软件从 dwg 图形文件中直接获取

对于已有 dwg 电子档图形文件的情况，可以直接用 CAD 软件打开该建筑总平面图，通过"工具/查询/点坐标"菜单，用鼠标捕捉图面特征点的位置，可以查询得到该特征点的坐标，作为建筑定位的依据，如图 5-6 所示。

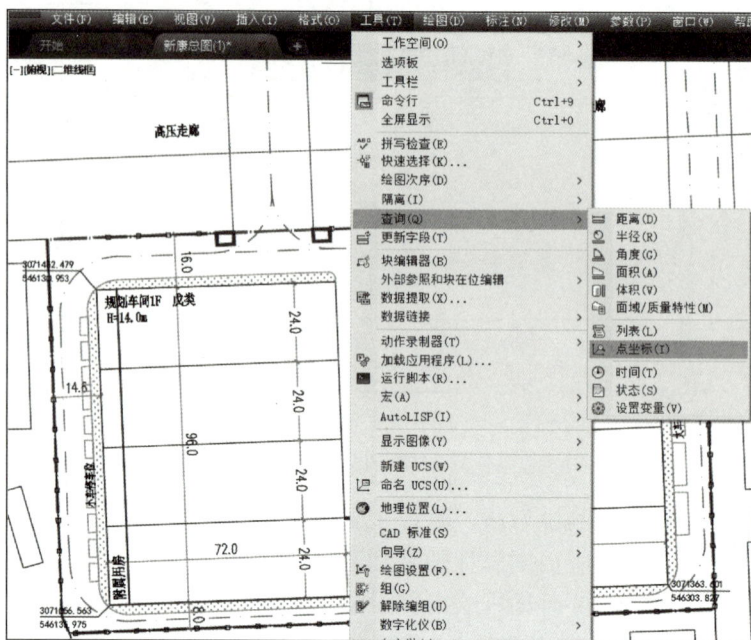

图 5-6　利用 CAD 查询建筑总平面图坐标

3. 通过 SouthMap 软件进行坐标转换之后获取

通常情况下，部分建筑施工图纸采用正南正北布局，图面坐标采用的是相对坐标系统，在正式进行建筑定位之前，需要结合建筑总平面图，完成坐标转换之后，才能进行建筑定位。图 5-7 为某建筑桩基础平面布置图，图面呈正南正北布置，图面坐标成果为相对坐标，无法直接进行准确定位。这时，我们可以采用 SouthMap 软件，如图 5-8 所示，通过"地物编辑/测站改正"菜单，分别拾取坐标转换前桩基础平面图中某两个特征点的位置，同时再分别拾取建筑总平面图中该两个特征点的位置，即可完成由建筑桩基础图向建筑总平面图转换的操作。完成坐标转换之后，即可通过鼠标查询各桩中心坐标，作为建筑定位的依据。

知识点 3　施工建筑平面定位方法

1. 建筑基线的放样

在面积不大且地势较平坦的建筑场地上，布设一条或几条基准线，作为施工测量的平面控制，称为建筑基线。建筑基线根据建筑设计总平面图上建筑物的分布、现场地形条件及原有测图控制点的分布情况，布设成三点"一"字形、三点"L"形、四点"T"形及五点"十"字形等形式，如图 5-9 所示。布设时应注意：建筑基线应平行或垂直于主要建筑物的轴线，以便用直角坐标法进行测设；建筑基线相邻点间应互相通视，点位不受施工影响，且能长期保存；基线点应不少于 3 个，以便检测建筑基线点有无变动。

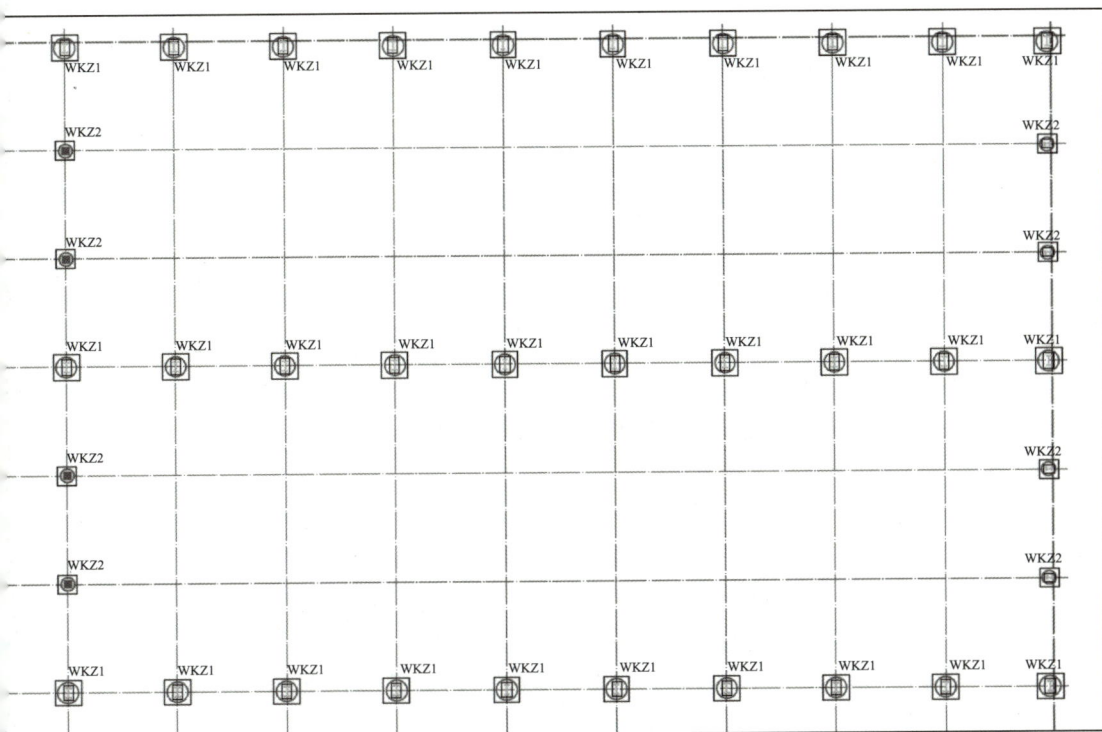

图 5-7　建筑桩基础平面布置图

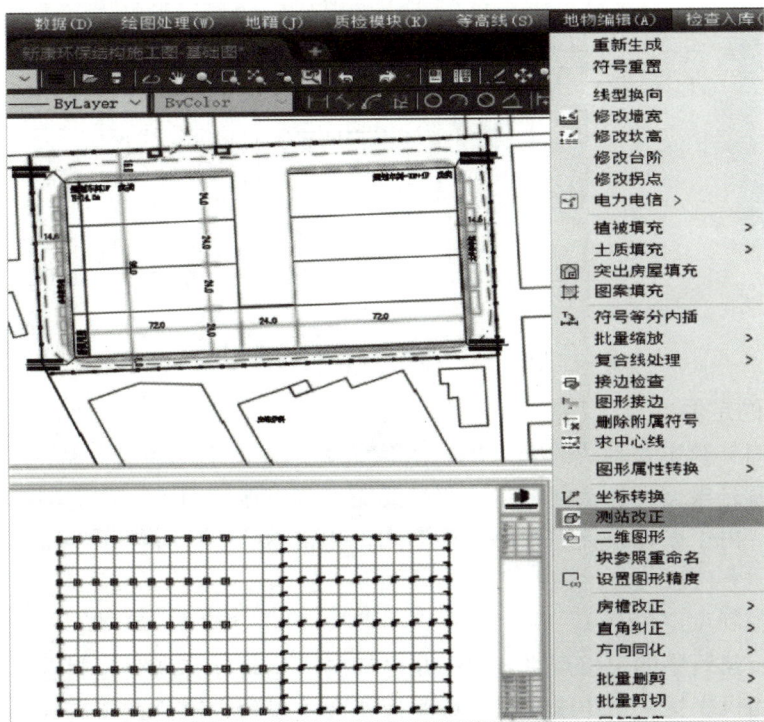

图 5-8　建筑桩基础平面图套建筑总平面图

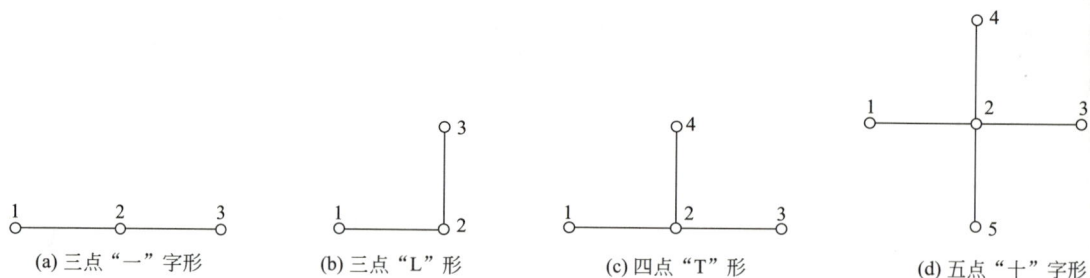

图 5-9　建筑基线的布设形式

建筑基线的放样，如果基线点附近有可利用的地面控制点，可利用地面控制点测设；如果地面上有城市规划部门拨定的建筑红线，可根据建筑红线测设。

2. 建筑方格网的放样

在大中型的建筑场地上，由正方形或矩形格网组成的施工控制网，称为建筑方格网，如图 5-10 所示。建筑方格网是根据设计总平面图中建筑物、构筑物、道路和各种管线的位置，结合现场的地形情况来布设的。布设时，先选定方格网的主轴线（图 5-10 中 MPN 和 CPD），并使其尽可能通过建筑场地中央且与主要建筑物轴线平行，然后再全面布设成方格网。方格网是厂区建筑物测量放线的依据，其边长应根据测设对象而定，一般以 100～200m 为宜。

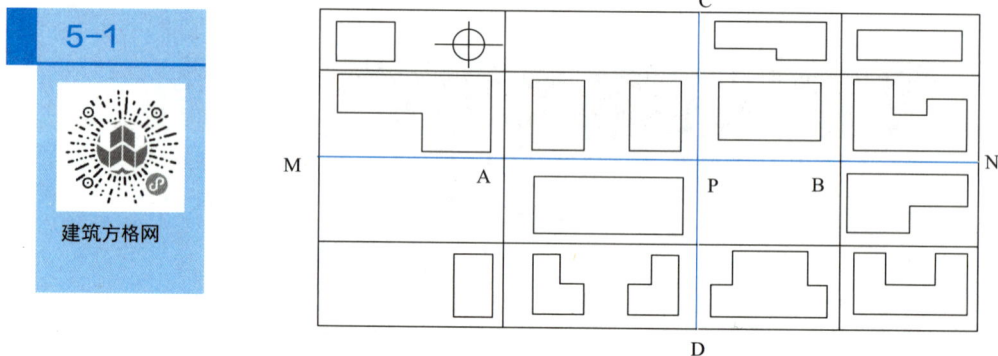

图 5-10　建筑方格网

3. 建筑物的定位

建筑物四周外廓主要轴线的交点决定了建筑物在地面上的位置，称为定位点或角点。建筑物的定位就是根据设计条件，将这些轴线交点测设在地面上，作为细部轴线放线和基础放线的依据。由于设计条件和现场条件不同，建筑物的定位方法也有所不同，下面介绍几种常见的定位方法：

（1）根据控制点定位

如果待定位建筑物的定位点设计坐标是已知的，且附近有高级控制点可供利用，可根据实际情况选用极坐标法、角度交会法或距离交会法来测设定位点。在这三种方法中，极坐标法适用性最强，是用得最多的一种定位方法。

（2）根据建筑方格网和建筑基线定位

如果待定位建筑物的定位点设计坐标是已知的，且建筑场地已有建筑方格网或建筑基线，可利用直角坐标法测设定位点，当然也可用极坐标法等其他方法测设，但直角坐标法所需要的测设数据的计算较为方便，在用经纬仪和钢尺实地测设时，建筑物总尺寸和四大角的精度容易控制和检核。

（3）根据与原有建筑物和道路的关系定位

如果设计图上只给出新建筑物与附近原有建筑物或道路的相互关系，而没有提供建筑物定位点的坐标，周围又没有测量控制点、建筑方格网和建筑基线可供利用，可根据原有建筑物的边线或道路中心线，将新建筑物的定位点测设出来。

（4）利用全站仪进行建筑定位

全站仪进行建筑定位的方法适用于任意场合，待定位建筑物的定位点设计坐标是已知的，测区附近有高级控制点可供利用。可以将全站仪安置在高级控制点上，完成全站仪测站设置操作，对准通视的另一高级控制点，可在该控制点上安置固定棱镜，完成全站仪后视定向设置，同时需要对全站仪后视定向进行检核，确保准确无误后，再进行建筑物待放样点的测设。完成建筑物特征点的测设并钉好桩位及钢钉后，可以通过皮卷尺丈量的方法对建筑物的边长进行检核，距离较长或者测区不平、不方便拉卷尺的情况，可以通过全站仪实地测距进行检核。

课前测试

一、单选题（只有 1 个正确答案，每题 10 分）

1. 建筑物主体施工测量的主要任务是将建筑物的（　　）正确地向上引测。

A. 坐标　　　　　　B. 距离　　　　　　C. 角度　　　　　　D. 轴线和标高

2. 建筑物的定位是指（　　）。

A. 进行细部定位

B. 将地面上点的平面位置确定在图纸上

C. 将建筑物外廓的轴线交点测设在地面上

D. 在设计图上找到建筑物的位置

3. 建筑物平面定位通常需要获取建筑物角点或者轴线交点的（　　），然后通过测量仪器进行准确测设。

A. 坐标　　　　　　B. 距离　　　　　　C. 角度　　　　　　D. 标高

二、多选题（至少有 2 个正确答案，每题 10 分）

1. 下列关于建筑工程测量的描述，正确的是（　　）。

A. 工程勘测阶段，需要进行测量工作

B. 工程设计阶段，需要在地形图上进行总体规划及技术设计

C. 工程施工阶段，需要进行施工放样

D. 施工结束后，测量工作也随之结束

E. 工程竣工阶段，需要进行竣工测量工作

2. 建筑物的平面位置的放样方法可以用（　　）。

A. 直角坐标法　　　　　　　　　B. 极坐标法

C. 水准仪法　　　　　　　　　　D. 前方交会法

E. 距离交会法

三、判断题（对的画"√"，错的画"×"，每题 10 分）

1. 施工坐标系的原点一般设置于设计总平面图的西南角上。（　　）

2. 建筑施工结束后，测量工作依然还没结束。（　　）

3. 将设计的建（构）筑物按设计与施工的要求施测到实地上，作为工程施工的依据，这项工作叫做测设。（　　）

4. 测量工作的基本原则"从整体到局部、先控制后碎步、从高级到低级、步步检核"，同样适用于建筑施工测量。（　　）

5. 建筑物平面点位的放样结束后，需要进行相关的检核工作，可以量取对应点之间的水平距离与设计图纸上的尺寸进行比较。（　　）

任务实施

1. 准备工作

搜集已有的设计图纸和测量控制点资料，认真查阅和熟悉设计图纸。认真查阅建筑总平面图、建筑施工图等重要资料。搜集或计算出建筑平面定位坐标数据，并转换成全站仪可用的内存数据格式。

准备好测量仪器设备和工具。检查全站仪、三脚架、对中杆、棱镜、GNSS 接收机、接收机手簿、对中杆、卡托、钢卷尺、对讲机、记号笔、铁锤、钢钉等。

做好交通车辆、防晒防暑防冻、饮水饮食等准备，电子仪器确保充好电并留有备用电池。

2. 选择测量方法并现场组织测量

对于建筑平面定位，优先采用全站仪作业的方式。测量作业过程中，可以通过输入或导入施工建筑角点坐标数据的方法进行建筑平面定位。

对于基础开挖线定位、地下室边线定位、桩基础定位等，也可以采用 GNSS-RTK 作业的方式，将待放样坐标数据输入或者导入 GNSS 接收机手簿中进行放样。

到达施工现场后，测量技术人员根据选用的测量仪器开展测量工作。对于测设精度要求很高的建筑角点定位，通过全站仪采用极坐标法进行测设，手持对讲机指挥跑尺员共同完成点位的测设。测设过程中，距离差只有几个厘米时，可以指挥钉木桩，待木桩钉牢靠后再进行精确放样，距离差一般控制在 5mm 以内，并用锤子钉一钢钉。通过 GNSS-RTK 定位的场合，采用一人测量放线另一人钉桩配合的方式，现场标定可以钉细钢筋或者一次性筷子均可，也可以钉长铁钉作为定点标志。平面位置测设完成的同时测出实地高程，方便计算场地填挖高度，指导后续施工。

3. 测设数据检核与资料整理

施工建筑测设完毕并在实地钉设了标志桩后，项目部要组织相关人员进行检核，可以通过目测初步评估、实地钢尺量距或者仪器抽检的方式进行，确保测量成果准确无误后方可进入下一步工作。

测量阶段性任务结束后，应及时做好测量资料整理、数据备份的工作。

计划单

模块5	建筑施工测量		任务5.1	施工建筑定位
计划用时	4学时	完成人	1.（　　　）2.（　　　）3.（　　　） 4.（　　　）5.（　　　）6.（　　　） 7.（　　　）8.（　　　）9.（　　　）	
序号	计划步骤		具体工作内容	
1	准备工作			
2	组织分工			
3	现场操作			
4	核对工作			
5	成果整理			
计划说明				

作业单 1

模块5	建筑施工测量	任务5.1	施工建筑定位
参加人员	第　　组		开始时间：
	签名：		结束时间：
序号	工作内容记录 （根据实施的具体工作记录，包括存在的问题及解决方法）		分工 （负责人）
1			
2			
3			
……			
小结	主要描述完成的成果及是否达到目标		存在的问题

作业单 2

施工建筑平面定位记录手簿

建筑主点编号	设计坐标/m		实测坐标/m			备注
	X 坐标	Y 坐标	X′坐标	Y′坐标	高程 H	

略图：

评价单

模块 5	建筑施工测量		任务 5.1	施工建筑定位		
评价对象			小组成员			
评价情境	评价内容及要求	分值（100）	自我评价（10%）	组员互评（20%）	教师评价（70%）	实得分（Σ）
实施过程（30）	遵守纪律服从安排	5				
	准备工作完整性	5				
	方案编制合理与可行性	15				
	过程完整性	5				
质量评价（30）	工作完整性	10				
	工作质量	5				
	报告完整性	15				
团队精神（25）	核心价值观	5				
	创新性	5				
	参与率	5				
	合作性	5				
	劳动态度	5				
安全文明（10）	工作过程中的安全保障情况	5				
	工具正确使用和保养、放置规范	5				
工作效率（5）	能够在要求的时间内完成，超时不得分	5				
最终得分						

275

课后反思

模块 5	建筑施工测量	任务 5.1	施工建筑定位	
班 级		第 组	成员姓名	
情感反思	通过对此任务的学习和实训,你认为自己在社会主义核心价值观、职业素养、劳动精神和工匠精神等方面有哪些部分需要提高?			
知识反思	通过学习此任务,你掌握了哪些知识点?			
技能反思	在完成此任务的学习和实训过程中,你主要掌握了哪些技能?			
方法反思	在完成此任务的学习和实训过程中,你主要掌握了哪些分析和解决问题的方法?			

任务 5.2　施工建筑轴线投测

任务单

模块 5	建筑施工测量	任务 5.2	施工建筑轴线投测
计划学时		4 学时(课前 2 学时)	
布置任务			
任务描述	施工过程中,需要对施工建筑主轴线进行准确定位,在主轴线基础上再进行细部轴线的定位,在施工轴线基础上完成基础部分的施工,待施工到地下室以上的楼层,需要将建筑物主轴线投测到不同楼层的底板上(一般采用激光准直仪内控法),再在不同的楼层进行主轴线和细部轴线的定位,从而高效、快捷地指导建筑主体的施工。		
工作目标	1. 能够找到完成任务所需的工具、材料,做好施测前的准备工作。 2. 熟悉建筑基线、建筑方格网、建筑轴线的基本内容。 3. 掌握施工建筑轴线投测的原理与方法。 4. 会用激光准直仪内控法进行建筑轴线的投测。 5. 会用全站仪进行建筑主轴线和细部轴线的定位。 6. 能够在完成任务过程中锻炼职业素养,做到工作程序严谨认真对待,能够吃苦耐劳、主动承担,有团队意识,诚实守信、不弄虚作假,培养保证质量、建设优质工程的爱国情怀。		

学时安排	思	学	教	做	评
	(0.5 学时)	(1.5 学时)	1.0 学时	2.5 学时	0.5 学时

学习要求	1. 按照思维导图自主学习,完成课前测试。 2. 严格遵守课堂纪律,学习态度认真、端正,能够正确评价自己和同学在工作任务中的素质表现。 3. 积极参与小组工作,承担外业观测中的相应工作,做到积极主动不推诿,与小组成员默契配合。 4. 能够完成技能训练作业单,对作业中的疑难点务必及时强化与突破。 5. 任务完成后,填写任务评价单,评判各小组成员的分数或等级。 6. 完成课后反思,以小组为单位提交。
考核评价办法	评价包括自我评价、小组互评、教师评价,按比例进行综合评价,并以不小于 40% 的比例计入期末总成绩。

思维导图

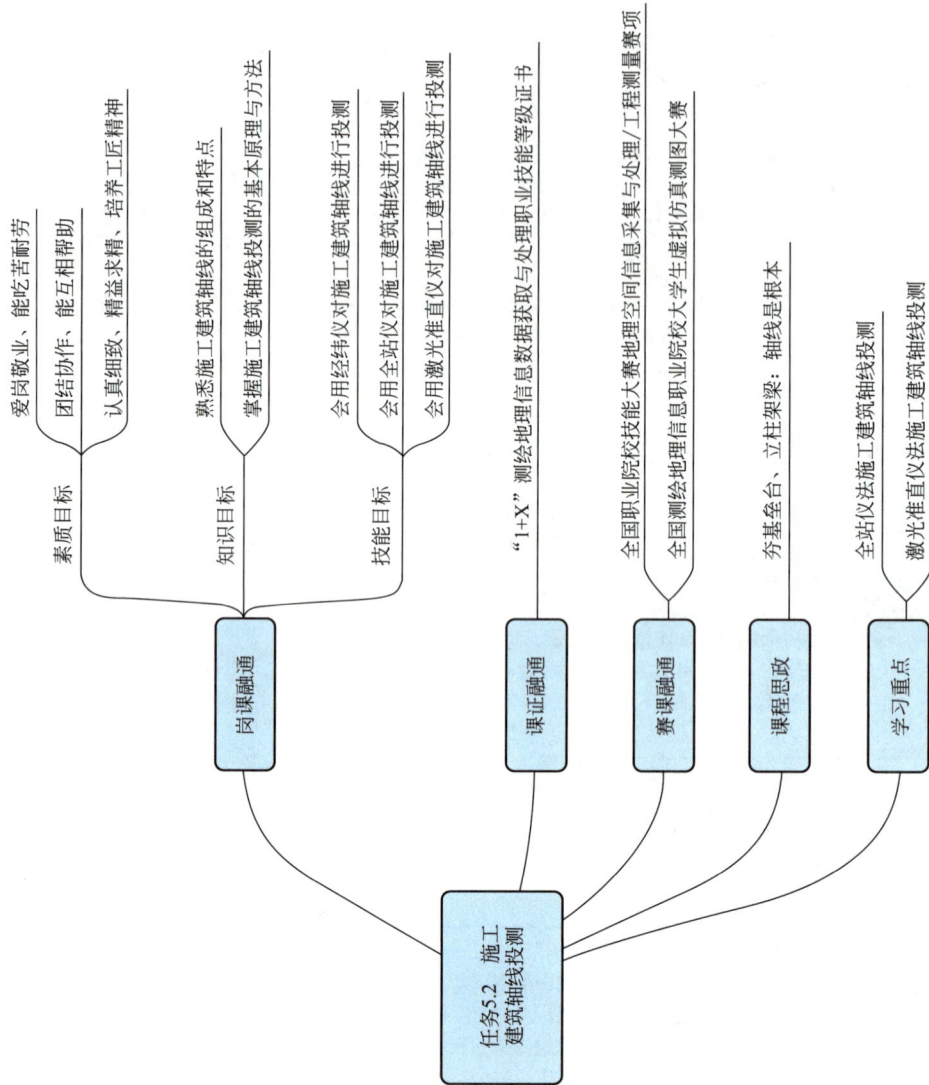

任务5.2 施工建筑轴线投测

岗课融通

素质目标
- 爱岗敬业、能吃苦耐劳
- 团结协作、能互相帮助
- 认真细致、精益求精、培养工匠精神

知识目标
- 熟悉施工建筑轴线的组成和特点
- 掌握施工建筑轴线投测的基本原理与方法

技能目标
- 会用经纬仪对施工建筑轴线进行投测
- 会用全站仪对施工建筑轴线进行投测
- 会用激光准直仪对施工建筑轴线进行投测

课证融通
- "1+X"测绘地理信息数据获取与处理职业技能等级证书

赛课融通
- 全国职业院校技能大赛能大赛地理空间信息采集与处理/工程测量赛项
- 全国测绘地理信息信息职业院校大学生虚拟仿真测图大赛

课程思政
- 夯基垒台、立柱架梁:轴线是根本

学习重点
- 全站仪法施工建筑轴线投测
- 激光准直仪法施工建筑轴线投测

课前自学

知识点 1　建筑轴线的认识

如图 5-11 所示为某建筑平面布置图，建筑轴线包括阿拉伯数字编号的竖直轴线以及大写英文字母编号的水平轴线，轴线与轴线之间分别标注了细部尺寸以及两端的总尺寸，尺寸标注单位为 mm，两端轴线还标注有轴线到外墙宽度尺寸，便于认清外墙与建筑轴线之间的距离关系。

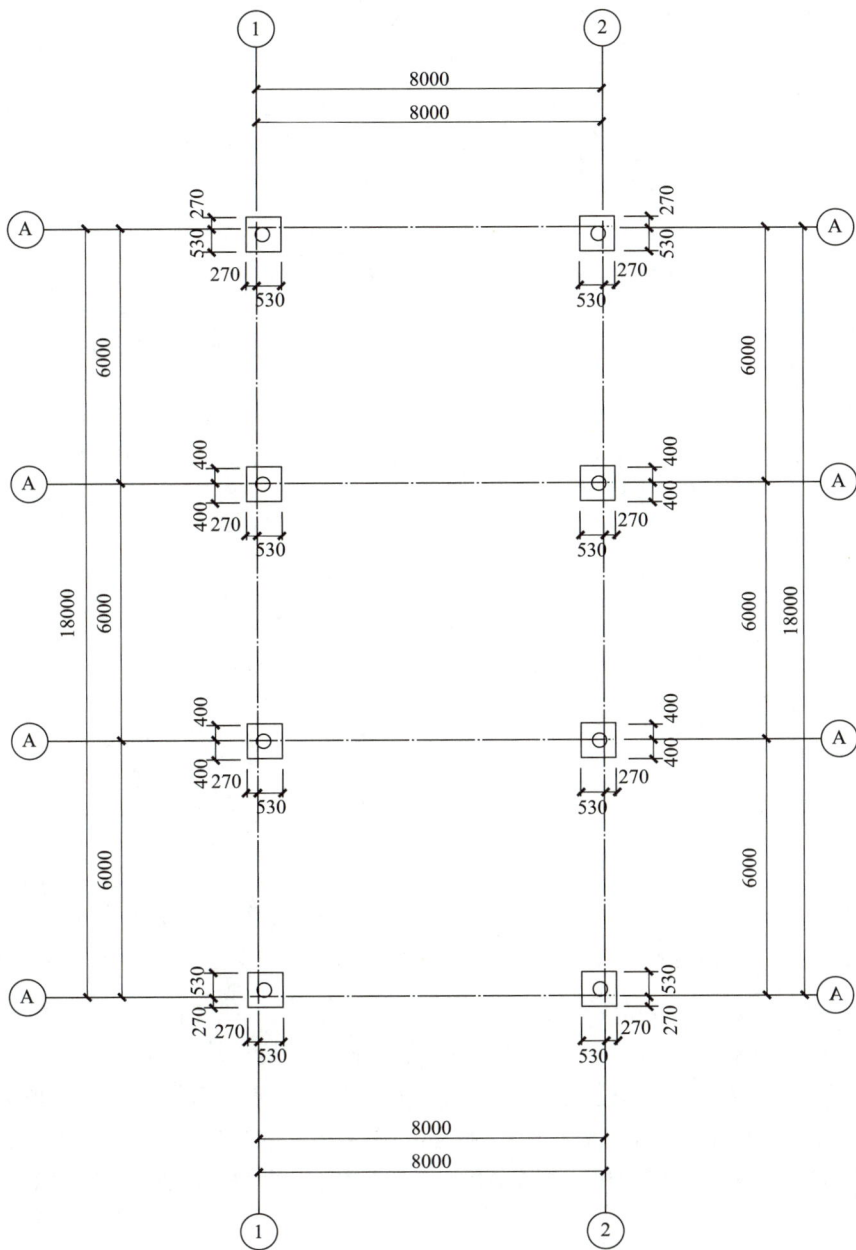

图 5-11　建筑轴线认识

知识点 2　施工建筑轴线投测方法

高层建筑物的施工测量，须将建筑物首层轴线准确地逐层向上投测，供各层细部控制放线；将首层标高逐层向上传递，以便使楼板、窗户、梁等的标高符合设计要求。

轴线投测的方法通常有以下几种：

1. 经纬仪投测法

经纬仪投测法如图 5-12 所示，通常首先将原轴线控制桩引测到离建筑物较远的安全地点，如 A_1、B_1、A_1'、B_1' 点，以防止控制桩被破坏，同时避免轴线投测时仰角过大，以便减小误差，提高投测精度；然后把经纬仪安置在轴线控制桩 A_1、B_1、A_1'、B_1' 上，严格对中、整平，用望远镜照准已在墙脚弹出的轴线点 a_1、b_1、a_1'、b_1'，用盘左和盘右两个竖盘位置向上投测到上一层楼面上，取得 a_2、b_2、a_2'、b_2'，再精确测出 $a_2 a_2'$ 和 $b_2 b_2'$ 两条直线的交点 O_2，根据已测设的 $a_2 O_2 a_2'$ 和 $b_2 O_2 b_2'$ 两轴线在楼面上详细测设其他轴线。按照此步骤逐层向上投测，即可获得其他楼层的轴线。

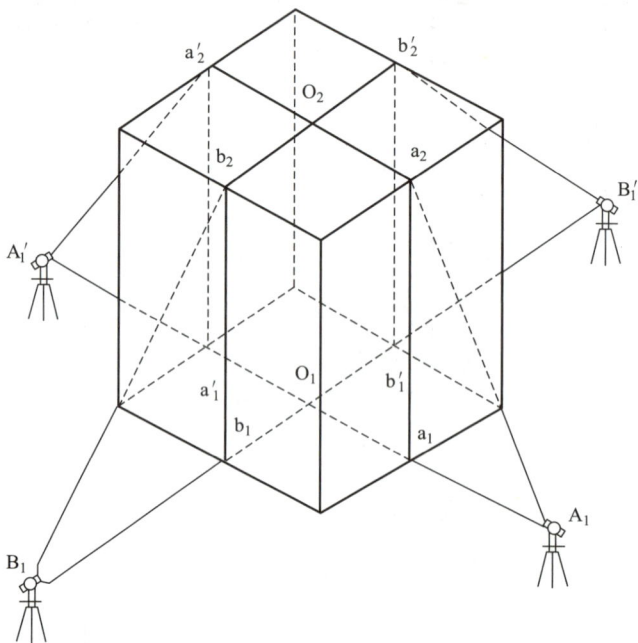

5-2

轴线投测

图 5-12　经纬仪轴线投测

2. 激光铅垂仪投测法

这种方法是通过对建筑物内若干特征点（一般为轴线或轴线平行线的交点）进行自下而上铅垂投测，如图 5-13 所示，从而获得各楼层轴线，其投测精度高、速度快，不受建筑物周围环境和地形等影响，适用范围广泛。投测时，将激光铅垂仪安置于底层埋设标志点 A（图 5-14），严格对中、整平，接通激光电源，开启激光器，即可发射出铅垂激光基准线，在楼板的预留洞口 B 处接收屏显示激光光斑中心，即为地面底层埋设点的铅垂投影位置。

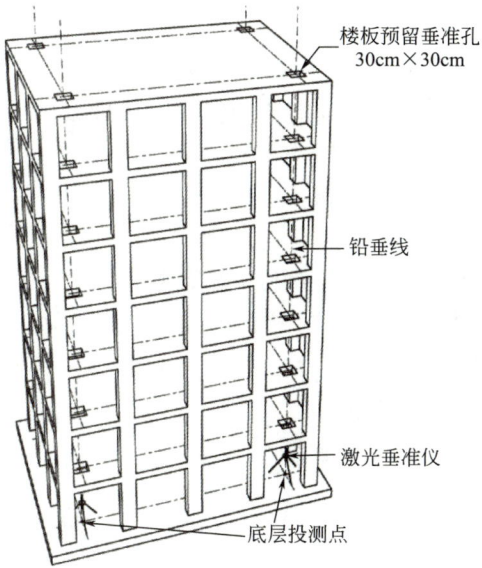

图 5-13　建筑物轴线投测布点示意图　　　　图 5-14　激光铅垂仪投测示意图

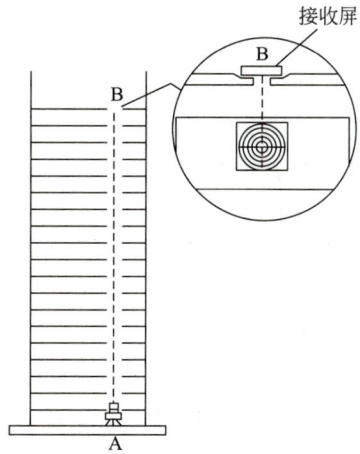

3. 锤球投测法

此法是用传统的钢丝吊大锤球进行轴线投测。这种方法受风速影响大，锤球有时难以稳定，轴线的投测精度较低，目前多在不具备用上述两种方法时采用，或作为上述两种方法的校核手段。

💡 **课前测试**

一、单选题（只有 1 个正确答案，每题 10 分）

1. 基线点位应选在通视良好和不易被破坏的地方，为能长期保存，要埋设（　　）。

A. 永久性的混凝土桩   B. 临时混凝土桩

C. 临时水准点   D. 永久水准点

2. 高层建筑物轴线的投测常用（　　）。

A. 锤球投测法   B. 经纬仪投测法

C. 激光铅垂仪投测法   D. 水准仪法

3. 建筑物轴线的投测不能用（　　）完成。

A. 经纬仪   B. 全站仪

C. 水准仪   D. 激光准直仪

二、多选题（至少有 2 个正确答案，每题 10 分）

1. 建筑轴线投测可以采用哪些测量仪器？（　　）。

A. 水准仪   B. 经纬仪

C. 全站仪   D. Grss 接收机

E. 测距仪

2. 在建筑物放线中，延长轴线的方法主要有以下哪两种？（　　）

A. 龙门板法   B. 平移法

C. 交桩法   D. 轴线控制桩法

E. 目估法

三、判断题（对的画"√"，错的画"×"，每题 10 分）

1. 施工控制网的特点是受施工干扰大。（　　）

2. 龙门板上中心钉的位置应在龙门板的顶面上。（　　）

3. 当建筑场地的施工控制网为方格网或轴线形式时，采用直角坐标法进行建筑物细部点的平面位置测设最为方便。（　　）

4. 施工建筑轴线测设时用 GNSS-RTK 的方法也能满足实地精度要求。（　　）

5. 高层建筑轴线通常采用激光准直仪内控法进行投测。（　　）

任务实施

1. 准备工作

搜集已有的设计图纸和测量控制点资料，认真查阅和熟悉设计图纸。认真查阅建筑总平面图、建筑施工图等重要资料。搜集或计算出建筑轴线定位坐标数据，并转换成全站仪可用的内存数据格式。

准备好测量仪器设备和工具。检查全站仪、三脚架、对中杆、棱镜、钢卷尺、对讲机、记号笔、铁锤、钢钉等。

做好交通车辆、防晒防暑防冻、饮食等准备，电子仪器确保充好电并留有备用电池。

2. 选择测量方法并现场组织测量

对于建筑轴线的定位，由于精度要求很高，需要达到毫米级定位精度，故需要采用全站仪作业的方式。测量作业过程中，可以通过输入或者导入施工建筑轴线与轴线交点坐标数据的方法进行建筑轴线定位。

到达施工现场后，测量技术人员根据选用的测量仪器开展测量工作。对于测设精度要求很高的建筑轴线定位，通过全站仪采用极坐标法进行测设，并手持对讲机指挥跑尺员共同完成点位的测设。测设过程中，距离差只有几个厘米时可以指挥钉木桩，待木桩钉牢靠后再进行精确放样，距离差一般控制在 5mm 以内，并用锤子钉一钢钉作为标记；如果是硬化地面，待测设距离差调整到 5mm 以内时，也可以直接钉钢钉或者通过油漆笔画十字标记。建筑施工轴线一般要引测到不影响施工的施工建筑周边。将仪器安置于一长边轴线的某一端点处，精确照准另一端的轴线交点，仪器制动螺旋处于锁死状态，将水平角置零，可以采用正倒镜的方式先记出该长轴线边，然后仪器拨转 90°，让仪器界面水平角读数处于 90°或者 270°，同样的方法可以将垂直方向的轴线记出。对于细部轴线的投测，可以用全站仪在主轴线的基础上通过距离测设的方法进行。如果楼板或者垫层比较平坦，也可以通过钢卷尺丈量的方式进行细分。

对于高层建筑轴线的投测，通常通过激光准直仪的方法进行投测。同前面的方法，先用全站仪将建筑物主体基础部分对应的主轴线测设到现场并做好标记保护下来，不能被轻易破坏掉。将激光准直仪分别安置在基础部分对应的轴线交点上，向上发射激光点，在不同楼层底板上预留 20～30cm 的正方形缺口，通过激光靶获取投测到楼面的轴线交点，可以在预留口模板上钉钢钉、拉上钢丝绳，从而确定出该楼层的建筑主轴线交点位置。其他位置的主轴线交点位置采用同样的方法进行投测，一般每个楼层预留 4 个缺口用来进行轴线交点投测。主轴线投测到不同楼层后，再通过全站仪进行细部轴线的测设。

3. 测设数据检核与资料整理

施工建筑轴线测设完毕并在实地钉设了标志桩后，项目部要组织相关人员进行检核，可以通过目测初步评估、实地钢尺量距或者仪器抽检的方式进行，确保测量成果准确无误后方可进入下一步工作。

测量阶段性任务结束后，应及时做好测量资料整理、数据备份的工作。

计划单

模块 5	建筑施工测量		任务 5.2	施工建筑轴线投测
计划用时	4 学时	完成人	1.（　　　）2.（　　　）3.（　　　） 4.（　　　）5.（　　　）6.（　　　） 7.（　　　）8.（　　　）9.（　　　）	
序号	计划步骤		具体工作内容	
1	准备工作			
2	组织分工			
3	现场操作			
4	核对工作			
5	成果整理			
计划说明				

作业单 1

模块 5	建筑施工测量	任务 5.2	施工建筑轴线投测
参加人员	第　　组		开始时间：
	签名：		结束时间：
序号	工作内容记录 （根据实施的具体工作记录，包括存在的问题及解决方法）		分工 （负责人）
1			
2			
3			
…			
小结	主要描述完成的成果及是否达到目标		存在的问题

作业单 2

施工建筑轴线测设检核记录手簿

序号	轴线交点编号 1	轴线交点编号 2	设计距离/m	实测距离/m	距离差/m	备注

略图：

评价单

模块 5	建筑施工测量		任务 5.2	施工建筑轴线投测		
评价对象			小组成员			
评价情境	评价内容及要求	分值（100）	自我评价（10%）	组员互评（20%）	教师评价（70%）	实得分（Σ）
实施过程（30）	遵守纪律服从安排	5				
	准备工作完整性	5				
	方案编制合理与可行性	15				
	过程完整性	5				
质量评价（30）	工作完整性	10				
	工作质量	5				
	报告完整性	15				
团队精神（25）	核心价值观	5				
	创新性	5				
	参与率	5				
	合作性	5				
	劳动态度	5				
安全文明（10）	工作过程中的安全保障情况	5				
	工具正确使用和保养、放置规范	5				
工作效率（5）	能够在要求的时间内完成，超时不得分	5				
最终得分						

287

课后反思

模块 5	建筑施工测量	任务 5.2	施工建筑轴线投测	
班 级		第 组	成员姓名	
情感反思	通过对此任务的学习和实训,你认为自己在社会主义核心价值观、职业素养、劳动精神和工匠精神等方面有哪些部分需要提高?			
知识反思	通过学习此任务,你掌握了哪些知识点?			
技能反思	在完成此任务的学习和实训过程中,你主要掌握了哪些技能?			
方法反思	在完成此任务的学习和实训过程中,你主要掌握了哪些分析和解决问题的方法?			

任务 5.3　施工建筑高程测设与传递

任务单

模块 5	建筑施工测量	任务 5.3	施工建筑高程测设与传递
计划学时		4 学时（课前 2 学时）	
布置任务			
任务描述	建筑施工过程中，除了要准确完成建筑物平面定位、建筑轴线投测之外，建筑正负零、地下室及各楼层高程的测设与传递也是非常重要的一个环节。结合施工现场实际情况，正负零高程的测设可以通过水准仪方便快捷地完成；高差较大情况下，高程的传递可以通过水准仪吊钢卷尺的方法或者全站仪天顶测距的方法完成。		
工作目标	1. 能够找到完成任务所需的工具、材料，做好施测前的准备工作。 2. 熟悉施工建筑正负零的概念和测设方法。 3. 掌握水准仪吊钢卷尺的方法完成高程的传递。 4. 掌握全站仪天顶测距方法完成高程的传递。 5. 能够在完成任务过程中锻炼职业素养，做到工作程序严谨、认真对待，能够吃苦耐劳、主动承担，有团队意识，诚实守信、不弄虚作假，培养保证质量、建设优质工程的爱国情怀。		

学时安排	思	学	教	做	评
	（0.5 学时）	（1.5 学时）	1.0 学时	2.5 学时	0.5 学时

学习要求	1. 按照思维导图自主学习，完成课前测试。 2. 严格遵守课堂纪律，学习态度认真、端正，能够正确评价自己和同学在工作任务中的素质表现。 3. 积极参与小组工作，承担外业观测中的相应工作，做到积极主动不推诿，与小组成员默契配合。 4. 能够完成技能训练作业单，对作业中的疑难点务必及时强化与突破。 5. 任务完成后，填写任务评价单，评判各小组成员的分数或等级。 6. 完成课后反思，以小组为单位提交。

考核评价办法	评价包括自我评价、小组互评、教师评价，按比例进行综合评价，并以不小于 40% 的比例计入期末总成绩。

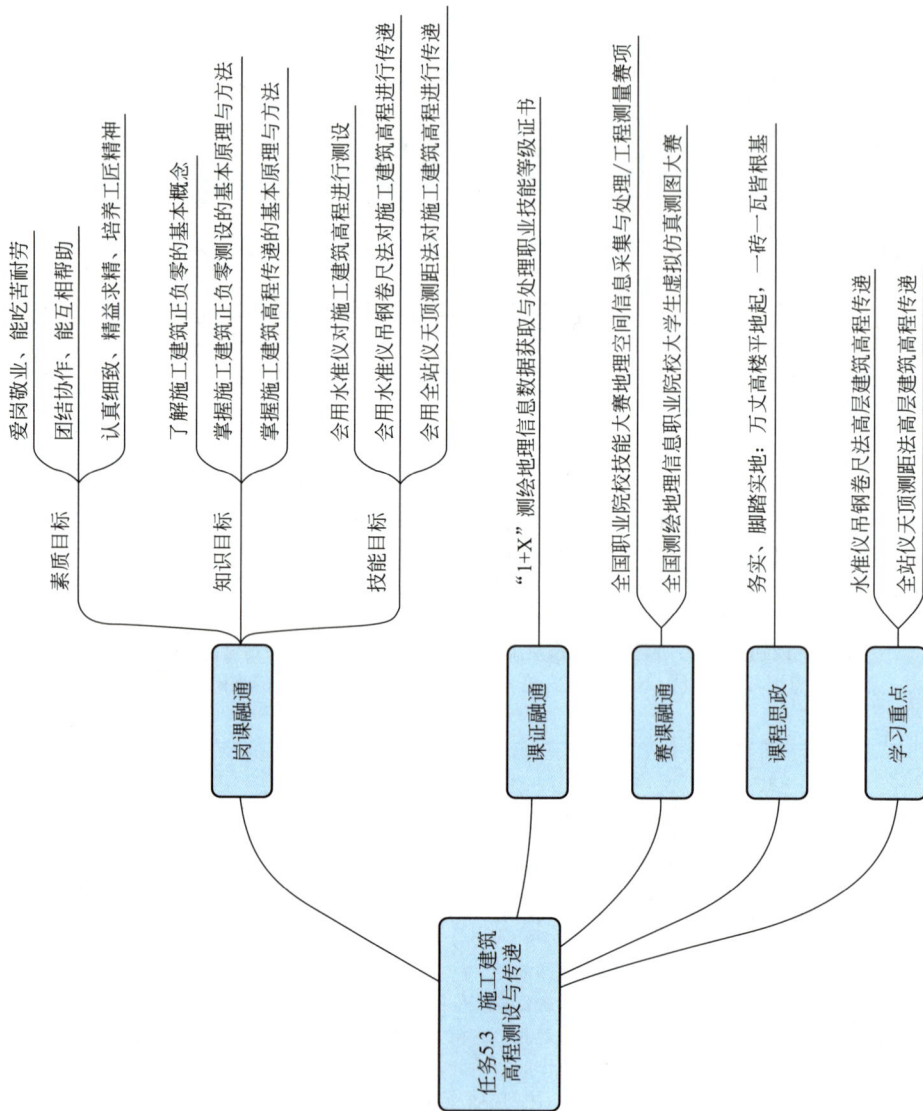

课前自学

知识点 1　施工建筑正负零测设方法

如图 5-15 所示，设 R 为已知水准点，高程为 H_R，A 为施工建筑正负零设计点，设计高程为 H_A，安置水准仪于水准点 R 与待测设高程点 A 之间，后视读数为 a，则视线高程 $H_视 = H_R + a$；前视应读数 $b_应 = H_视 - H_A$。此时，在 A 点木桩侧面，上下移动标尺，直至水准仪在尺上截取的读数恰好等于 $b_应$ 时，紧靠尺底在木桩侧面画一横线，此横线即为设计高程位置。若 A 点为室内地坪，则在横线上注明 "±0.000"。

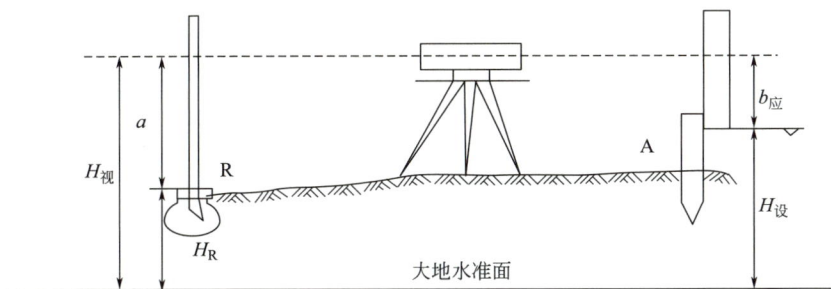

5-3

高程传递

图 5-15　施工建筑正负零测设

知识点 2　施工建筑高程传递与投测方法

若待测设高程点的设计高程与附近已知水准点的高程相差很大，如测设较深的基坑标高或测设高层建筑物的标高，只用标尺已无法放样，此时可借助钢尺将地面水准点的高程传递到坑底或高楼上。

如图 5-16a 所示，将地面水准点 A 的高程传递到基坑临时水准点 B 上。在坑边上杆上倒挂经过检定的钢尺，零点在下端并挂 10kg 重锤，在地面上和坑内分别安置水准仪，瞄准水准尺和钢尺读数（图 5-16a 中 a、b、c、d），根据水准测量原理有：

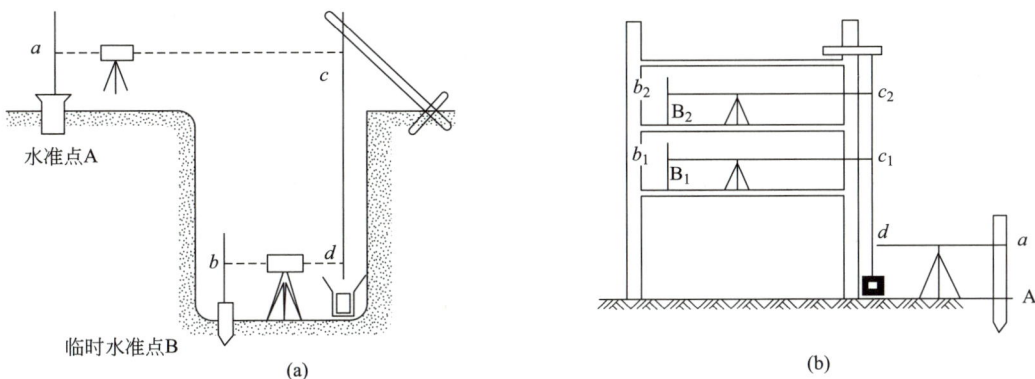

图 5-16　高程测设传递方法

$$H_B = H_A + a - (c - d) - b$$

$$b = H_A + a - (c - d) - H_B$$

在 B 点立尺，使水准尺贴着坑壁上下移动，当水准仪视线在尺子上的读数等于 b 时，紧靠尺底在坑壁上画线，并用木桩标定，木桩面就是设计高程 H_B 点。

如图 5-16b 所示是将地面水准点 A 的高程传递到高层建筑物上，方法与上述相似。

任务实施

1. 准备工作

搜集已有的设计图纸和测量控制点资料，认真查阅和熟悉设计图纸。认真查阅建筑总平面图、建筑施工图、建筑立面图等重要资料。搜集或计算出施工建筑正负零及不同楼层的设计高程数据。

准备好测量仪器设备和工具。检查全站仪、三脚架、对中杆、棱镜、水准仪、塔尺、钢卷尺、对讲机、记号笔、铁锤、钢钉等。

做好交通车辆、防晒防暑防冻、饮水饮食等准备，电子仪器确保充好电并留有备用电池。

2. 选择测量方法并现场组织测量

对于建筑高程测设，通常采用水准仪作业的方式。

如果测区周边有可以利用的高程控制点，且通视条件良好，则可以直接在该点上立水准尺作为后视点用；如果高程控制点离测区较远或者通视条件不理想，则需要通过多次设站的方式，将已知水准点的高程引测到测区周边比较固定的位置，并做好标记，作为新的后视点使用。在水准测量的过程中，为避免多次设站出错，需要通过一定的方法进行检核。通常采用的做法有：①变换仪器高法；②闭合回已知的水准控制点。

对于施工建筑正负零的测设方法很简单，利用水准测量的基本原理——视线高相等，即可快速测设出正负零设计高程的位置。

对于需要进行不同楼层高程传递的情况，可以通过在楼梯间吊钢卷尺，在楼下和楼上分别安置一台水准仪的方法，同样利用水准测量视线高相等的原理进行高程的传递与测设。

在施工过程中，有时还可以通过水准仪将已知高程测设到施工塔式起重机上面，随着塔式起重机的不断增高，利用钢卷尺丈量的方法将高程传递到塔式起重机各个不同的高度，从而再通过水准仪测量的方法或者全站仪三角高程测量的方法将高程引测到不同的楼层。

3. 测设数据检核与资料整理

施工建筑高程测设完毕并在实地钉设了标志桩后，项目部要组织相关人员进行检核，可以通过目测初步评估、实地钢尺量距或者仪器抽检的方式进行，确保测量成果准确无误后方可进入下一步工作。

测量阶段性任务结束后，应及时做好测量资料整理、数据备份的工作。

课前测试

一、单选题（只有 1 个正确答案，每题 10 分）

1. 建筑施工中，一般把建筑物的室内地坪用（   ）表示。

A. 绝对高程   B. ±0.000   C. ±1000   D. ±1.000

2. 场地附近有一水准点 A，其高程为 138.316m，欲测设高程为 139.000m 的室内地坪±0.000，水准仪在水准点 A 所立水准尺上的读数为 1.038m，则前视读数应该为（   ）m。

A. 0.353   B. 0.354   C. 0.355   D. 0.356

3. 一般把层数为（   ）层的建筑称作超高层建筑。

A. 5～9   B. 10～16   C. 17～40   D. 40 以上

二、多选题（至少有 2 个正确答案，每题 10 分）

1. 下列哪些测量仪器可以进行建筑施工场地平整？（   ）

A. 水准仪   B. 全站仪

C. GNSS-RTK   D. 经纬仪

E. 测距仪

2. 高层建筑高程传递可以采用以下哪些测量方法？（   ）

A. 水准仪吊钢卷尺法   B. 全站仪天顶测距法

C. 经纬仪法   D. 目测法

E. 距离交会法

三、判断题（对的画"√"，错的画"×"，每题 10 分）

1. 在进行场地平整时，为了保证挖填平衡，设计高程是场地中的平均高程。（   ）

2. 一般把建筑物一层室内地坪面的设计标高用±0.000 来表示。（   ）

3. 场地平整前，需要先确定好场地的设计标高。（   ）

4. 高差较大情况下的建筑高程传递可以采用水准仪吊钢卷尺的方法进行。（   ）

5. 场地附近有一水准点 A，其高程为 100.000m，欲测设高程为 101.230m 的室内地坪±0.000，水准仪在水准点 A 所立水准尺上的读数为 2.000m，则前视读数应该为 0.770m。（   ）

计划单

模块 5	建筑施工测量		任务 5.3	施工建筑高程测设与传递
计划用时	4 学时	完成人		1.(　　　) 2.(　　　) 3.(　　　) 4.(　　　) 5.(　　　) 6.(　　　) 7.(　　　) 8.(　　　) 9.(　　　)
序号	计划步骤		具体工作内容	
1	准备工作			
2	组织分工			
3	现场操作			
4	核对工作			
5	成果整理			
计划说明				

作业单 1

模块 5	建筑施工测量	任务 5.3	施工建筑高程测设与传递
参加人员	第　组		开始时间：
	签名：		结束时间：
序号	工作内容记录 （根据实施的具体工作记录，包括存在的问题及解决方法）		分工 （负责人）
1			
2			
3			
……			
小结	主要描述完成的成果及是否达到目标		存在的问题

作业单 2　施工建筑高程测设记录手簿

已知点高程/m	后视/m	视线高/m	设计高程/m	前尺应读数/m	备注

略图：

评价单

模块 5	建筑施工测量		任务 5.3	施工建筑高程测设与传递		
评价对象			小组成员			
评价情境	评价内容及要求	分值（100）	自我评价（10％）	组员互评（20％）	教师评价（70％）	实得分（Σ）
实施过程（30）	遵守纪律服从安排	5				
	准备工作完整性	5				
	方案编制合理与可行性	15				
	过程完整性	5				
质量评价（30）	工作完整性	10				
	工作质量	5				
	报告完整性	15				
团队精神（25）	核心价值观	5				
	创新性	5				
	参与率	5				
	合作性	5				
	劳动态度	5				
安全文明（10）	工作过程中的安全保障情况	5				
	工具正确使用和保养、放置规范	5				
工作效率（5）	能够在要求的时间内完成，超时不得分	5				
最终得分						

课后反思

模块 5	建筑施工测量	任务 5.3		施工建筑高程测设与传递
班 级		第　组	成员姓名	
情感反思	通过对此任务的学习和实训,你认为自己在社会主义核心价值观、职业素养、劳动精神和工匠精神等方面有哪些部分需要提高?			
知识反思	通过学习此任务,你掌握了哪些知识点?			
技能反思	在完成此任务的学习和实训过程中,你主要掌握了哪些技能?			
方法反思	在完成此任务的学习和实训过程中,你主要掌握了哪些分析和解决问题的方法?			

模块 **6**

道路施工测量

情境导入

　　某城市主干道建设任务，路线长 1.525km，道路规划红线宽 60m，按双向六车道、三幅路布设，设计速度 60km/h。施工单位组织工程测量技术人员会同监理单位、建设单位、设计单位完成了测量控制点的交接工作，并对施工道路全线进行了现场踏勘。

　　工程测量技术人员在已有测量控制点的基础上，完成了全线测量控制点的复核及加密工作。为了复核公路工程施工图纸及工程量清单中的土石方量是否与实地填挖方量相符，需要对施工道路全线进行纵横断面的复测。在道路施工过程中，需要对道路中桩、边桩及道路边坡进行测设，同时测定开挖点的实际高程，并与设计高程进行比对确定填挖深度。对于施工道路各结构层，在准确定位其平面位置的同时，需要精细地测出各面层的实际高程，确定好填埋深度，从而高效准确地指导道路的施工。

学习目标

素质目标	1. 爱岗敬业，能吃苦耐劳。 2. 团结协作，能互帮互助。 3. 认真细致、精益求精，培养工匠精神。
知识目标	1. 掌握施工道路平面图各项内容的识读。 2. 掌握道路纵横断面图复测及绘制的方法和步骤。 3. 掌握施工道路平面位置测设的原理及方法。 4. 掌握施工道路边坡测设的原理与方法。 5. 掌握施工道路高程测设的原理与方法。
能力目标	1. 能读懂施工道路各项施工图纸。 2. 能绘制道路纵横断面图。 3. 能完成施工道路平面位置的测设。 4. 能完成施工道路边坡位置的测设。 5. 能完成施工道路高程的测设。

工作任务

序号	任务名称	参考学时
6.1	道路纵横断面图复测	4
6.2	道路中线测设	4
6.3	道路边坡测设	4
6.4	路基路面高程测设	4

任务 6.1　道路纵横断面图复测

任务单

模块 6	道路施工测量	任务 6.1	道路纵横断面图复测
计划学时		4 学时（课前 2 学时）	
布置任务			
任务描述	施工单位进场后，为了复核公路工程施工图纸及工程量清单关于土石方工程量是否与实地填挖方量相符，需要对施工道路全线进行道路纵横断面的复测，从而绘制道路纵横断面图，计算路基土石方量。		
工作目标	1. 能够找到完成任务所需的工具、材料，做好施测前的准备工作。 2. 掌握施工路线纵横断面测量的工作内容和方法。 3. 掌握纵横断面图的组成及相关知识，能够绘制施工线路纵横断面图。 4. 能够在完成任务过程中锻炼职业素养，做到工作程序严谨认真对待，能够吃苦耐劳、主动承担，有团队意识，诚实守信，不弄虚作假，培养保证质量、建设优质工程的爱国情怀。		

学时安排	思	学	教	做	评
	（0.5 学时）	（1.5 学时）	1.0 学时	2.5 学时	0.5 学时

学习要求	1. 按照思维导图自主学习，完成课前测试。 2. 严格遵守课堂纪律，学习态度认真、端正，能够正确评价自己和同学在工作任务中的素质表现。 3. 积极参与小组工作，承担外业观测中的相应工作，做到积极主动不推诿，与小组成员默契配合。 4. 能够完成技能训练作业单，对作业中的疑难点务必及时强化与突破。 5. 完成课后反思，以小组为单位提交。
考核评价办法	评价包括自我评价、小组互评、教师评价，按比例进行综合评价，并以不小于 40% 的比例计入期末总成绩。

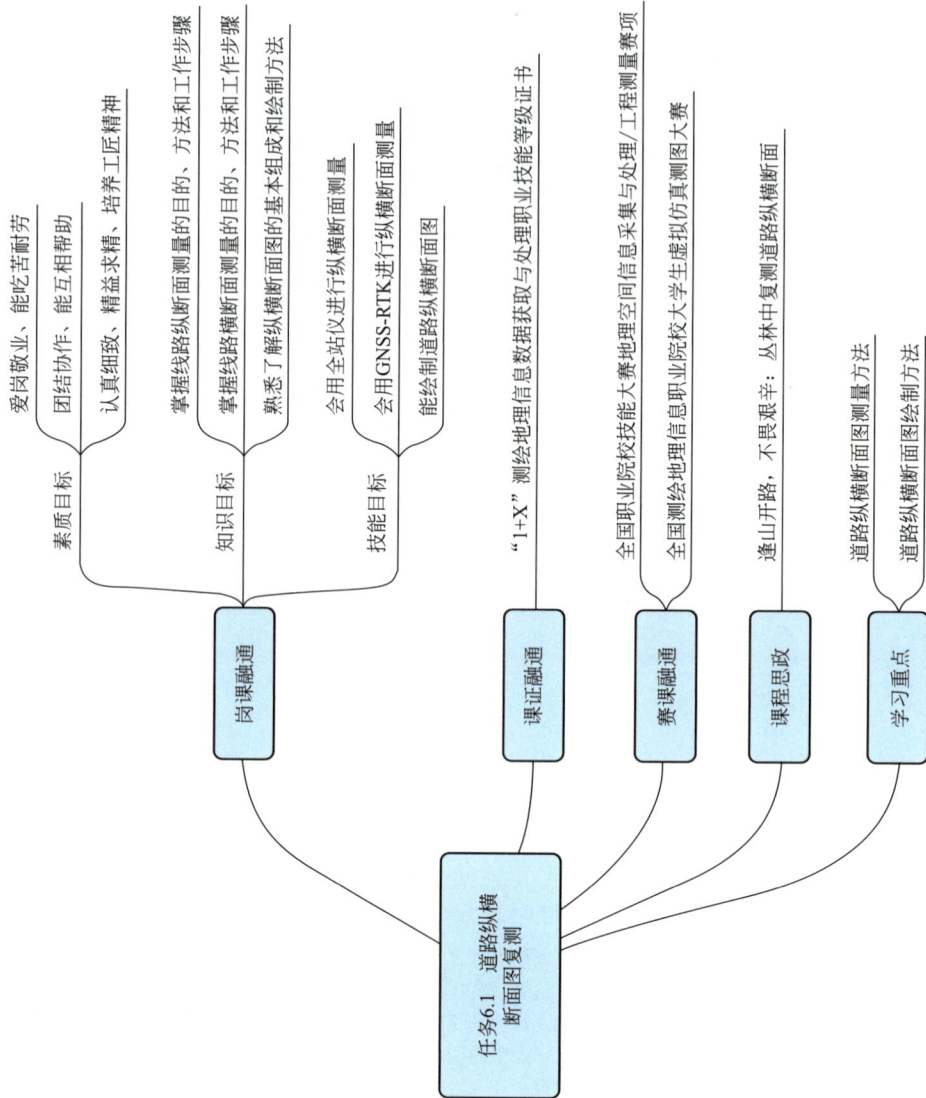

6-1

中线测量

课前自学

知识点1 道路纵断面测量工作内容及方法

线路的平面位置在实地测设之后应测出各里程桩的高程，以便绘制表示沿线起伏情况的断面图和进行线路纵向坡度、桥涵位置、隧道洞口位置的设计及土石方量计算。纵断面图的测量是用水准测量的方法测出道路中线各里程桩的地面高程，然后根据里程桩号和测得相应的地面高程，按一定比例绘制成纵断面图。

铁路、道路、管道等线形工程在勘测设计阶段进行的水准测量，称为线路水准测量。线路水准测量一般分两部分进行：一是在线路附近每隔一定距离设置一水准点，并按四等水准测量方法测定其高程，称为基平测量；二是根据水准点高程，按图根水准测量要求测量线路中线各里程桩的高程，称为中平测量。

1. 基平测量

（1）水准点设置

水准点是线路水准测量的控制点，在勘测设计和施工阶段甚至工程运营阶段都要使用。因此，应选择在沿线路离中线 30～50m、不受施工影响、使用方便和易于保存的地方埋设足够的水准点，一般每隔 1～2km 和在大桥两岸、隧道两端等处均埋设一个永久性水准点，每隔 300～500m 和在桥涵、停车场等构筑物附近埋设一个临时水准点，作为纵断面测量分段闭合和施工时引测高程的依据。

（2）水准点高程测量

水准点高程测量时，首先应与国家高等级水准点联测，以获得绝对高程，然后按四等水准测量的方法测定各水准点的高程。在沿线水准测量中也应尽量与附近的国家水准点进行联测，作为校核。

2. 中平测量

中平测量又称中桩水准测量。中桩水准测量应起闭于水准点上。按图根水准测量精度要求沿中桩逐桩测量。在施测过程中，应同时检查中桩、加桩是否恰当，里程桩号是否正确，若发现错误和遗漏需进行补测。相邻水准点的高差与中桩水准测量检测的较差不应超过 2cm。施测中由于中桩较多，且各桩间距一般均较小，因此可相隔几个桩设一测站，在每一测站上除测出转点的后视、前视读数外，还需测出两转点之间所有中桩地面的前视读数，读到厘米。这些只有前视读数而无后视读数的中桩点，称为中间点。设计所依据的重要高程点位，如铁路轨顶、桥面、路中、下水道井底等应按转点施测，读数到毫米。中桩水准测量记录是展绘线路纵断面图的依据。中平测量的施测过程如图 6-1 所示，水准仪安置在①站，后视水准点 BM_1 得到后视读数 a，得到视线高程 $H_i = H_{BM_1} + a$，依次照准 $K_0 + 000$、$+050$、$+100$、$+108$、$+120$ 读取中视读数 k，以上各中桩高程＝视线高程 H_i－中视读数 k；最后照准转点 TP_1，由公式：转点高程 H_{TP_1}＝视线高程 H_i－前视读数 b，计算出转点 TP_1 的高程。至此第一测站的观测与计算完成。再将仪器搬至②站，按照相同的方法后视转点 TP_1 得到第二站视线高程，中视各中桩读数 k，前视 TP_2 点读数 b 得到 $+140$、$+160$、$+180$、$+200$、$+221$、$+240$ 点高程和 TP_2 点高程。按上述方法继续向前观测，直至附合到水准点 BM_2。

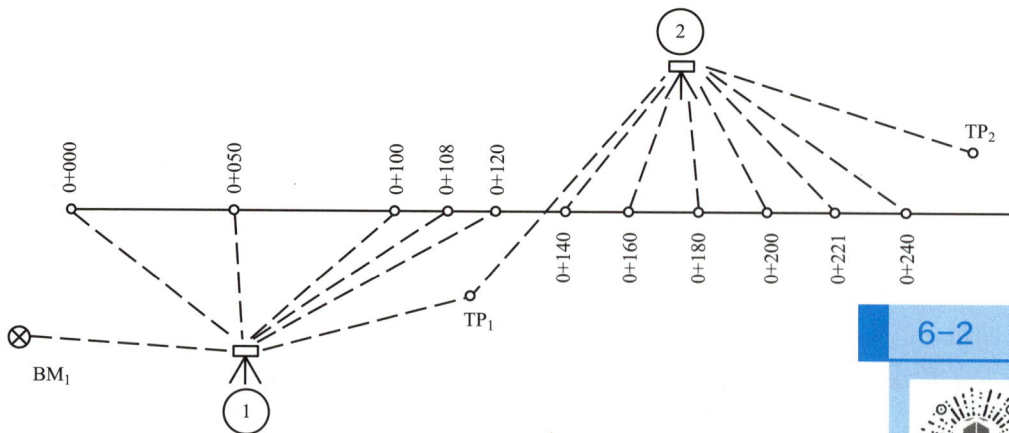

图 6-1　中桩中平测量示意图

6-2

横断面图测绘

知识点 2　道路横断面测量工作内容及方法

在铁路、公路设计中，只有线路的纵断面图还不能满足路基、隧道、桥涵、站场等专业设计以及土石方量计算等方面的要求。因此，必须测绘出表示线路两侧地形起伏情况的横断面图。在线路上，一般应在曲线控制点、公里桩和线路纵、横向地形明显变化处测绘横断面。横断面图的测量是施测中桩处垂直于中线两侧的地面坡度变化点与中桩间的距离与高差，然后按一定比例尺展绘成横断面。

1. 横断面方向的测定

横断面的方向，在直线部分应与中线垂直，在曲线部分应在法线方向上。

2. 横断面的测量方法

（1）水准仪皮尺法

此法适用于施测断面较窄的平坦地区。如图 6-2 所示，水准仪安置后，以中桩地面高程为后视，以中线两侧横断面方向地面特征点为前视，读数到厘米，并用皮尺量出各特征点到中桩的水平距离，量到分米。观测时安置一次仪器一般可测几个断面。

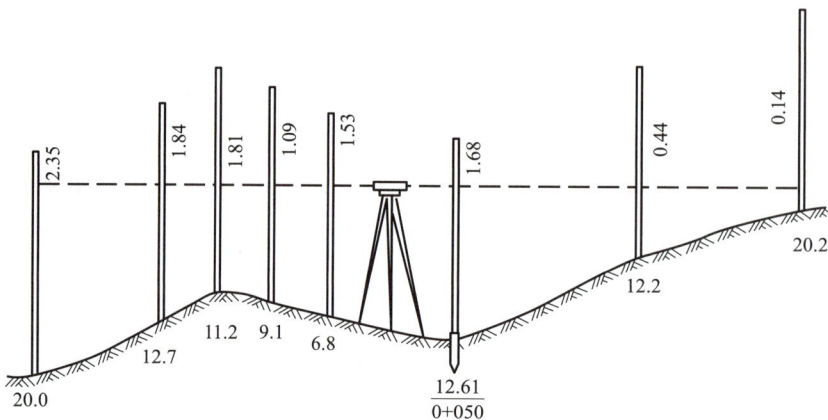

6-3

纵断面图测绘

图 6-2　水准仪皮尺法横断面测量

（2）经纬仪法

采用经纬仪测量横断面是将经纬仪安置于中线桩上，读取中线桩两侧各地形变化点视距和垂直角，计算各观测点相对中桩的水平距离与高差。此法适用于地形起伏变化大的山区。

（3）测杆皮尺法

如图 6-3 所示，测量时将一根测杆立于横断面方向的某特征点上，另一根杆立在中桩上。用皮尺截于测杆的红白格数（每格 20cm），即为两点的高差。同法连续地测出每两点间的水平距离与高差，直至需要的宽度为止。

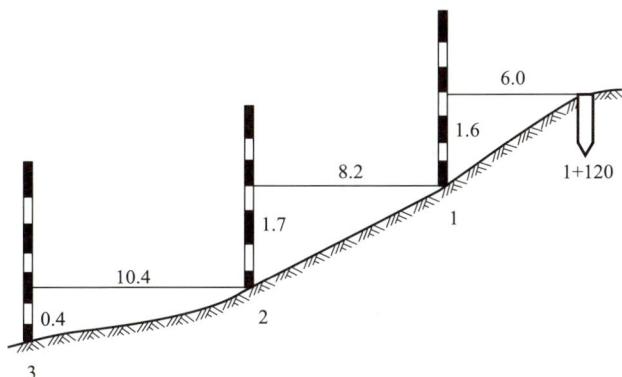

图 6-3　测杆皮尺法横断面测量

（4）全站仪测量法

采用全站仪测量横断面是将全站仪安置于线路控制点上，依次测量读取中线桩两侧各地形变化点的三维坐标（X，Y，Z），把测量数据展绘到 SouthMap 软件中，能获得用来绘制横断面图的数据文件。此法适用于任何复杂地段的道路横断面测量。

（5）GNSS 测量法

采用 GNSS 测量横断面是通过设置 GNSS 移动站，求解出坐标转换参数后，依次测量出中线桩两侧各地形变化点的三维坐标（X，Y，Z），把测量数据展绘到 SouthMap 软件中，能获得用来绘制横断面图的数据文件。此法工作效率高于任何一种作业模式，但受 GNSS 通信信号的影响，一般适用于视野比较开阔、遮挡较少区域的道路横断面测量。

知识点 3　道路纵横断面图绘制

1. 纵断面图的绘制

纵断面图是沿中线方向绘制的反映地面起伏和纵坡设计的线状图，它表示出各路段纵坡的大小和中线位置的填挖尺寸，是线路设计和施工中的重要文件资料。

纵断面图是以中桩的里程为横坐标，以中桩的地面高程为纵坐标绘制的。

展图比例尺其中里程比例尺应与线路带状地形图比例尺一致，高程比例尺通常比里程大 10 倍，如果里程比例尺为 1∶1000，则高程比例尺为 1∶100。

图 6-4 为道路纵断面图，在图的上部从左至右绘有两条贯穿全图的线，一条细的折线是表示中线方向的地面线，它是根据中线水准测量的地面高程绘制的；一条粗的折线是表示带有竖曲线在内的纵坡设计线，它是按设计要求绘制的。此外，在上部还注有水准点、涵洞、断链等位置、数据和说明。图 6-4 的下部几栏表格，注有测量数据及纵坡设计、竖

土壤地质	风化砂置			砂岩			细砂		风化砂岩	
坡度	0.5			540	110	-4.0	0.5	150	150	-2.0
填挖高度	-1.67	-1.71	-7.77	-1.30	-17.29	-4.98	1.82	3.18	6.41	0.43
设计高程	7.02	7.52	8.02	8.52	9.02	9.52	7.32	5.57	5.88	4.07
地面高程	8.69	9.23	15.79	9.82	26.31	14.50	5.50	8.75	12.29	4.50
里程	K9	1	2	3	4	5	6	7	8	9 K
直线与曲线		JD$_6$ R=600		JD$_7$ R=-100		JD$_8$ R=70 L$_s$=35		JD$_9$ R=-600		

图中标注：
$\frac{1\ 1.5板涵}{K9+120}$；$\frac{1\ 20板涵}{K9+240}$；$\frac{右侧20m石头上}{K9+350}$ BM$_{24}$H=24.114；
$\frac{R=1400,\ T=31.5,\ E=0.35}{\ }$；$\frac{1\ 3.0拱涵}{K9+618}$；$\frac{9.72}{K9+540}$；$\frac{532}{K9+650}$；
R=1400 T=31.5 E=0.35；R=2400 T=30 E=0.19；$\frac{6.07}{K9+800}$；$\frac{3.07}{K9+50}$；R=180 T=30.6 E=0.26

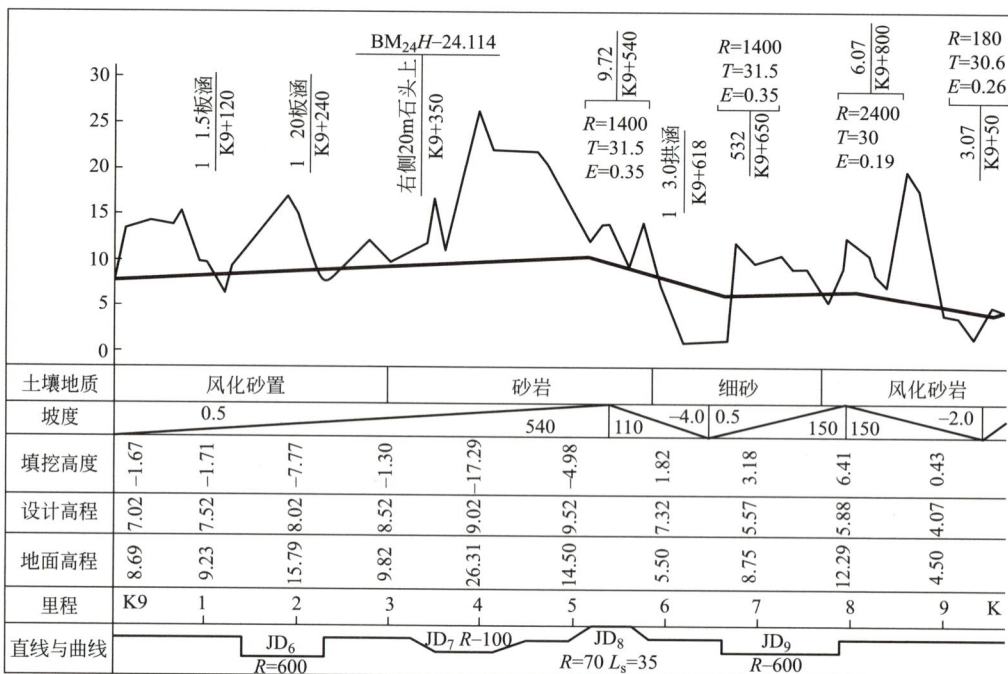

图 6-4　道路纵断面图

曲线等资料。

2. 横断面图的绘制

（1）建立坐标系

绘制横断面图时均以中桩地面坐标为原点，以平距为横坐标、高差为纵坐标，将各地面特征点绘在毫米方格纸上。

（2）确定比例尺

为了计算横断面面积和确定路基的填、挖边界，横断面的水平距离和高差的比例尺应是相同的，通常用1∶100或1∶200。

（3）绘制方法

先在毫米方格上，由下而上以一定间隔定出各断面的中心位置，并注上相应的桩号和高程，然后根据记录的水平距离和高差，按规定的比例尺绘出地面上各特征点的位置，再用直线连接相邻点即绘出断面图的地面线，最后标注有关的地物和数据等。横断面图绘制简单，但工作量大，发现问题应及时纠正。

3. 通过 SouthMap 软件绘制断面图

（1）断面数据准备

通过全站仪或者 GNSS 方法获得的道路纵横断面测量原始数据，展绘到 SouthMap 软件中，结合道路设计中心线，可以自动生成道路纵横断面图数据文件（＊.hdm）。

数据格式：

BEGIN，断面里程：断面序号

第一点里程，第一点高程

第二点里程，第二点高程

……

NEXT

另一期第一点里程，第一点高程

另一期第二点里程，第二点高程

……

下一个断面

……

6-4

绘制纵、横断面图

说明：

1）每个断面第一行以"BEGIN"开始；"断面里程"参数多用在道路土方计算方面，表示当前横断面中桩在整条道路上的里程，如果里程文件只用来画断面图，可以不要这个参数；"断面序号"参数和下文道路设计参数文件的"断面序号"参数相对应，以确定当前断面的设计参数，同样在只画断面图时可省略。

2）各点应按断面上的顺序表示，里程依次从小到大。

3）每个断面从"NEXT"往下的部分可以省略，这部分表示同一断面另一个时期的断面数据，例如设计断面数据，绘断面图时可将两根断面线同时画出来，如同时画出实际线和设计线。

（2）断面图绘制

如图 6-5 所示，在 SouthMap 软件中，点击"工程应用/绘断面图/根据里程文件"菜单，弹出图 6-6 所示界面，可以根据需要设置断面图绘制相关参数，点击"确定"即可出图，如图 6-7 所示。

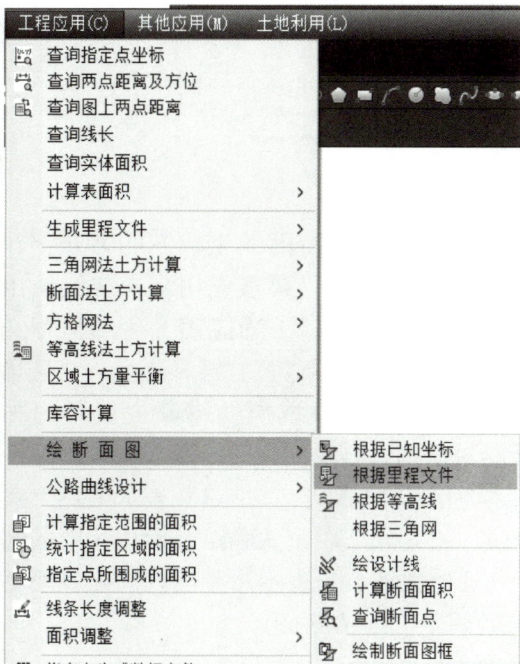

图 6-5　SouthMap 软件绘制断面图

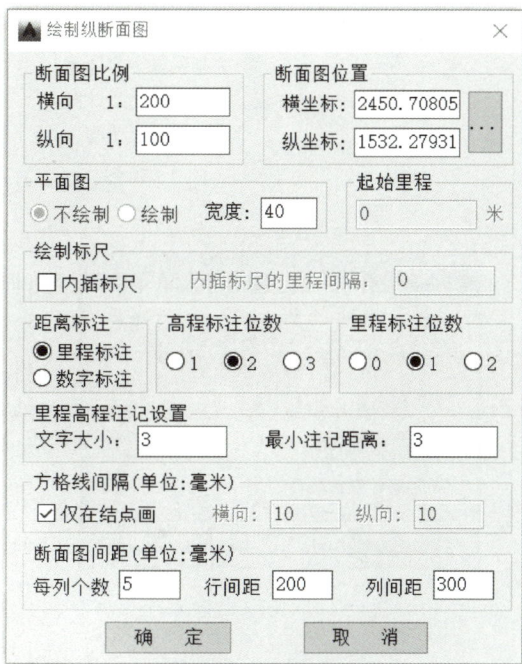

图 6-6　SouthMap 软件绘制断面图参数设置

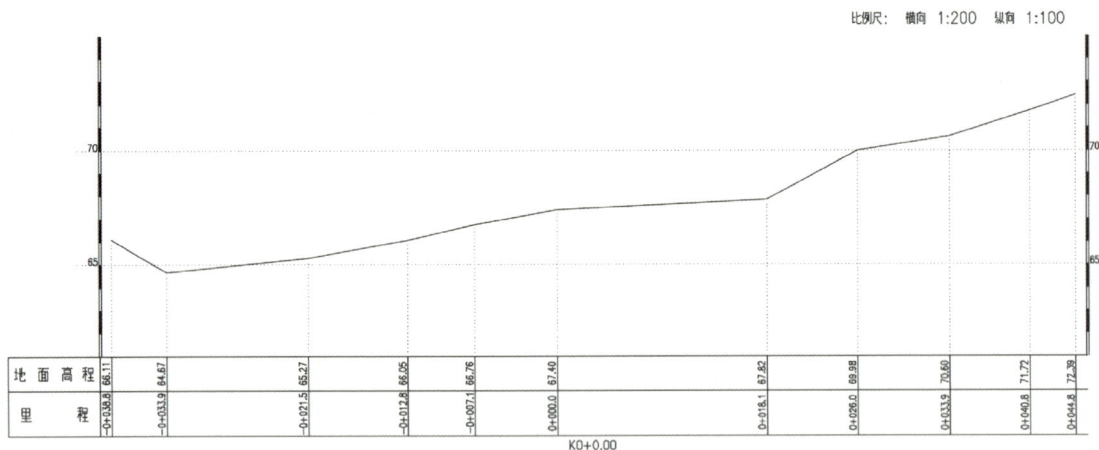

比例尺： 横向 1:200 纵向 1:100

图 6-7　SouthMap 软件断面图示例

知识点 4　路基土石方工程量的计算

根据道路全线复测的横断面文件数据，结合道路设计断面文件，可以采用"道路断面法"对路基土石方量工程量进行计算。

1. 生成里程文件

生成里程文件常用的有五种方法，点取菜单"工程应用"，在弹出的菜单里选"生成里程文件"，SouthMap 软件提供了五种生成里程文件的方法，如图 6-8 所示。

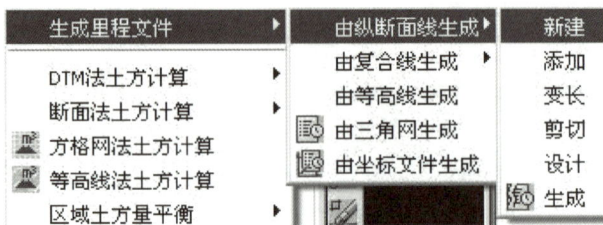

图 6-8　生成里程文件菜单

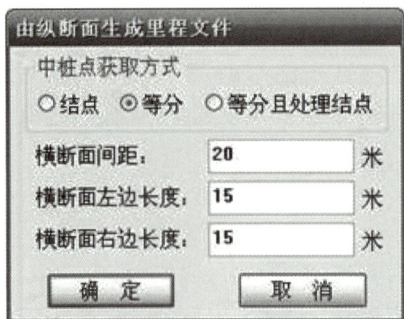

图 6-9　由纵断面线生成里程文件对话框

本任务介绍"由纵断面线生成"的方法：在使用生成里程文件之前，要事先用复合线绘制出纵断面线。用鼠标点取"工程应用\生成里程文件\由纵断面线生成\新建"。屏幕提示："请选取纵断面线"。用鼠标点取所绘纵断面线弹出如图 6-9 所示对话框。

（1）中桩点获取方式："结点"表示结点上有断面通过；"等分"表示从起点开始用相同的间距；"等分且处理结点"表示用相同的间距且要考虑不在整数间距上的结点。

（2）横断面间距：两个断面之间的距离，此处输入"20"。

（3）横断面左边长度：输入大于 0 的任意值，此处输入"15"。

（4）横断面右边长度：输入大于 0 的任意值，此处输入"15"。

选择其中的一种方式即可自动沿纵断面线生成横断面线，如图 6-10 所示。

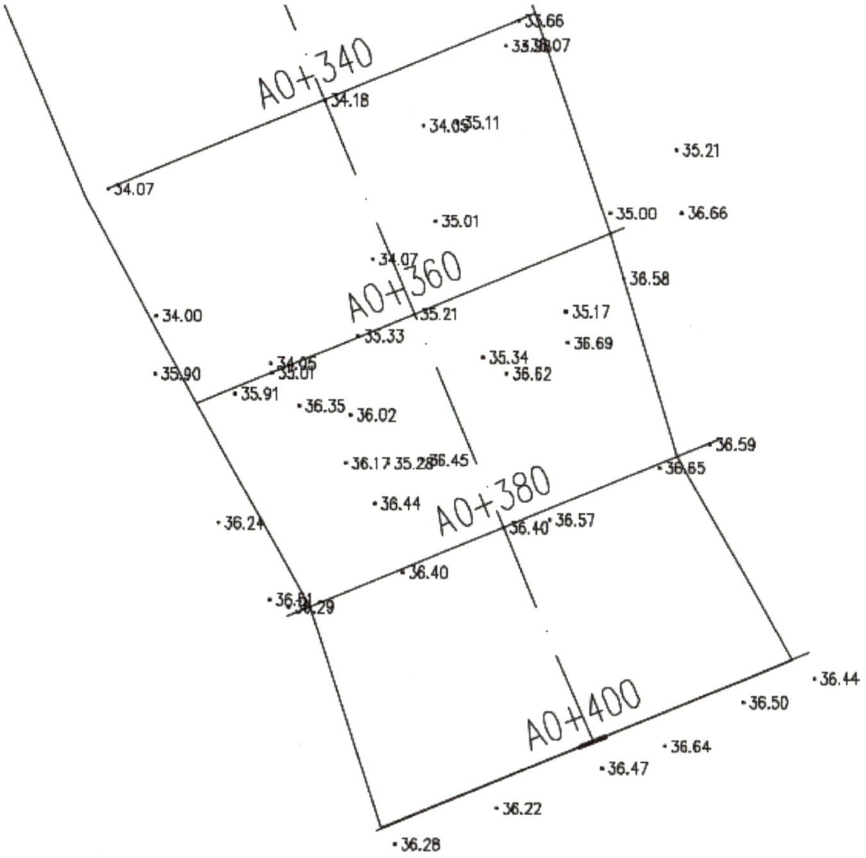

图 6-10　由纵断面生成横断面

2. 选择土方计算类型

用鼠标点取"工程应用"菜单下的"断面法土方计算"子菜单中的"任意断面"，如图 6-11 所示。

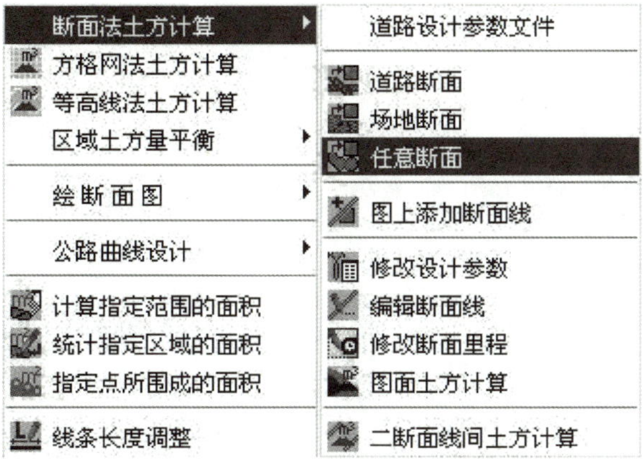

图 6-11　任意断面子菜单

309

点击后弹出对话框，任意断面设计参数在图 6-12 中设置。

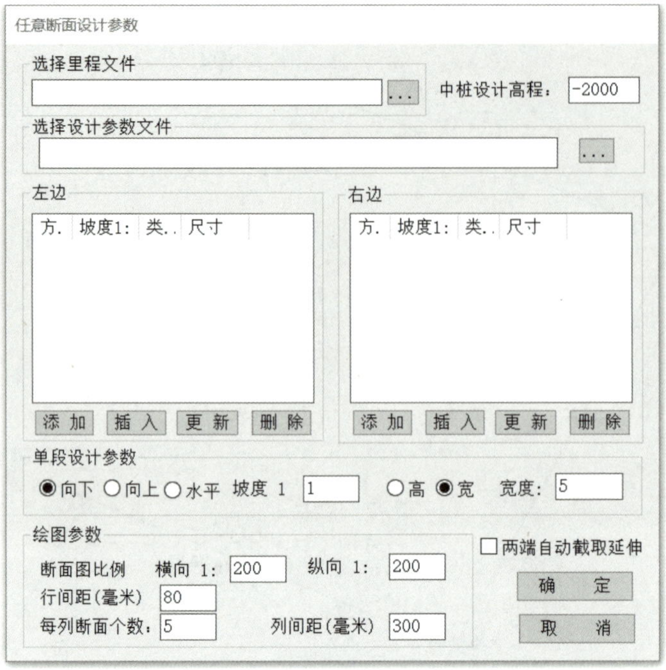

图 6-12　任意断面设计参数对话框

在"选择里程文件"中选择第一步中生成的里程文件。左右两边的显示框中是对设计道路的横断面的描述，且都是从中桩开始向两边描述的，如图 6-13 所示。

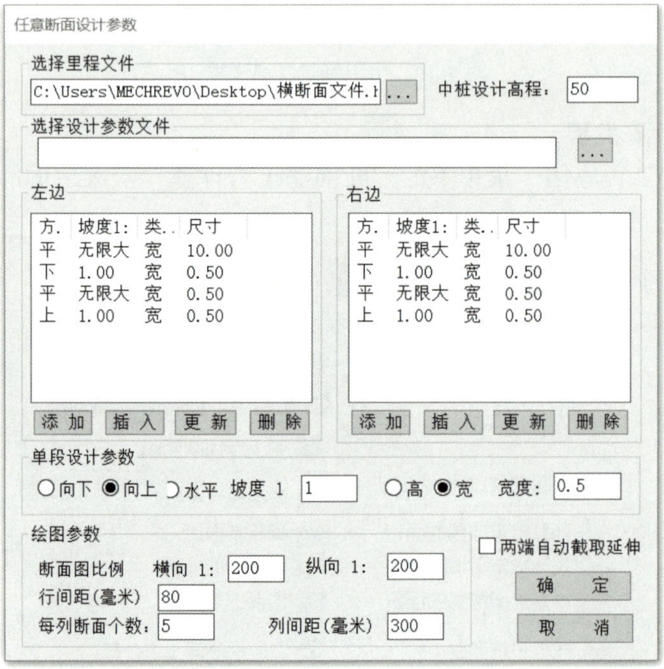

图 6-13　任意断面设计

图 6-13 中所描述的是从中桩画 10m 的平行线，再向下 0.5m 宽 1∶1 坡度的向下斜坡，0.5m 宽平行线，然后是 1∶1 坡度的向上斜坡。编辑好道路横断面线后，点击"确定"按钮，弹出如图 6-14 所示对话框。

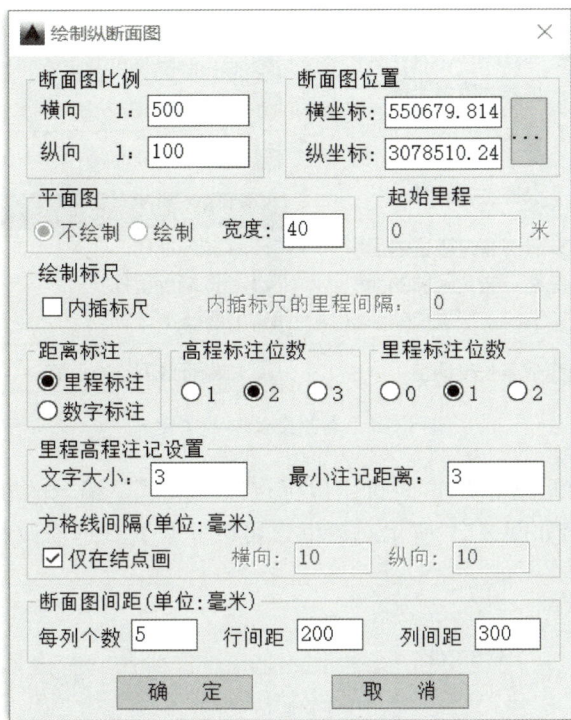

图 6-14　绘制断面图的参数设置

设置好绘制纵断面的参数，点击"确定"，图上已绘出道路的纵断面图、每一个横断面图，结果如图 6-15 所示。

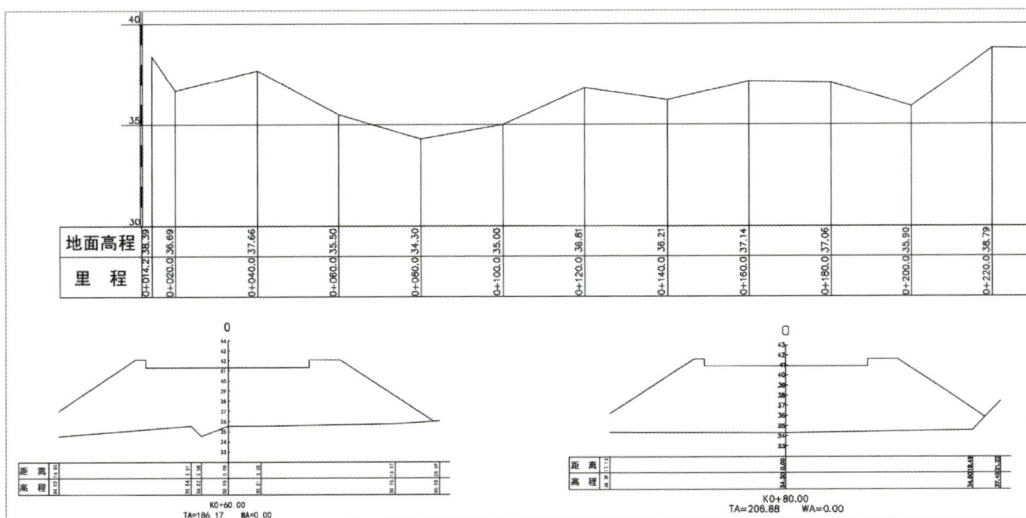

图 6-15　纵横断面图成果表

由于道路各个设计断面的设计高程可能和其他的断面不一样，这样就需要手工编辑这些断面。用鼠标点取"工程应用 \ 断面法土方计算 \ 修改设计参数"，如图 6-16 所示。

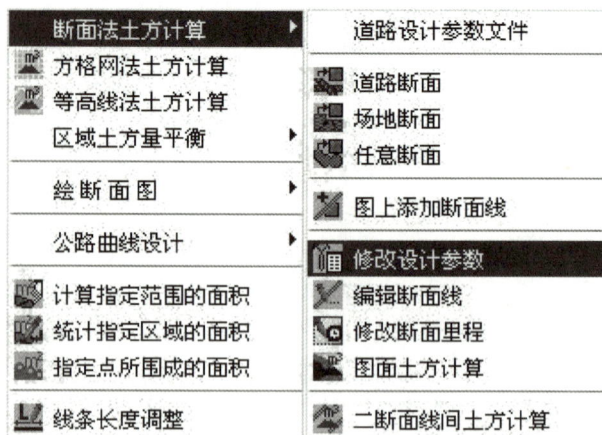

图 6-16　修改设计参数子菜单

屏幕提示："选择断面线。"这时可用鼠标点取图上需要编辑的断面线，选设计线或地面线均可。选中后弹出如图 6-17 所示对话框，可以非常直观地修改相应参数。

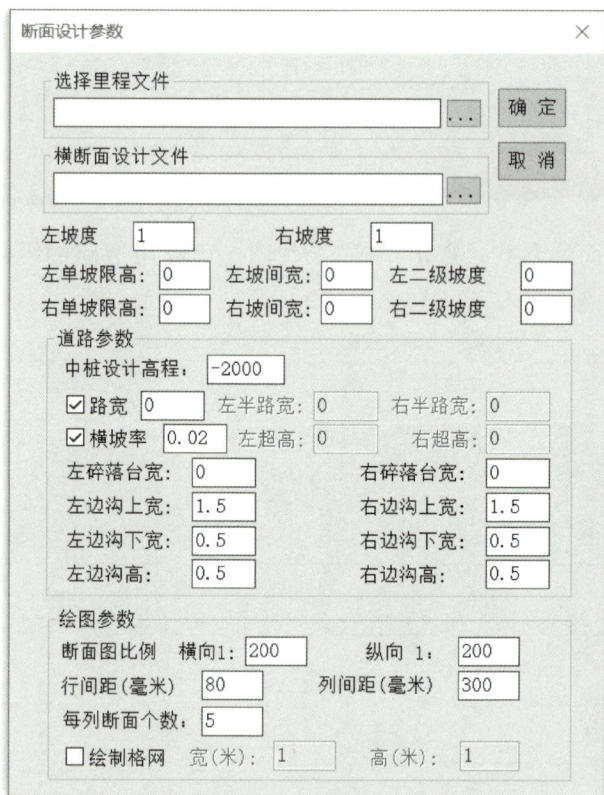

图 6-17　设计参数输入对话框

修改完毕后点击"确定"按钮，系统取得各个参数，自动对断面图进行重算。

如果生成部分的实际断面线需要修改，用鼠标点取"工程应用\断面法土方计算\编辑断面线"功能。屏幕提示："选择断面线。"这时可用鼠标点取图上需要编辑的断面线，选设计线或地面线均可（但编辑的内容不一样）。选中后弹出如图6-18所示对话框，可以直接对参数进行编辑。

图6-18　修改实际断面线高程

如果生成的部分断面线的里程需要修改，用鼠标点取"工程应用\断面法土方计算\修改断面里程"。屏幕提示："选择断面线。"这时可用鼠标点取图上需要修改的断面线，选设计线或地面线均可。

"断面号：X，里程：XX..XXX，请输入该断面新里程："。输入新的里程即可完成修改。

将所有的断面编辑完后，就可进入第四步。

3. 计算工程量

用鼠标点取"工程应用\断面法土方计算\图面土方计算"，如图6-19所示。

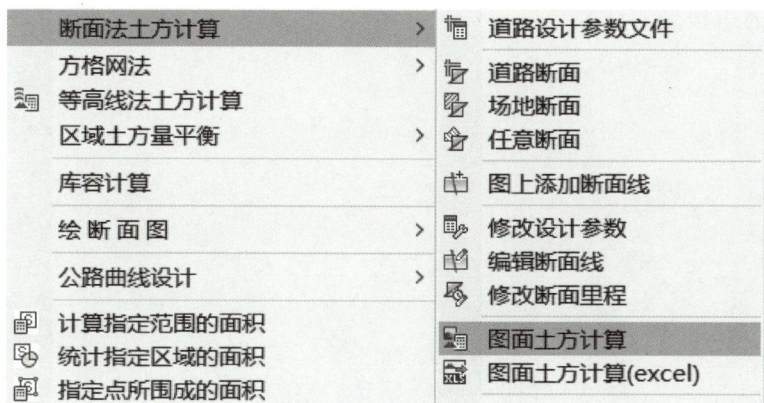

图6-19　图面土方计算子菜单

命令行提示：

"选择要计算土方的断面图："——拖框选择所有参与计算的道路横断面图。

"指定土石方计算表左上角位置:"——在屏幕适当位置点击鼠标定点。

系统自动在图上绘出土石方计算表,如图 6-20 所示。

土 石 方 数 量 计 算 表

里　程	中心高(m)		横断面积(m²)		平均面积(m²)		距离 (m)	总数量(m³)	
	填	挖	填	挖	填	挖		填	挖
K0+400.00	0.67		20.11	0.00					
					18.47	0.00	20.00	369.41	0.00
K0+380.00	0.64		16.83	0.00					
					36.01	0.00	20.00	720.25	0.00
K0+360.00	1.87		55.19	0.00					
					72.37	0.00	20.00	1447.41	0.00
K0+340.00	3.12		89.55	0.00					
					99.35	0.00	20.00	1986.90	0.00
K0+320.00	3.75		109.14	0.00					
					92.98	0.00	20.00	1859.55	0.00
K0+300.00	2.76		76.81	0.00					
					38.41	8.30	20.00	768.15	166.10
K0+280.00		0.83	0.00	16.61					
					0.86	9.38	20.00	17.24	187.51
K0+260.00		0.09	1.72	2.14					
					2.61	2.02	20.00	52.26	40.34
K0+240.00		0.15	3.50	1.89					
					5.72	1.85	20.00	114.43	37.05
K0+220.00	0.02		7.94	1.81					

图 6-20　土石方计算表

并在命令行提示:"总挖方=XXXX 立方米,总填方=XXXX 立方米。"

至此,该区段的道路填挖方量已经计算完成,可以将道路纵横断面图和土石方计算表打印出来,作为工程量的计算结果。

任务实施

1. 准备工作

搜集已有的设计图纸和测量控制点资料，认真查阅和熟悉设计图纸。

准备好测量仪器设备和工具。检查 GNSS 接收机、接收机手簿、对中杆、卡托、全站仪、三脚架、对中杆、棱镜、钢卷尺、对讲机、记号笔、红色标志袋、铁锤、钢钉等。

做好交通车辆、防晒防暑防冻、饮水饮食等准备，电子仪器确保充好电并留有备用电池。

2. 选择并确定测量方法

由于是对设计道路的纵横断面进行复测，核算土石方量，因此道路红线范围内有可能没有清表，会给测量带来了一定的难度。考虑到现场被树木遮挡等情况，优先采用 GNSS-RTK 并连接 5.1m 长对中杆进行作业的方式。测量作业过程中，可以通过升高仪器高度从而获得较好的通信信号。在测量行走的过程中，可以采用一边开路一边测量的作业模式。

3. 现场组织测量

到达施工现场后，测量技术人员根据选用的测量仪器开展测量工作。在每一个道路中桩位置，先确定出待测道路中桩的横断面方向，然后在横断面方向依次采集各特征变坡点的三维坐标，将其存储在仪器内存之中，一个断面测量结束再进入下一个桩点的施测。根据需要，一般 20m 施测一个断面，个别地势复杂、高差变化比较大的区域也可以 10m 施测一个断面。

4. 纵横断面图绘制

根据全站仪或者 GNSS-RTK 实测的道路纵横断面上的三维坐标数据，利用 SouthMap 软件生成道路纵横断面图数据文件（＊.hdm），通过软件绘制出道路纵横断面图。

5. 填挖土石方量计算

根据 SouthMap 软件生成的道路纵横断面图数据文件（＊.hdm），结合道路断面设计文件，通过软件采用"任意断面法"计算填挖土石方量，出具土方量复核计算图表。

课前测试

一、单选题（只有 1 个正确答案，每题 10 分）

1. 路线中平测量是测定（   ）的高程。

A. 水准点　　　　　B. 道路中桩　　　　　C. 线路转点　　　　　D. 线路交点

2. 在路线纵断面图上，各中桩地面高程与设计高程的差用 h 表示，$h = H_{地} - H_{设}$，当 $h > 0$，表示该中桩处是（   ）路段。

A. 填方　　　　　B. 挖方　　　　　C. 不填不挖　　　　　D. 既填又挖

3. 道路纵断面图是以中桩的里程为横坐标，以中桩的（   ）为纵坐标绘制的。

A. 坐标　　　　　B. 地面高程　　　　　C. 里程　　　　　D. 方位角

二、多选题（有至少 2 个正确答案，每题 10 分）

1. 横断面可以作为（   ）工作的依据。

A. 路基设计　　　　　B. 土石方计算　　　　　C. 路基防护设计　　　　　D. 路面设计

E. 排水设计

2. 横断面测量可以采用以下哪些测量方法？（   ）

A. 全站仪法　　　　　B. GNSS 方法　　　　　C. 水准仪皮尺法　　　　　D. 经纬仪视距法

E. 钢卷尺丈量法

三、判断题（对的画"√"，错的画"×"，每题 10 分）

1. 基平测量应使用不低于 DS3 级水准仪，一般采用水准测量方法进行，在困难地段也可采用三角高程测量的方法实施。　　　　　　　　　　　　　　　　（　　）

2. 中平测量时在转点上，水准尺应立于尺垫、稳固的桩顶或坚石上。　　（　　）

3. 中平测量若遇到深沟时，由于高差较大，优先采用全站仪任意设站法进行中平测量。　　　　　　　　　　　　　　　　　　　　　　　　　　　　（　　）

4. 在纵断面图上将各中桩的地面高程标出，依次连接各相邻点，即得到地面线。　　　　　　　　　　　　　　　　　　　　　　　　　　　　　　　（　　）

5. 横断面测量是在确定横断面方向上，测定中线两侧地面坡度变化点与中桩之间的距离和高差。　　　　　　　　　　　　　　　　　　　　　　　　　（　　）

计划单

模块6	道路施工测量		任务6.1	道路纵横断面图复测
计划用时	4学时	完成人	1.(　　　) 2.(　　　) 3.(　　　) 4.(　　　) 5.(　　　) 6.(　　　) 7.(　　　) 8.(　　　) 9.(　　　)	

序号	计划步骤	具体工作内容
1	准备工作	
2	组织分工	
3	现场操作	
4	核对工作	
5	成果整理	
计划说明		

作业单 1

模块 6	道路施工测量	任务 6.1	道路纵横断面图复测
参加人员	第　组		开始时间：
	签名：		结束时间：
序号	工作内容记录 （根据实施的具体工作记录,包括存在的问题及解决方法）		分工 （负责人）
1			
2			
3			
...			
小结	主要描述完成的成果及是否达到目标		存在的问题

作业单 2

中平测量记录手簿

测点	水准尺读数/m			视线高/m	高程/m	备注
	后视	中视	前视			

评价单

模块 6	道路施工测量		任务 6.1	道路纵横断面图复测		
评价对象			小组成员			
评价情境	评价内容及要求	分值 (100)	自我评价 (10%)	组员互评 (20%)	教师评价 (70%)	实得分 (∑)
实施过程 (30)	遵守纪律服从安排	5				
	准备工作完整性	5				
	方案编制合理与可行性	15				
	过程完整性	5				
质量评价 (30)	工作完整性	10				
	工作质量	5				
	报告完整性	15				
团队精神 (25)	核心价值观	5				
	创新性	5				
	参与率	5				
	合作性	5				
	劳动态度	5				
安全文明 (10)	工作过程中的安全保障情况	5				
	工具正确使用和保养、放置规范	5				
工作效率 (5)	能够在要求的时间内完成，超时不得分	5				
最终得分						

课后反思

模块 6	道路施工测量	任务 6.1		道路纵横断面图复测	
班　级		第　组	成员姓名		
情感反思	通过对此任务的学习和实训,你认为自己在社会主义核心价值观、职业素养、劳动精神和工匠精神等方面有哪些部分需要提高?				
知识反思	通过学习此任务,你掌握了哪些知识点?				
技能反思	在完成此任务的学习和实训过程中,你主要掌握了哪些技能?				
方法反思	在完成此任务的学习和实训过程中,你主要掌握了哪些分析和解决问题的方法?				

任务 6.2　道路中线测设

任务单

模块 6	道路施工测量	任务 6.2	道路中线测设
计划学时		4 学时(课前 2 学时)	
布置任务			

任务描述	道路施工过程中,需要反复多次进行道路中线桩的测设。根据已有的测量控制点成果,使用相应的方法得到道路中线逐桩坐标,测量技术人员到实地现场使用全站仪或者 GNSS 完成道路中线各里程桩的测设,并在实地做好相应标记,方便后续道路施工各工序的展开。
工作目标	1. 能够找到完成任务所需的工具、材料,做好施测前的准备工作。 2. 掌握线路里程桩的设置和分类、熟悉组成道路的各种平面线形(直线、圆曲线和缓和曲线)。 3. 掌握全站仪测设道路中线桩的原理及操作流程。 4. 掌握 GNSS 测设道路中线桩的原理及操作流程。 5. 能够在完成任务过程中锻炼职业素养,做到工作程序严谨认真对待,能够吃苦耐劳主动承担,有团队意识,诚实守信不弄虚作假,培养保证质量、建设优质工程的爱国情怀。

学时安排	思	学	教	做	评
	(0.5学时)	(1.5学时)	1.0学时	2.5学时	0.5学时

学习要求	1. 按照思维导图自主学习,完成课前测试。 2. 严格遵守课堂纪律,学习态度认真、端正,能够正确评价自己和同学在工作任务中的素质表现。 3. 积极参与小组工作,承担外业观测中的相应工作,做到积极主动不推诿,与小组成员默契配合。 4. 能够完成技能训练作业单,对作业中的疑难点务必及时强化与突破。 5. 任务完成后,填写任务评价单,评判各小组成员的分数或等级。 6. 完成课后反思,以小组为单位提交。
考核评价办法	评价包括自我评价、小组互评、教师评价,按比例进行综合评价,并以不小于40%的比例计入期末总成绩。

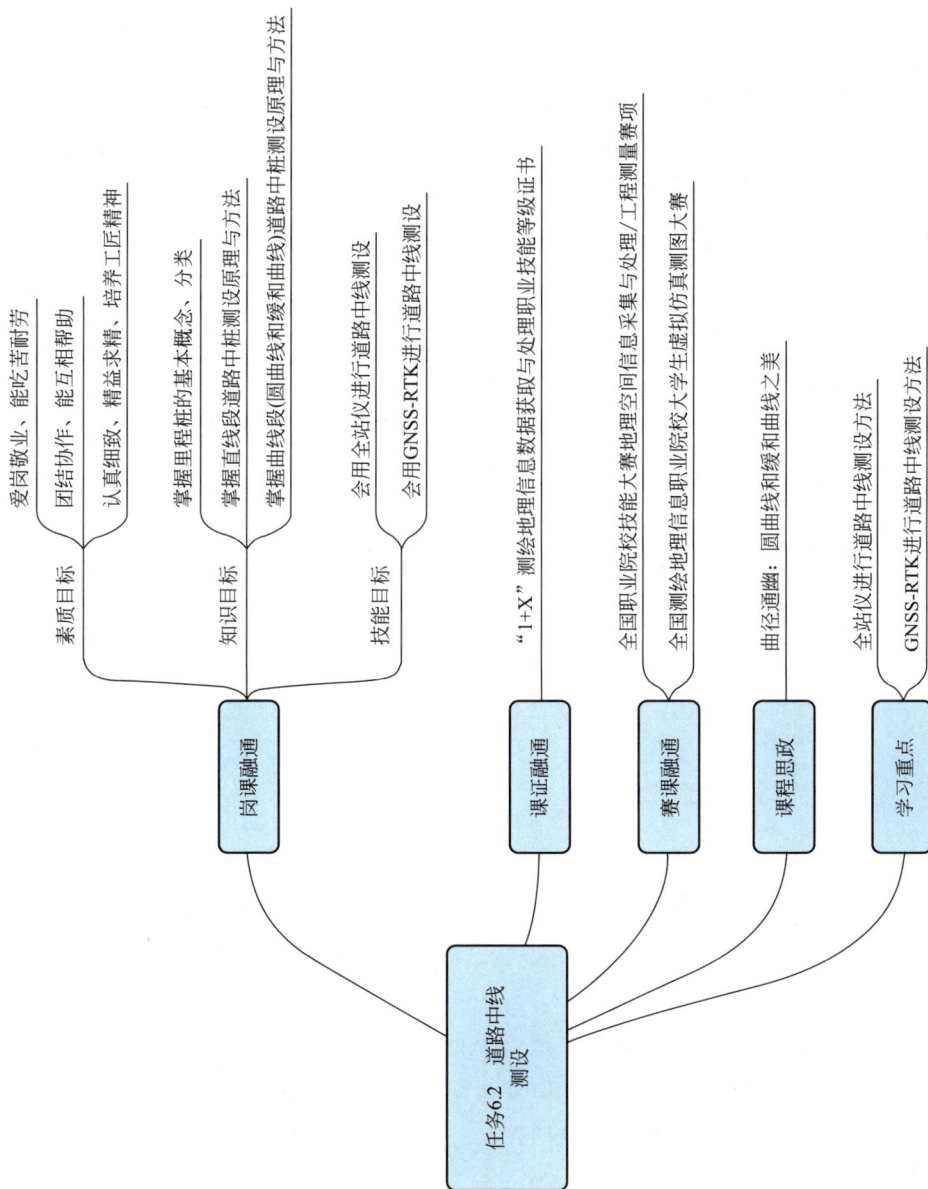

思维导图

任务6.2　道路中线测设

岗课融通

素质目标
- 爱岗敬业、能吃苦耐劳
- 团结协作、能互相帮助
- 认真细致、精益求精、培养工匠精神

知识目标
- 掌握里程桩的基本概念、分类
- 掌握直线段道路中桩测设原理与方法
- 掌握曲线段道路(圆曲线和缓道路中桩测设原理与方法

技能目标
- 会用全站仪进行道路中线测设
- 会用GNSS-RTK进行道路中线测设

课证融通
"1+X"测绘地理信息数据获取与处理职业技能等级证书

赛课融通
- 全国职业院校技能大赛地理空间信息采集与处理/工程测量赛项
- 全国测绘地理信息职业院校大学生虚拟仿真测图大赛

课程思政
曲径通幽：圆曲线和缓曲线之美

学习重点
- 全站仪进行道路中线测设方法
- GNSS-RTK进行道路中线测设方法

课前自学

知识点 1　中线里程桩的设置

1. 整桩

整桩是由路线起点开始，每隔 20m 或 50m 设置一桩，百米桩与公里桩均属于整桩。

2. 加桩

（1）地形加桩：沿中线地形起伏突变，横向坡度变化处、天然河沟处设置地形加桩。

（2）地物加桩：路线交叉、地物、拆迁建筑物处、占有耕地与经济林起终点设置桩。

（3）人工结构物加桩：拟建桥梁、涵洞、水管、挡土墙以及其他人工结构物处设置桩。

（4）工程地质加桩：地质不良地段和土壤地质变化处设置桩。

知识点 2　圆曲线基本知识

圆曲线组成：起点 ZY、终点 YZ、中点 QZ（三个主点测设），在三个主点中进行加密，完整地标定圆曲线的位置，为圆曲线的测设。

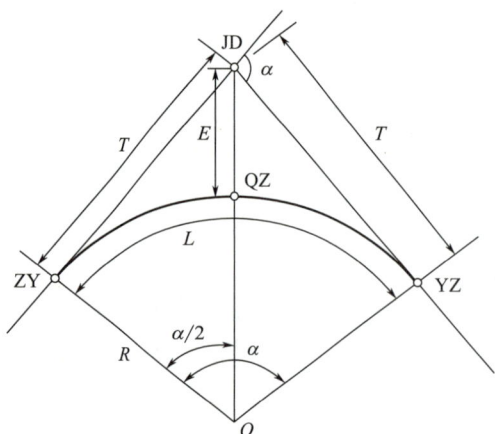

图 6-21　圆曲线示意图

1. 圆曲线测设要素计算

JD 点上的转角 α、圆曲线的半径 R、如图 6-21 所示。

圆曲线的要素：

切线长：　　$T = R\tan\dfrac{\alpha}{2}$　　(6-1)

曲线长：　　$L = \dfrac{\pi}{180°}R\alpha$　　(6-2)

外距：　　$E = R\left(\sec\dfrac{\alpha}{2} - 1\right)$　　(6-3)

切曲差：　　$D = 2T - L$　　(6-4)

2. 圆曲线主点里程的计算

$ZY_{里程} = JD_{里程} - T$；$YZ_{里程} = ZY_{里程} + L$

$QZ_{里程} = YZ_{里程} - L/2$；$JD_{里程} = QZ_{里程} + D/2$

3. 圆曲线的主点测设

置全站仪于 JD 上，对中、整平，望远镜照准后视点，从 JD 点沿切线方向量 T 长得 ZY 点；望远镜照准前视点，从 JD 点沿切线方向量 T 长得 YZ 点；望远镜照准分角线方向，从 JD 点沿分角线方向量 E 长得 QZ 点。

4. 圆曲线详细测设

（1）偏角法

偏角法是一种极坐标定点的方法，它是用偏角和弦长来测设圆曲线的。

1）计算测设数据

如图 6-22 所示，圆曲线的偏角就是弦线和切线之间的夹角，以 δ 表示。为了计算和施工方便，把各细部点里程凑整，曲线可分为首尾两段零头弧长 l_1、l_2 和中间几段相等的整弧长 l 之和，即：

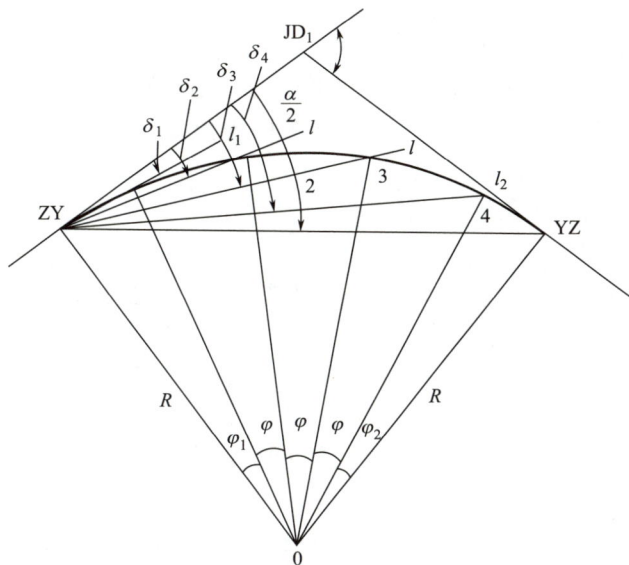

图 6-22　偏角法测设圆曲线示意图

$$L = l_1 + nl + l_2 \tag{6-5}$$

弧长 l_1、l_2 及 l 所对的相应圆心角为 φ_1、φ_2 及 φ，可按下列公式计算：

$$\left.\begin{array}{l} \varphi_1 = \dfrac{180°}{\pi} \cdot \dfrac{l_1}{R} \\[2mm] \varphi_2 = \dfrac{180°}{\pi} \cdot \dfrac{l_2}{R} \\[2mm] \varphi = \dfrac{180°}{\pi} \cdot \dfrac{l}{R} \end{array}\right\} \tag{6-6}$$

相对于弧长 l_1、l_2、l 的弦长 d_1、d_2、d 计算公式如下：

$$\left.\begin{array}{l} d_1 = 2R\sin\dfrac{\varphi_1}{2} \\[2mm] d_2 = 2R\sin\dfrac{\varphi_2}{2} \\[2mm] d = 2R\sin\dfrac{\varphi}{2} \end{array}\right\} \tag{6-7}$$

曲线上各点的偏角等于相应弧长所对圆心角的一半，即：

$$\left.\begin{array}{l} \text{第 1 点的偏角为 } \delta_1 = \dfrac{\varphi_1}{2} \\[2mm] \text{第 2 点的偏角为 } \delta_2 = \dfrac{\varphi_1}{2} + \dfrac{\varphi}{2} \\[2mm] \text{第 3 点的偏角为 } \delta_3 = \dfrac{\varphi_1}{2} + \dfrac{\varphi}{2} + \dfrac{\varphi}{2} = \dfrac{\varphi_1}{2} + \varphi \\[2mm] \text{终点 YZ 的偏角为 } \delta_{\mathrm{r}} = \dfrac{\varphi_1}{2} + \dfrac{\varphi}{2} + \cdots\cdots + \dfrac{\varphi_2}{2} = \dfrac{\alpha}{2} \end{array}\right\} \tag{6-8}$$

2）测设方法

用偏角法进行细部测设的方法如下：

① 将全站仪安置于曲线起点 ZY 上，以 $0°00'00''$ 后视交点 JD_1。

② 松开照准部，置水平度盘读数为 1 点之偏角值 δ_1，在此方向上用钢尺量取弦长 d_1，桩钉 1 点。

③ 将角拨到 1 点的偏角值 δ_2，将钢尺零刻画对准 1 点，以弦长 d 为半径，摆动钢尺到经纬仪方向线上，定出 2 点。

④ 再拨 3 点的偏角值 δ_3，将钢尺零刻画对准 2 点，以弦长 d 为半径，摆动钢尺到经纬仪方向线上，定出 3 点。其余类推。

⑤ 最后拨角 $\alpha/2$，视线应通过曲线终点 YZ。最后一个细部点到曲线终点的距离为 d_2，以此来检查测设的质量。

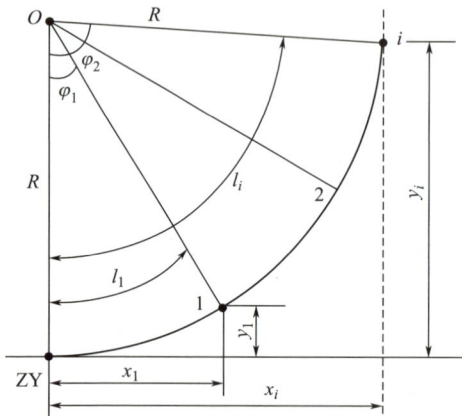

图 6-23　切线支距法测设圆曲线示意图

（2）切线支距法

切线支距法又称直角坐标法。它是以曲线起点或终点为坐标原点，以该点切线为 X 轴、过原点的半径为 Y 轴建立的坐标系（图 6-22）。根据曲线上各细部点的坐标 (x, y)，按直角坐标法测设点的位置。

1）计算测设数据

如图 6-23 所示，设圆曲线上任一点的坐标为 (x_i, y_i)，则：

$$\left.\begin{array}{l} \varphi_i = \dfrac{180°}{\pi} \cdot \dfrac{l_i}{R} \\ x_i = R\sin\varphi_i \\ y_i = R(1 - \cos\varphi_i) \end{array}\right\} \tag{6-9}$$

式中　i——细部点的点号，$i = 1, 2, 3, \cdots, N$。

2）测设方法

用切线支距法进行细部测设的方法如下：

① 在 ZY 点安置全站仪，定出切线方向，以 ZY 为零点，沿切线方向分别量出 x_1、x_2、x_3 等桩钉各点。

② 在桩钉出的各点上安置经纬仪拨直角方向，分别量取支距 y_1、y_2、y_3 等，由此得到曲线上 1、2、3 等各点的位置。

③ 曲线另一半部分以 YZ 为原点，同上法进行测设。

④ 测量曲线上相邻点间的距离（弦长），应相等。以此作为测设工作的校核。

支距法测设曲线的优点是：计算、操作简单灵活，可自行闭合、自行检核，测点误差不累计等，适用于平坦开阔地区使用。

知识点 3　缓和曲线基本知识

1. 概念及基本公式

（1）概念

为缓和行车方向的突变和离心力的突然产生与消失，需要在直线（超高为 0）与圆曲线（超高为 h）之间插入一段曲率半径由无穷大逐渐变化至圆曲线半径的过渡曲线（超高由 0 变为 h），此曲线为缓和曲线。主要有回旋线、三次抛物线及双纽线等。

（2）回旋型缓和曲线基本公式

如图 6-24 所示为缓和曲线示意图，其基本计算公式如下：

$$\rho = \frac{c}{l} \quad 其中\ c = R l_s \tag{6-10}$$

式中　l_s——缓和曲线全长。

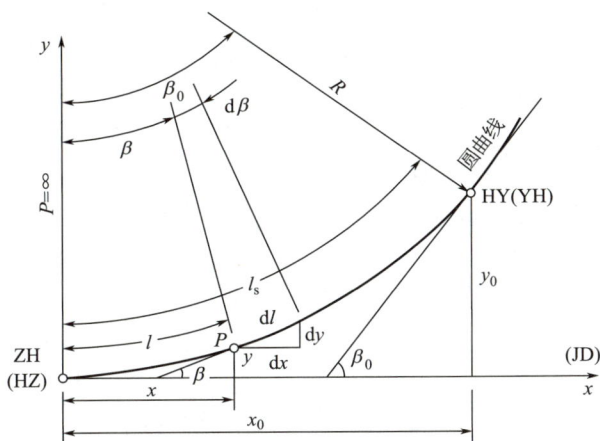

图 6-24　缓和曲线示意图

1）切线角公式

$$\beta = \frac{l^2}{2c} = \frac{l^2}{2R l_s} \tag{6-11}$$

式中　β——缓和曲线长 l 所对应的中心角。

2）缓和曲线角公式

$$\beta_0 = \frac{l_s}{2R}\frac{180^\circ}{\pi} \tag{6-12}$$

式中　β_0——缓和曲线全长 l_s 所对应的中心角，亦称缓和曲线角。

3）缓和曲线的参数方程

$$\begin{cases} x = l - \dfrac{l^5}{40 R^2 l_s^2} \\[2mm] y = \dfrac{l^3}{6 R l_s} - \dfrac{l^7}{336 R^3 l_s^3} \end{cases} \tag{6-13}$$

4）圆曲线终点的坐标

$$\begin{cases} x_0 = l_s - \dfrac{l_s^3}{40 R^2} \\[2mm] y_0 = \dfrac{l_s^2}{6R} \end{cases} \tag{6-14}$$

2. 主点的测设

（1）测设元素的计算

如图 6-25 所示，缓和曲线测设元素计算如下：

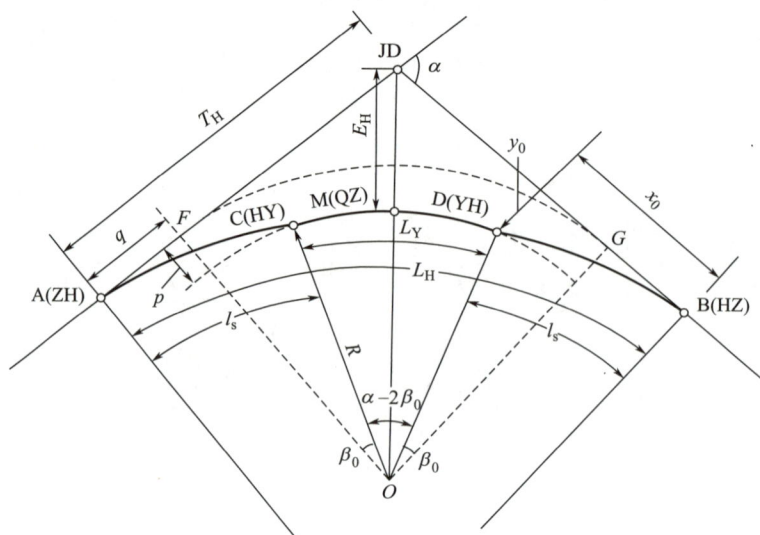

图 6-25　缓和曲线主点测设

1）内移距 p 和切线增长 q 的计算

$$p = \frac{l_s^2}{24R} \tag{6-15}$$

$$q = \frac{l_s}{2} - \frac{l_s^3}{240R^2} \tag{6-16}$$

2）切线长：

$$T_H = (R + p)\tan\frac{\alpha}{2} + q \tag{6-17}$$

曲线长：

$$L_H = R(\alpha - 2\beta_0)\frac{\pi}{180°} + 2l_s \tag{6-18}$$

圆曲线长：

$$L_Y = R(\alpha - 2\beta_0)\frac{\pi}{180°} \tag{6-19}$$

外距：

$$E_H = (R + p)\sec\frac{\alpha}{2} - R \tag{6-20}$$

切曲差：

$$D_H = 2T_H - L_H \tag{6-21}$$

（2）主点的测设

1）里程的计算

$\text{ZH}_{里程} = \text{JD}_{里程} - T_H$；$\text{HY}_{里程} = \text{ZH}_{里程} + l_s$；$\text{QZ}_{里程} = \text{ZH}_{里程} + L_H/2$；$\text{HZ}_{里程} = \text{ZH}_{里程} + L_H$；$\text{YH}_{里程} = \text{HZ}_{里程} - l_s$

2）测设方法

① 架仪 JD_i，后视 $\text{JD}_i - 1$，量取 T_H，得 ZH 点；后视 $\text{JD}_i + 1$，量取 T_H，得 HZ 点；在分角线方向量取 E_H，得 QZ 点。

② 分别在 ZH、HZ 点架仪器，后视 JD_i 方向，量取 x_0，再在此方向垂直方向上量取 y_0，得 HY 和 YH 点。

3. 带有缓和曲线的平曲线详细测设

（1）切线支距法

1）当点位于缓和曲线上，有：

$$\begin{cases} x = l - \dfrac{l^5}{40R^2 l_s^2} \\ y = \dfrac{l^3}{6R l_s} - \dfrac{l^7}{336 R^3 l_s^3} \end{cases} \tag{6-22}$$

2）当点位于圆曲线上，有：

$$\begin{cases} x = R\sin\phi + q \\ y = R(1 - \cos\phi) + p \end{cases} \tag{6-23}$$

其中，$\phi = \dfrac{l - l_s}{R} \cdot \dfrac{180^\circ}{\pi} + \beta_0$，$l$ 为点到坐标原点的曲线长。

在计算出缓和曲线段上和圆曲线段上各点的坐标（x，y）后，即可按用切线支距法测设圆曲线的同样的方法进行测设。

（2）偏角法（整桩距、短弦偏角法）

如图 6-26 所示，缓和曲线偏角计算如下：

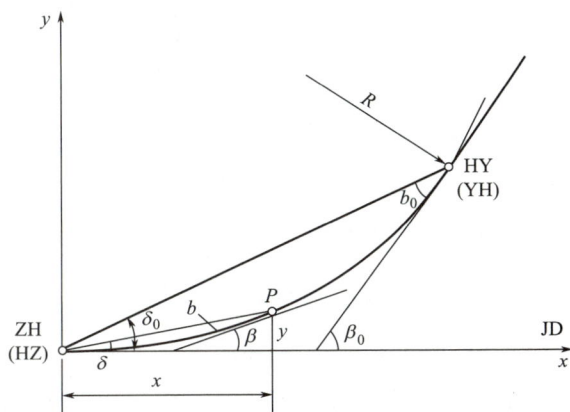

图 6-26　缓和曲线偏角法

1）当点位于缓和曲线上

总偏角（常量）$\delta_0 = \dfrac{l_s}{6R}$；偏角 $\delta = \dfrac{l^2}{l_s^2}\delta_0$

距离：用曲线长 l 来代替弦长。放样出第 1 点后，放样第 2 点时，用偏角和距离 l 交会得到。

2）当点位于圆曲线上

方法：架仪器于 HY（或 YH），后视 ZH（或 HZ），拨角 b_0，即找到了切线方向，再按单圆曲线偏角法进行。

$$b_0 = 2\delta_0 = \frac{l_s}{3R}$$

此外，还有极坐标法、弦线支距法、长弦偏角法。

知识点 4　道路中线测设方法

1. 道路中桩数据准备

（1）直接从逐桩坐标表中查询

如图 6-27 所示，设计单位已经给出施工道路的逐桩坐标表，可以直接查询该表中的里程桩号、X 坐标和 Y 坐标，从而进行道路中线的测设。

逐 桩 坐 标 表

桩号	坐标（米）		方位角	桩号	坐标（米）		方位角	桩号	坐标（米）		方位角
	X	Y			X	Y			X	Y	
K0+000	3075004.802	393431.968	110°16′38″	K0+320	3074874.827	393722.462	126°36′2″	K0+640	3074792.937	394024.295	95°43′13″
K0+020	3074997.871	393450.729	110°16′38″	K0+340	3074862.902	393738.519	126°36′2″	K0+660	3074790.944	394044.195	95°43′13″
K0+040	3074990.94	393469.489	110°16′38″	K0+360	3074850.978	393754.575	126°36′2″	K0+680	3074788.95	394064.096	95°43′13″
K0+060	3074984.008	393488.25	110°16′38″	K0+364.901	3074848.055	393758.51	126°36′2″	K0+700	3074786.957	394083.996	95°43′13″
K0+080	3074977.077	393507.011	110°16′38″	K0+380	3074839.519	393770.959	122°16′30″	K0+720	3074784.964	394103.897	95°43′13″
K0+100	3074970.146	393525.771	110°16′38″	K0+400	3074829.702	393788.375	116°32′44″	K0+740	3074782.97	394123.797	95°43′13″
K0+120	3074963.214	393544.532	110°16′38″	K0+418.797	3074822.103	393805.56	111°9′38″	K0+760	3074780.977	394143.697	95°43′13″
K0+140	3074956.283	393563.292	110°16′38″	K0+420	3074821.672	393806.683	110°48′57″	K0+780	3074778.983	394163.598	95°43′13″
K0+160	3074949.332	393582.053	110°16′38″	K0+440	3074815.511	393825.701	105°5′11″	K0+800	3074776.99	394183.498	95°43′13″
K0+180	3074942.421	393600.813	110°16′38″	K0+460	3074811.279	393845.24	99°21′24″	K0+809.338	3074776.059	394192.79	95°43′13″
K0+200	3074935.489	393619.574	110°16′38″	K0+472.693	3074809.614	393857.821	95°43′13″	K0+820	3074775.109	394203.409	94°29′55″
K0+201.965	3074934.808	393621.417	110°16′38″	K0+480	3074808.885	393865.092	95°43′13″	K0+840	3074773.94	394223.374	92°12′25″
K0+220	3074928.054	393638.136	113°43′18″	K0+500	3074806.892	393884.992	95°43′13″	K0+857.669	3074773.571	394241.038	90°10′56″
K0+240	3074919.403	393656.165	117°32′29″	K0+520	3074804.898	393904.893	95°43′13″	K0+860	3074773.569	394243.369	89°54′54″
K0+244.7	3074917.198	393660.315	118°26′20″	K0+540	3074802.905	393924.793	95°43′13″	K0+880	3074773.999	394263.363	87°37′23″
K0+260	3074909.572	393673.577	121°21′40″	K0+560	3074800.911	393944.693	95°43′13″	K0+900	3074775.228	394283.324	85°19′53″
K0+280	3074898.602	393690.296	125°10′51″	K0+580	3074798.918	393964.594	95°43′13″	K0+906	3074775.752	394289.3	84°38′38″
K0+287.434	3074894.244	393696.318	126°36′2″	K0+600	3074796.924	393984.494	95°43′13″	K0+920	3074777.059	394303.24	84°38′38″
K0+300	3074886.751	393706.406	126°36′2″	K0+620	3074794.931	394004.395	95°43′13″	K0+940	3074778.926	394323.152	84°38′38″

图 6-27　道路逐桩坐标表

（2）通过直曲要素表结合公路坐标计算软件生成

如图 6-28 所示为施工道路直曲要素表中的一部分，对于一般城市道路，线形比较简单，通常由多段直线和圆曲线组成，少许会出现缓和曲线。直曲要素表中包含线路各交点的里程号、坐标、圆曲线半径和线路左右转角情况。依据表中这些基础数据，结合公路坐标计算软件可以计算出线路逐桩坐标数据，这里重点介绍"道路之星"软件，其界面如图 6-29 所示。

如图 6-30 所示，依次输入线路起点、各交点、终点对应的坐标和曲线半径。如图 6-29 中，在软件属性表"平面线形"中设置线路"起算点桩号"对应的里程号数据（默认是 0.000）。

将道路设计参数输入后，该软件提供了数据成果检查与输出功能，如图 6-31 所示为计算成果目录，包含直曲表、线元一览表、纵坡及竖曲线表、逐桩坐标表、构筑物坐标表和桥位坐标表等。计算成果均可以通过工具条导出到 Excel 表格，如图 6-32 所示。

平 曲 线 表

交点号	交点桩号	交点坐标		转角值		曲线要素值（米）							曲线位置				
		X	Y	左转角	右转角	半径	缓和曲线参数	缓和曲线长度	切线长度	曲线长度	外距	校正值	第一缓和曲线起点	第一缓和曲线终点或圆曲线起点	第二缓和曲线起点或圆曲线终点	第二缓和曲线终点	缓和段终点
1	2	3	4	5	6	7	8	9	10	11	12	13	14	15	16	17	18
QD	K0+000	3075004.802	393431.968														
JD1	K0+244.991	3074919.897	393661.776	16°19′24″		300.000			43.026	85.468	3.070	0.583		K0+201.965	K0+244.7	K0+287.434	
JD2	K0+420.141	3074815.119	393802.857	30°52′49″		200.000			55.240	107.792	7.488	2.687		K0+364.901	K0+418.797	K0+472.693	
JD3	K0+857.82	3074771.226	394241.030	11°4′36″		500.000			48.482	96.661	2.345	0.302		K0+809.338	K0+857.669	K0+906	
JD4	K1+132.526	3074796.898	394514.837		5°1′7″	700.000			30.676	61.313	0.672	0.039		K1+101.85	K1+132.506	K1+163.163	
JD5	K1+379.983	3074798.356	394762.329	28°14′47″		220.000			55.355	108.458	6.857	2.251		K1+324.628	K1+378.857	K1+433.086	
ZD	K1+748.019	3074975.519	395087.485														

图 6-28　道路平曲线表

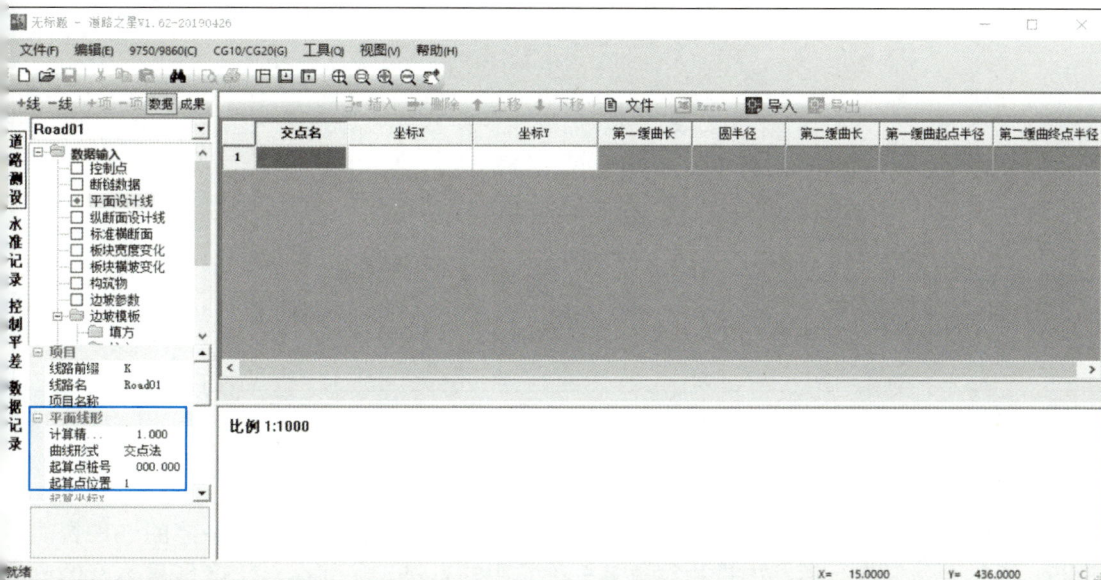

图 6-29　"道路之星"软件主界面

	交点名	坐标X	坐标Y	第一缓曲长	圆半径
1	QD	3075004.80200	393431.96800		
2	JD1	3074919.89700	393661.77600		300.0000
3	JD2	3074815.11900	393802.85700		200.0000
4	JD3	3074771.22600	394241.03000		500.0000
5	JD4	3074796.89800	394514.83700		700.0000
6	JD5	3074798.35600	394762.32900		220.0000
7	ZD	3074975.51900	395087.48500		
8					

图 6-30　平断面设计数据输入

331

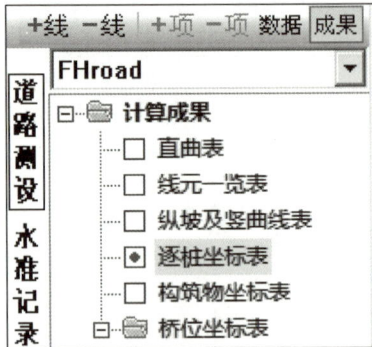

图 6-31　计算成果目录

图 6-32　软件导出逐桩坐标数据

2. 全站仪道路中桩测设

全站仪是一种集测角、测距、测高差、测坐标、坐标放样等功能于一体的一种智能型仪器。通过全站仪进行道路中桩测设也是一种常用的方法，尤其在 GNSS 信号不好的测区路段，用全站仪进行道路中桩测设是首选方法。下面以南方 NTS332R4 全站仪为例，简述全站仪道路中线测设的一般步骤，其他型号的全站仪操作方法和原理类似。

（1）事先将测量控制点和中桩放样点导入或者手工输入全站仪内存中，个别新增放样点也可以采用现场输入的方式。

（2）在测站点上安置全站仪，完成对中和整平操作。

（3）进入"S.O"坐标放样模式，选择测量工作文件，进行测站设置，调用当前测站点的数据，量取并输入仪器高。

（4）进行后视定向设置，调用后视定向点的数据，此时仪器界面会有提示"是否照准？"，在后视定向点上安置固定棱镜，仪器精确照准后视棱镜后在仪器界面按"是"，完成后视定向操作。与此同时，需要对后视定向点进行检核，确保后视定向检核满足规范要求方可进行后续操作。

（5）调用待放样中桩点进行点位放样，此时仪器界面能自动计算出放样参数，指挥跑尺员左右调整方向，前后调整距离，直至立棱镜方向与目标方向角度差调整接近0°0′0″附近，立棱镜位置与目标距离差调整至1～2cm以内，然后再钉桩确定好中桩点测设位置，同时测出当前钉桩位置的实际高程与设计高程进行比较，从而确定填挖高度。

（6）重复步骤（5），继续下一个中桩点位的测设。

3. GNSS-RTK 道路中桩测设

GNSS-RTK 是指 GNSS 实地动态定位的卫星导航技术，RTK 工作原理是在基准站上安置一台 GNSS 接收机，另一台或几台接收机置于流动站上，基准站和流动站同时接收同一时间相同 GNSS 卫星发射的信号，将基准站所获得的观测值与已知位置信息进行比较，得到 GNSS 差分改正值，然后将这个改正值及时地通过无线电数据链电台传递给共视卫星的流动站以精化其 GNSS 观测值，得到经差分改正后流动站较准确的实时位置，如图 6-33 所示。

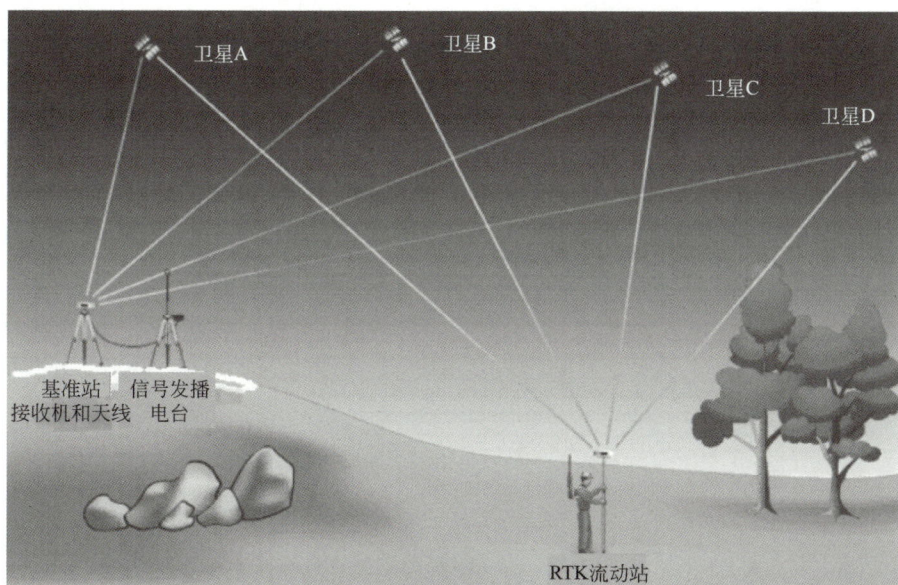

图 6-33　GNSS-RTK 工作原理

通过 GNSS-RTK 方式进行道路中桩测设是最常用、作业效率最高的一种方式之一，但是 GNSS-RTK 作业需要施工区域四周相对比较开阔，且远离大面积水域和高压线等干扰信号的区域。下面介绍通过 GNSS-RTK 进行道路中线测设的一般步骤：

（1）事先将测量控制点和中桩放样点导入或者手工输入 GNSS 手簿内存当中，个别新增放样点也可以采用现场输入的方式。

（2）架设基准站。将基准站 GNSS 接收机安置在比较开阔的地方，开机后通过手簿软件将接收机设置成基准站模式，选择好基准站与流动站之间传送数据链的工作模式（通常有内置电台模式、内置网络模式和外挂电台模式，可以根据需要选择其中的一种模式）。

（3）连接设置移动站。开机后通过手簿软件将接收机设置成移动站模式，数据链工作模式选择与基准站设置的一致，此时稍作等待，移动站便能得到固定解工作状态。

（4）进行参数求解。通过移动站分别在测区控制点上分别进行平滑采集（一般平滑采集 10 次）并记录相应坐标。通过调用至少 2 个控制点的已知成果数据，结合平滑采集的数据完成四参数的转换求解。四参数求解完毕后务必进行已知点的检核，检核满足规范要求后才能进行后续作业。

（5）调用待放样中桩点数据进行点位放样，当移动站移动到某一位置时，GNSS 手簿中能显示目标位置与当前位置的两个差值，提示向南向北或者向东向西的一个距离差，用户可以借助对中杆上的指南针快速调整南北方向和东西方向的距离差，直至距离差调整到 1～2cm 以内即可钉桩，测出当前钉桩位置的实际高程与设计高程进行比较，从而确定填挖高度。

（6）重复步骤（5），继续下一个中桩点位的测设。

任务实施

1. 准备工作

搜集已有的设计图纸和测量控制点资料，认真查阅和熟悉设计图纸。根据道路直曲要素表生成道路逐桩坐标数据，并转换成 GNSS 或全站仪可用的内存数据格式。

准备好测量仪器设备和工具。检查 GNSS 接收机、接收机手簿、对中杆、卡托、全站仪、三脚架、对中杆、棱镜、钢卷尺、对讲机、记号笔、红色标志袋、铁锤、钢钉等。

做好交通车辆、防晒防暑防冻、饮水饮食等准备，电子仪器确保充好电并留有备用电池。

2. 选择测量方法并现场组织测量

对于道路中线测设，优先采用 GNSS-RTK 作业的方式。测量作业过程中，可以通过输入或者导入逐桩坐标数据的方法进行道路中桩放样；也可以在 GNSS 接收机手簿中输入直曲要素数据，通过"道路放样"模式进行道路中桩测设。

对于 GNSS-RTK 没有信号或者信号不是很稳定的测区，采用全站仪作业的方式。测量作业过程中，可以通过输入或者导入逐桩坐标数据的方法进行道路中桩放样。

到达施工现场后，测量技术人员根据选用的测量仪器开展测量工作。对于直线段，一般每隔 20m 测设一个道路中桩；对于曲线段，可以适当加密，每隔 10m 或者 5m 测设一个中桩都可以。测设到位后，可以通过钉竹片桩的方式在现场进行标定，通过记号笔在竹片桩上写对应的里程桩号以及实地高程，方便计算路基填挖高度，指导后续施工。

3. 测设数据检核与资料整理

道路中线桩测设完毕并在实地钉设了标志桩后，项目部要组织相关人员进行检核，可以通过目测初步评估的方法结合仪器抽检的方式进行，确保测量成果准确无误后方可进入下一步工作。

测量阶段性任务结束后，应及时做好测量资料整理数据备份的工作。

课前测试

一、单选题（只有 1 个正确答案，每题 10 分）

1. 圆曲线主点里程是根据（　　）里程和圆曲线要素计算。

A. 转点　　　　　B. 交点　　　　　C. 圆心　　　　　D. 任意点

2. 当测区所在区域存在高压线，且密度比较大，此时优先考虑使用（　　）进行平面放样。

A. 经纬仪＋钢尺　　B. 全站仪　　　　C. RTK 移动站　　D. 水准仪

3. 道路中线测设之前一般要事先准备好道路中桩点的（　　）数据，再用测量仪器进行测设。

A. 里程　　　　　B. 坐标　　　　　C. 高程　　　　　D. B 和 C 均对

二、多选题（有至少 2 个正确答案，每题 10 分）

1. 道路平面线形包括以下哪些内容？（　　）

A. 直线　　　　　B. 圆曲线　　　　C. 缓和曲线　　　D. 竖曲线

E. 抛物线

2. 道路中线平面测设可以采用以下哪些测量方法？（　　）

A. 全站仪法　　　B. GNSS 法　　　C. 水准仪法　　　D. 测距仪法

E. 丈量法

三、判断题（对的画"√"，错的画"×"，每题 10 分）

1. 里程桩"K1＋234.5"代表整公里桩号为 1km，不足 1km 部分为 234.5m。（　　）

2. 圆曲线细部测设方法有切线支距法、偏角法、全站仪坐标放样法、GNSS-RTK 放样法等。　　　　　　　　　　　　　　　　　　　　　　　　　　　　　（　　）

3. 缓和曲线主点桩号包括直缓点（ZH）、缓圆点（HY）、曲中点（QZ）、圆缓点（YH）和缓直点（HZ）。　　　　　　　　　　　　　　　　　　　　　　　（　　）

4. 道路中线测设平面位置定位精度一般需要达到 1～2cm 的精度。　　　　　（　　）

5. 道路中线测设既可以用全站仪放样的方法，也可以用 GNSS-RTK 放样的方法。

　　　　　　　　　　　　　　　　　　　　　　　　　　　　　　　　　（　　）

计划单

模块6	道路施工测量		任务6.2	道路中线测设
计划用时	4学时	完成人	1.（　　　） 2.（　　　） 3.（　　　） 4.（　　　） 5.（　　　） 6.（　　　） 7.（　　　） 8.（　　　） 9.（　　　）	
序号	计划步骤		具体工作内容	
1	准备工作			
2	组织分工			
3	现场操作			
4	核对工作			
5	成果整理			
计划说明				

模块6	道路施工测量	任务6.2	道路中线测设
参加人员	第　组		开始时间：
	签名：		结束时间：
序号	工作内容记录 （根据实施的具体工作记录，包括存在的问题及解决方法）		分工 （负责人）
1			
2			
3			
...			
小结	主要描述完成的成果及是否达到目标		存在的问题

作业单 2

道路中线测设记录手簿

中桩里程	设计坐标/m		实测坐标/m			备注
	X 坐标	Y 坐标	X′ 坐标	Y′ 坐标	高程 H	

评价单

模块 6	道路施工测量		任务 6.2	道路中线测设		
评价对象			小组成员			
评价情境	评价内容及要求	分值（100）	自我评价（10%）	组员互评（20%）	教师评价（70%）	实得分（Σ）
实施过程（30）	遵守纪律服从安排	5				
	准备工作完整性	5				
	方案编制合理与可行性	15				
	过程完整性	5				
质量评价（30）	工作完整性	10				
	工作质量	5				
	报告完整性	15				
团队精神（25）	核心价值观	5				
	创新性	5				
	参与率	5				
	合作性	5				
	劳动态度	5				
安全文明（10）	工作过程中的安全保障情况	5				
	工具正确使用和保养、放置规范	5				
工作效率（5）	能够在要求的时间内完成，超时不得分	5				
最终得分						

课后反思

模块 6	道路施工测量	任务 6.2	道路中线测设
班　级		第　　组	成员姓名
情感反思	通过对此任务的学习和实训,你认为自己在社会主义核心价值观、职业素养、劳动精神和工匠精神等方面有哪些部分需要提高?		
知识反思	通过学习此任务,你掌握了哪些知识点?		
技能反思	在完成此任务的学习和实训过程中,你主要掌握了哪些技能?		
方法反思	在完成此任务的学习和实训过程中,你主要掌握了哪些分析和解决问题的方法?		

任务 6.3　道路边坡测设

模块 6	道路施工测量	任务 6.3	道路边坡测设
计划学时		4 学时（课前 2 学时）	
布置任务			
任务描述	道路施工测量过程中，除了需要进行道路中边桩的测设之外，道路边坡的测设也是非常重要的一个环节。路堤边坡位置的测设决定了回填土的边界位置，路堑边坡位置的测设决定了开挖分界线。测量技术人员在实地现场使用全站仪或者 GNSS 完成道路边坡坡脚或者坡顶的测设，并在实地做好相应标记，方便后续道路施工各工序的展开。		
工作目标	1. 能够找到完成任务所需的工具、材料，做好施测前的准备工作。 2. 掌握填方路堤边坡、挖方路堑边坡的基本概念和测设方法。 3. 掌握全站仪测设道路边坡的原理及操作流程。 4. 掌握 GNSS 测设道路边坡的原理及操作流程。 5. 能够在完成任务过程中锻炼职业素养，做到工作程序严谨认真对待，能够吃苦耐劳主动承担，有团队意识，诚实守信不弄虚作假，培养保证质量、建设优质工程的爱国情怀。		

学时安排	思	学	教	做	评
	（0.5 学时）	（1.5 学时）	1.0 学时	2.5 学时	0.5 学时

学习要求	1. 按照思维导图自主学习，完成课前测试。 2. 严格遵守课堂纪律，学习态度认真、端正，能够正确评价自己和同学在工作任务中的素质表现。 3. 积极参与小组工作，承担外业观测中的相应工作，做到积极主动不推诿，与小组成员默契配合。 4. 能够完成技能训练作业单，对作业中的疑难点务必及时强化与突破。 5. 任务完成后，填写任务评价单，评判各小组成员的分数或等级。 6. 完成课后反思，以小组为单位提交。
考核评价办法	评价包括自我评价、小组互评、教师评价，按比例进行综合评价，并以不小于 40% 的比例计入期末总成绩。

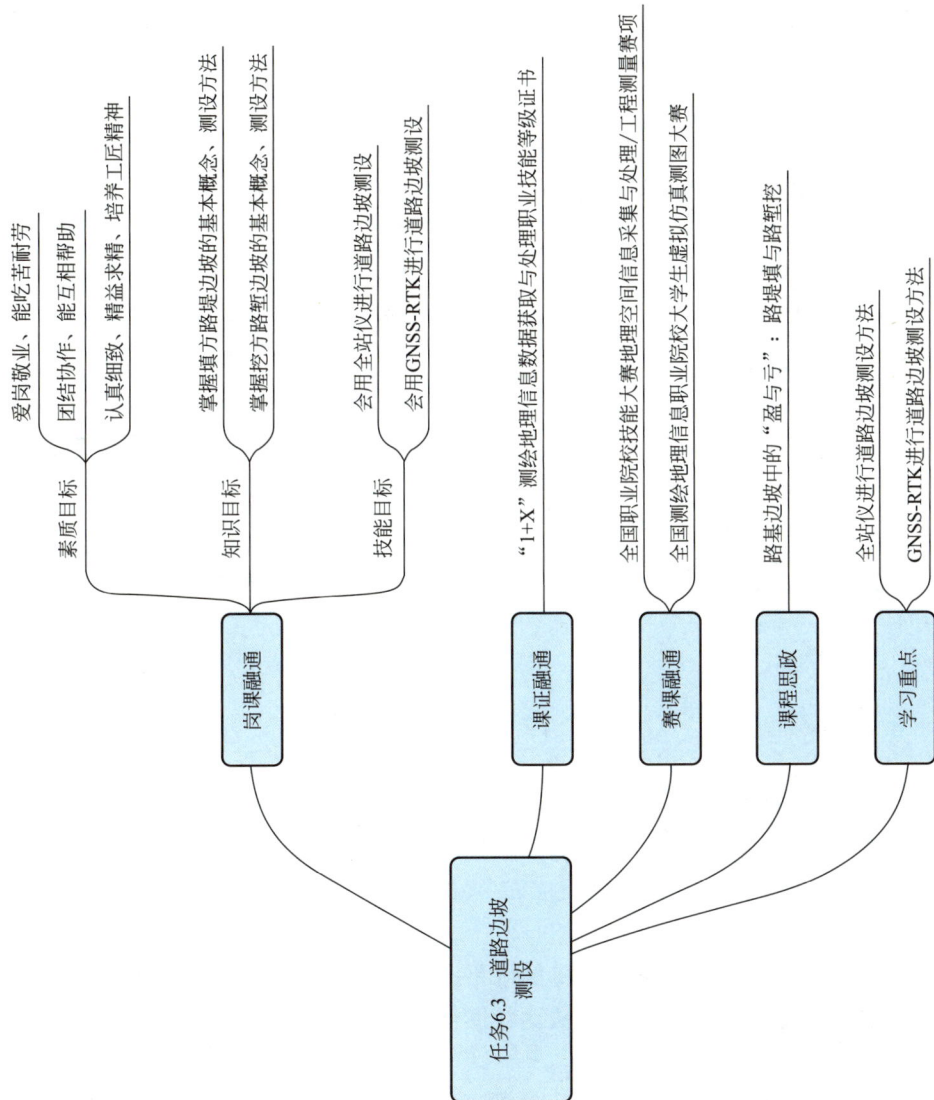

课前自学

知识点 1　认识道路边坡

填方路基边坡称为路堤，如图 6-34（a）所示，坡脚桩至中桩的距离 D 为：

$$D = \frac{b}{2} + mh \qquad (6\text{-}24$$

挖方路基边坡称为路堑，如图 6-34（b）所示，坡顶桩至中桩的距离 D 为：

$$D = \frac{b}{2} + mh + s \qquad (6\text{-}25$$

式中　D——道路中桩到左、右边桩的距离（m）；

b——路基的宽度（m）；

m——路基边坡坡度；

h——填土高度或挖土深度（m）；

s——路垫边沟顶宽（m）。

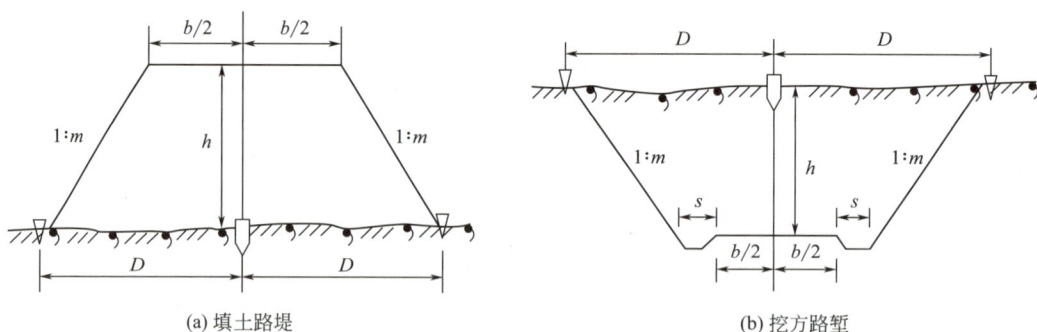

(a) 填土路堤　　　(b) 挖方路堑

图 6-34　路基边坡路堤与路堑

知识点 2　道路边坡测设

路基边桩测设就是在地面上，将每一个横断面的路基边坡线与地面的交点用木桩标定出来。边桩的位置由两侧边桩至中桩的距离来确定。常用的边桩测设方法如下：

1. 图解法

直接在横断面图上量取中桩至边桩的水平距离，然后在实地相应的断面上用钢尺测定其位置。在填挖方量不大时，采用此法比较简便。

2. 解析法

通过计算来确定路基中桩到边桩的距离，分平坦地面和倾斜地面两种情况。

（1）平坦地段的边桩测设

图 6-34（a）为填土路堤，如图 6-34（b）为挖方路堑，根据式（6-24）和式（6-25）计算出坡脚桩（坡顶桩）至中桩的距离 D。沿横断面方向放出坡脚（或坡顶）至中桩的距离，定出路基边桩。

（2）倾斜地段的边桩测设

在倾斜地段，边桩至中桩的平距随着地面坡度的变化而变化。如图 6-35（a）所示，

路基坡脚桩至中桩的平距 D_r、D_1 分别为:

$$D_r = \frac{b}{2} + m(h - h_r) \tag{6-26}$$

$$D_1 = \frac{b}{2} + m(h + h_1) \tag{6-27}$$

如图 6-35 (b) 所示,路堑坡顶桩至中桩的平距 D_r、D_1 为:

$$D_r = \frac{b}{2} + s + m(h + h_r) \tag{6-28}$$

$$D_1 = \frac{b}{2} + s + m(h - h_1) \tag{6-29}$$

式中　h_r、h_1——上、下侧坡脚(或坡顶)至中桩的高差(m)。

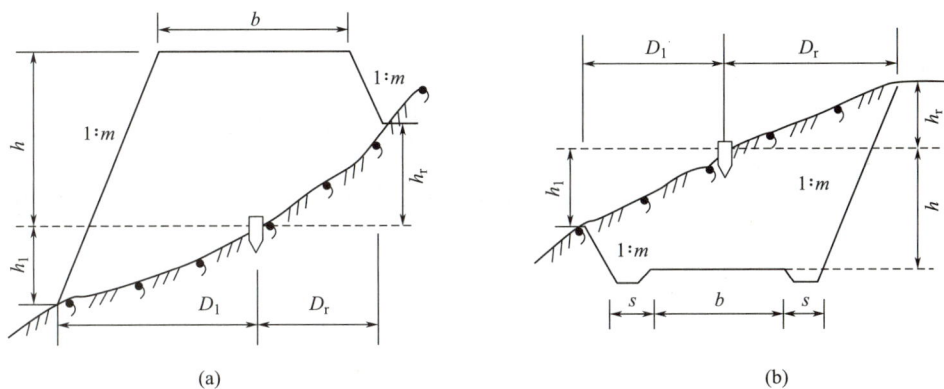

图 6-35　倾斜路基上路堤与路堑

b、m、h 及 s 均已知,故 D_r,D_1 随 h_r,h_1 而变,而 h_1 和 h_r 各为左右边桩与中桩的地面高差,由于边桩位置是待定的,故二者不得而知。因此,在实际工作中,一般是沿着横断面方向采用逐点逼近的方法测设边桩。

现以测设路堑左边桩为例,说明其测设步骤:

1) 如图 6-35 (b) 所示,在路基横断面上估计路堑左边桩至中桩的平距 D_1,并在实地横断面方向上按 D_1' 定出左边桩的估计位置。

2) 用水准仪测出左边桩估计位置与中桩的高差 h_1,按式 (6-29) 算得 D_1。若 D_1 与 D_1' 相差很大,则需调整边桩位置,重新测定。

(3) 如果 $D_1 > D_1'$,则需把原定左边桩向外移,否则反之,定出重估后的左边桩位置。

(4) 重测高差,重新计算,最后使得 D_1 与 D_1' 相符合接近,即得左边桩的位置。

采用逐点接近法测设边桩的位置看起来比较复杂,但经过一定实践之后,一般 2～3 次便能达到目的。

3. 用竹竿、细线测设边坡

边桩测完后,为保证填、挖边坡达到设计要求,往往把设计边坡在实地标定出来,以便指导施工。

如图 6-36 (a) 所示,为填土不高时的挂线放坡测设法,A、B 为边桩,O 为中心桩,根据设计边坡和填土高度 h 在地面上找出 C、D 两点，然后在 C，D 两点竖立的竹竿上找出 C′、D′两点，用细线拉出的 AC′、BD′即为设计边坡线。当填土较高时，可将填土高度 H 分为三层，然后分层挂线测设（图 6-36b）。

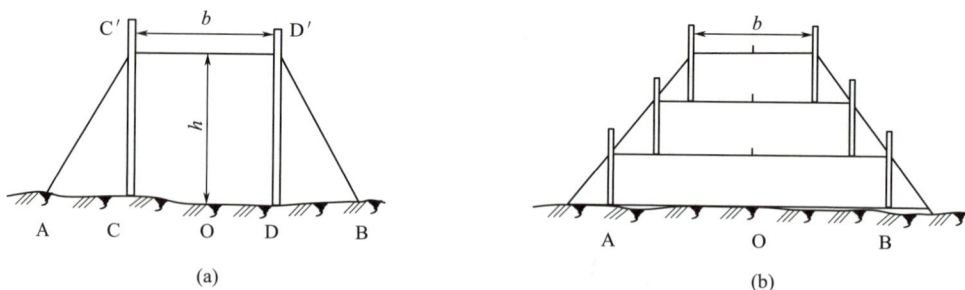

图 6-36　用竹竿、细线测设边坡

4. 用边坡样板测设边坡

施工前按照设计边坡制作好边坡样板，施工时按照边坡样板进行测设。

（1）用活动边坡尺测设

如图 6-37（a）所示，当水准气泡居中时，边坡尺斜边所指示的坡度正好为设计的边坡坡度 $1:m$。

（2）用固定边坡样板测设

如图 6-37（b）所示，在开挖路堑前于坡顶桩外侧按设计边坡设立固定样板，在施工中起检核、指导作用。

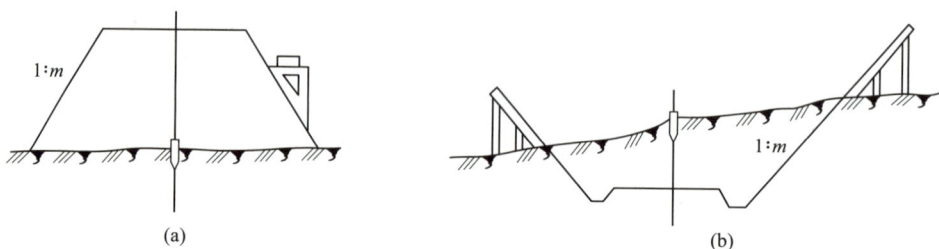

图 6-37　用边坡样板测设边坡

5. GNSS-RTK 方法测设边坡

边坡测设的方法很多，而通过 GNSS-RTK 测设的方法（在 GNSS 接收机信号可靠的测区）为首选的方法，该方法工作效率非常高，操作简便和直观，不需要像传统的"逐步逼近"的方法反复实验和测算，事先在 GNSS 接收机手簿中，输入设计道路的平、纵、横断面和边坡设计参数，针对每一个边坡断面，GNSS 移动站接收机放到哪里就能显示当前点位与设计边坡断面的差值，方便及时调整和修坡。

这里以挖方路堑边坡测设为例，如图 6-38（a）所示，竖直面内虚线为道路中线位置，A、B 分别为道路设计边坡断面上的特征点位，水平方向带蓝点的位置为当前 GNSS 移动站所在地面位置，从左上角数据可以实时地显示当前点离开中桩的偏距、当前点对应的里程、当前点相对于道路中桩点的高差、当前点相对设计边坡断面的相对位置。该图显示当前点还需下挖 1.500m 才能达到设计断面的位置，能很好地指导修坡。如图 6-38（b）所示，经过挖机适当开挖修坡后测得数据，当前点基本落在设计断面位置上了，从图上显示数据来看，下挖 0.0446m 基本可以忽略不计。综上所述，GNSS-RTK 测设道路边坡的方法非常方便，GNSS 移动站测到哪里就能实时地计算当前位置的填挖情况。

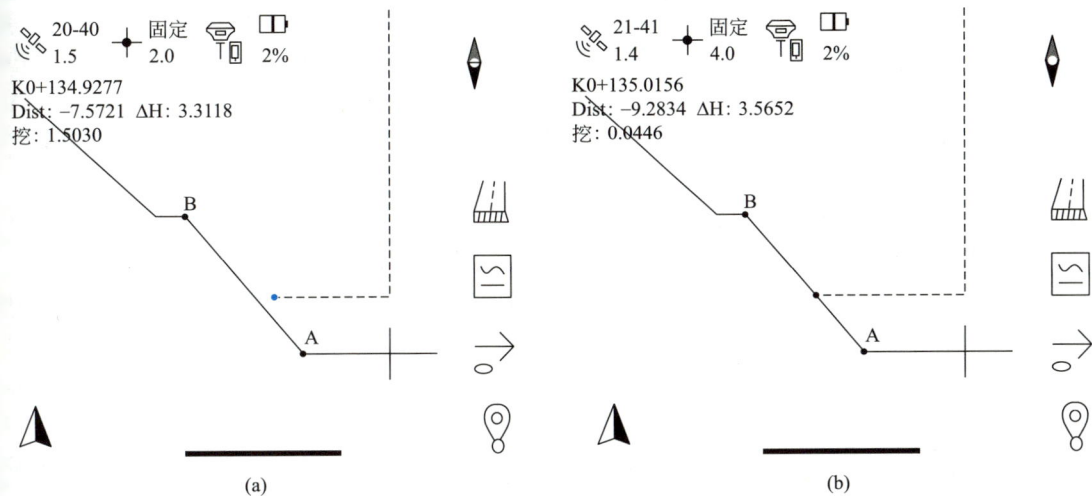

K0+134.9277
Dist: −7.5721 ΔH: 3.3118
挖: 1.5030

K0+135.0156
Dist: −9.2834 ΔH: 3.5652
挖: 0.0446

(a)   (b)

图 6-38 挖方路堑边坡

任务实施

1. 准备工作

搜集已有的设计图纸和测量控制点资料，认真查阅和熟悉设计图纸。认真查阅设计道路平、纵、横设计断面参数、边坡设计参数、路基土石方计算图等重要资料。

准备好测量仪器设备和工具。检查 GNSS 接收机、接收机手簿、对中杆、卡托、全站仪、三脚架、对中杆、棱镜、钢卷尺、对讲机、记号笔、红色标志袋、铁锤、钢钉等。

做好交通车辆、防晒防暑防冻、饮水饮食等准备，电子仪器确保充好电并留有备用电池。

2. 选择测量方法并现场组织测量

对于道路边坡测设，优先采用 GNSS-RTK 作业的方式。测量作业过程中，可以通过在 GNSS 接收机手簿中输入设计道路平、纵、横设计断面参数、边坡设计参数，再调用边坡模板进行道路边坡的测设。

对于 GNSS-RTK 没有信号或者信号不是很稳定的测区，采用全站仪作业的方式。全站仪测量作业的方式稍许复杂，需要通过"逐步逼近"的方法。

到达施工现场后，测量技术人员根据选用的测量仪器开展测量工作。对于挖方段路堑边坡，通过测设出坡顶桩位置，指导挖机现场开挖，一边通过 GNSS-RTK 进行测量，另一边同时指导挖机开挖。初步估计开挖至设计面附近时，指导挖机精细化修坡。对于填方段路堤边坡，通过测设出坡脚桩的位置，指导推土机和渣土车填土，填方路基采用分层压实的施工工艺，在确定填方边坡断面位置的同时也需要测量填土高度，从而准确地指导施工。

3. 测设数据检核与资料整理

道路边坡桩测设完毕并在实地钉设了标志桩后，项目部要组织相关人员进行检核，可以通过目测初步评估的方法结合仪器抽检的方式，确保测量成果准确无误后，方可进入下一步工作。

测量阶段性任务结束后，应及时做好测量资料整理数据备份的工作。

课前测试

一、单选题（只有 1 个正确答案，每题 10 分）

1. 道路横断面图上 1.5% 的坡比，如果水平宽度为 1m，对应有多大的高差（　　）。

A. 1.5m　　　　　B. 1.5dm　　　　　C. 1.5cm　　　　　D. 1.5mm

2. 在现有的测量手段下，道路边坡测设优先考虑使用（　　）的方法将效率更高。

A. 经纬仪＋钢尺　　B. 全站仪　　　　C. GNSS-RTK　　　D. 水准仪

3. 路堤填土不高的边坡测设，下列方法中可优先选用（　　）。

A. 水准仪视线法　　B. 边坡模板法　　C. 分层挂线法　　D. 经纬仪倾斜视线法

二、多选题（有至少 2 个正确答案，每题 10 分）

1. 道路边坡一般分为以下哪几种类型？（　　）

A. 路堤边坡　　　B. 路堑边坡　　　C. 边沟　　　　　D. 人行道

E. 路肩

2. 道路边坡测设可以采用以下哪些测量方法？（　　）

A. 全站仪逐步逼近法　　　　　　　B. GNSS 方法

C. 目测法　　　　　　　　　　　　D. 坡脚尺放样法

E. 丈量法

三、判断题（对的画"√"，错的画"×"，每题 10 分）

1. 道路填方边坡称为路堑，挖方边坡称为路堤。　　　　　　　　　　　　（　　）

2. 路基边桩测设实质就是测定路基坡脚桩或坡顶桩，作为路基施工的依据。　（　　）

3. 在完成填方边坡坡脚测设后，填方路基填土需按规范要求分层填筑并按要求压实。

（　　）

4. 在挖方段边坡测设时，如果挖方高度大于 8m，需要在高度 8m 处设置约 2m 宽的平台，再往上进行二级放坡。　　　　　　　　　　　　　　　　　　　　　（　　）

5. 通过 GNSS-RTK 进行道路边坡放样时，在 GNSS 手簿中输入边坡设计参数，GNSS 移动站根据横断面上实测点的坐标和高程，能自动计算填挖深度，以及在横断面方向上需要调整的距离。

（　　）

计划单

模块 6	道路施工测量		任务 6.3	道路边坡测设
计划用时	4 学时	完成人	1.( ) 2.( ) 3.( ) 4.( ) 5.( ) 6.( ) 7.( ) 8.( ) 9.( )	
序号	计划步骤		具体工作内容	
1	准备工作			
2	组织分工			
3	现场操作			
4	核对工作			
5	成果整理			
计划说明				

作业单

模块 6	道路施工测量	任务 6.3	道路边坡测设
参加人员	第　组		开始时间：
	签名：		结束时间：
序号	工作内容记录 （根据实施的具体工作记录，包括存在的问题及解决方法）		分工 （负责人）
1			
2			
3			
...			
小结	主要描述完成的成果及是否达到目标		存在的问题

评价单

模块6	道路施工测量		任务6.3	道路边坡测设		
评价对象			小组成员			
评价情境	评价内容及要求	分值（100）	自我评价（10%）	组员互评（20%）	教师评价（70%）	实得分（∑）
实施过程（30）	遵守纪律服从安排	5				
	准备工作完整性	5				
	方案编制合理与可行性	15				
	过程完整性	5				
质量评价（30）	工作完整性	10				
	工作质量	5				
	报告完整性	15				
团队精神（25）	核心价值观	5				
	创新性	5				
	参与率	5				
	合作性	5				
	劳动态度	5				
安全文明（10）	工作过程中的安全保障情况	5				
	工具正确使用和保养、放置规范	5				
工作效率（5）	能够在要求的时间内完成，超时不得分	5				
最终得分						

模块 6	道路施工测量	任务 6.3	道路边坡测设	
班　级		第　组	成员姓名	

情感反思	通过对此任务的学习和实训,你认为自己在社会主义核心价值观、职业素养、劳动精神和工匠精神等方面有哪些部分需要提高?
知识反思	通过学习此任务,你掌握了哪些知识点?
技能反思	在完成此任务的学习和实训过程中,你主要掌握了哪些技能?
方法反思	在完成此任务的学习和实训过程中,你主要掌握了哪些分析和解决问题的方法?

任务 6.4　路基路面高程测设

模块 6	道路施工测量		任务 6.4	路基路面高程测设
计划学时			4 学时（课前 2 学时）	
布置任务				
任务描述	道路施工测量过程中，除了需要进行道路中边桩、道路边坡等平面位置的测设外，路基、路面各结构层高程的测设也是非常重要的一个环节。路基高程的测设，测量技术人员在实地现场使用全站仪或者 GNSS 完成各特征点平面位置测设的同时即可测出实地高程，与设计高程比较即可计算出填挖深度；路面各结构层高程的测设，测量技术人员在实地现场使用全站仪或者 GNSS 完成各特征点平面位置测设后，用水准仪精确测出实地高程，与设计高程比较即可计算出填料高度，从而高效快捷地指导道路施工。			
工作目标	1. 能够找到完成任务所需的工具、材料，做好施测前的准备工作。 2. 掌握路基与路面结构的基本概念和高程测设方法。 3. 掌握全站仪和 GNSS 测设路基高程的原理及操作流程。 4. 掌握水准仪测设路面各结构层高程的原理及操作流程。 5. 能够在完成任务过程中锻炼职业素养，做到工作程序严谨认真对待，完成任务能够吃苦耐劳主动承担，有团队意识，诚实守信不弄虚作假，培养保证质量、建设优质工程的爱国情怀。			
学时安排	思	学	教	做	评
	（0.5 学时）	（1.5 学时）	1.0 学时	2.5 学时	0.5 学时
学习要求	1. 按照思维导图自主学习，完成课前测试。 2. 严格遵守课堂纪律，学习态度认真、端正，能够正确评价自己和同学在工作任务中的素质表现。 3. 积极参与小组工作，承担外业观测中的相应工作，做到积极主动不推诿，与小组成员默契配合。 4. 能够完成技能训练作业单，对作业中的疑难点务必及时强化与突破。 5. 任务完成后，填写任务评价单，评判各小组成员的分数或等级。 6. 完成课后反思，以小组为单位提交。			
考核评价办法	评价包括自我评价、小组互评、教师评价，按比例进行综合评价，并以不小于 40% 的比例计入期末总成绩。			

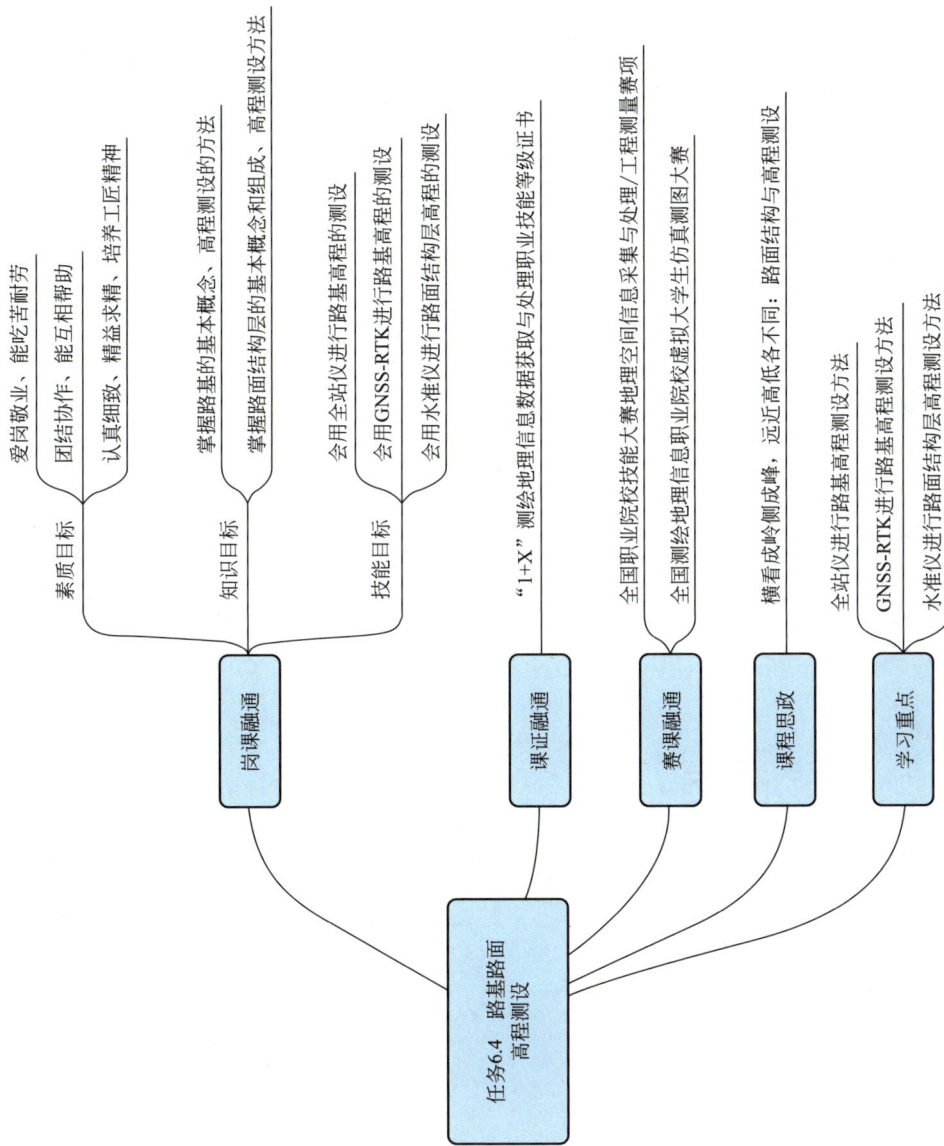

思维导图

课前自学

知识点1 认识路基与路面结构

表6-1为某城市道路路面结构示意图，包括车行道路面结构图和人行道路面结构图，以车行道为例，该路面结构从上往下依次为：4cm细粒式改性沥青混凝土上面层、7cm粗粒式沥青混凝土下面层、1cm同步碎石封层、20cm连续配筋混凝土上基层、沥青油毡隔离层、15cm C20素混凝土底基层、12～20cm级配碎石垫层。人行道结构层类似，从上到下依次为6cm吸水砖、3cm水泥砂浆、15cm 5.5％水泥稳定碎石基层。

路面结构表   表6-1

自然区划	IV5		
路基土组	黏土、黏质粉(亚黏土)土、砂土路基		
路基干湿类型	干燥		
路面部位	车行道结构	人行道结构	图例：
路面类型	沥青混凝土	吸水砖	
路面结构 图式	4 7 1 20 沥青油毡隔离层 15 12～20 共59～67	6 3 15 共24	AC-13C 细粒式改性沥青混凝土上面层 AC-25C 粗粒式沥青混凝土下面层 同步碎石封层 连续配筋混凝土上基层抗折强度 5.0MPa 沥青油毡隔离层 C20 素混凝土底基层 19.8×9.8×6cm 吸水砖 水泥砂浆找平层 5.5%水泥稳定碎石基层 级配碎石垫层

知识点 2　路基路面高程测设

1. 路基路面高程数据准备

（1）直接从线路纵断面设计图中查询

如图 6-39 所示，设计单位已经给出施工道路的纵断面设计图，可以直接查询该表中的指定里程中桩成型面的设计高程，比如 K0＋100 号中桩的设计高程，查询结果为 41.70m。

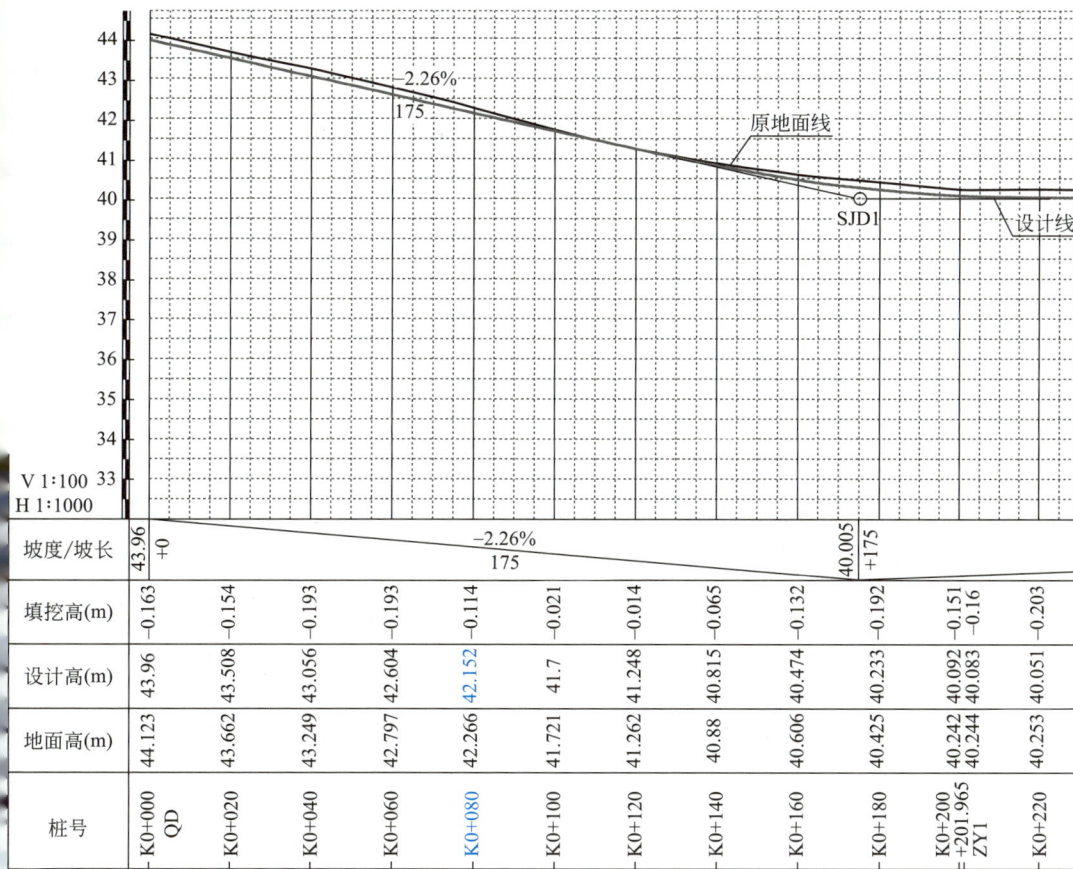

图 6-39　道路纵断面设计图

（2）通过竖曲要素表结合公路坐标计算软件生成

表 6-2 为施工道路竖曲要素表，该表中包含线路各边坡点的里程号和设计高程、竖曲线半径和竖曲线前后坡比情况。依据表中这些基础数据，结合公路坐标计算软件可以计算出线路逐桩设计高程数据，这里依然以"道路之星"软件为例进行介绍。

如图 6-40 所示，在软件中完成了线路平断面设计参数输入（具体参见"任务 6.2 道路中线测设"）后，在纵断面设计线数据输入模块中，依次输入线路纵断面变坡点的里程、设计高程、竖曲线半径等参数。在"成果"预览菜单里面可以查看带有设计高程的逐桩坐标表数据，如图 6-41 所示。

道路竖曲线要素表　　　表 6-2

序号	变坡点桩号	高程/m	纵坡/%	坡长/m	竖曲线要素及曲线位置								直坡段长/m
					坡差/%	半径/凸	半径/凹	T	L	E	起点	终点	
1	K0+000	43.96	−2.26	175									127.8
2	K0+175	40.005	0.1	292.743	2.36		4000	47.2	94.4	0.278	K0+127.8	K0+222.2	225.54
3	K0+467.743	40.298	−0.1	166.257	−0.2	20000		20	40	0.01	K0+447.743	K0+487.743	113.35
4	K0+634	40.131	2.25	182	2.35		2800	32.9	65.8	0.193	K0+601.1	K0+666.9	85.35
5	K0+816	44.226	−0.3	126	−2.55	5000		63.75	127.5	0.406	K0+752.25	K0+879.75	30.35
6	K0+912	43.848	2.6	114.533	2.9		2200	31.9	63.8	0.231	K0+910.1	K0+973.9	48.88
7	K1+056.533	46.826	0.35	331.467	−2.25	3000		33.75	67.5	0.19	K1+022.783	K1+090.283	238.96
8	K1+388	47.986	−2	167.177	−2.35	5000		58.75	117.5	0.345	K1+329.25	K1+446.75	75.92
9	K1+555.177	44.643	0.6	192.842	2.6		2500	32.5	65	0.211	K1+522.677	K1+587.677	160.34
10	K1+748.019	45.8											

FHroad
- 数据输入
  - 控制点
  - 断链数据
  - 平面设计线
  - 纵断面设计线
  - 标准横断面
  - 板块宽度变化
  - 板块横坡变化
  - 构筑物
  - 边坡参数
  - 边坡模板
    - 填方
      - 填0

	变坡点桩号(m)	变坡点高程(m)	竖曲线半径(m)
1	000.000	43.9600	
2	175.000	40.0050	4000.000
3	467.743	40.2980	2000.000
4	634.000	40.1310	2800.000
5	816.000	44.2260	5000.000
6	942.000	43.8480	2200.000
7	1056.533	46.8260	3000.000
8	1388.000	47.9860	5000.000
9	1555.177	44.6430	2500.000
10	1748.019	45.8000	
11			

图 6-40　纵断面设计数据输入

桩号(m)	坐标X(m)	坐标Y(m)	设计高程	方位角	备注
K0+000.000	3075004.8020	393431.9680	43.960	110°16′38.23″	QD
K0+020.000	3074997.8707	393450.7285	43.508	110°16′38.23″	
K0+040.000	3074990.9394	393469.4891	43.056	110°16′38.23″	
K0+060.000	3074984.0082	393488.2496	42.604	110°16′38.23″	
K0+080.000	3074977.0769	393507.0101	42.152	110°16′38.23″	
K0+100.000	3074970.1456	393525.7706	41.700	110°16′38.23″	
K0+120.000	3074963.2143	393544.5312	41.248	110°16′38.23″	
K0+140.000	3074956.2831	393563.2917	40.815	110°16′38.23″	
K0+160.000	3074949.3518	393582.0522	40.474	110°16′38.23″	
K0+180.000	3074942.4205	393600.8128	40.233	110°16′38.23″	
K0+200.000	3074935.4892	393619.5733	40.092	110°16′38.23″	
K0+201.965	3074934.8081	393621.4169	40.083	110°16′38.23″	ZY

图 6-41　逐桩设计高程数据

（3）道路边桩设计高程计算

1）根据中桩设计高程结合道路横坡设计坡比计算

如图 6-42 标准横断面图所示，道路横坡为 2%，半幅路宽为 7m，以 K0＋200 里程为例，在图 6-41 中可以查询得到道路中桩的设计高程为 40.092m，可以计算该里程处道路边桩的设计高程为：$40.092-7×2\%=39.952$m。

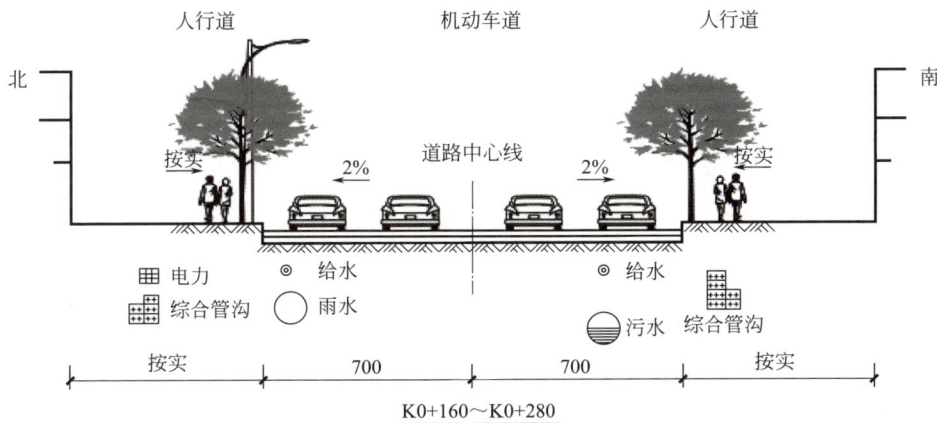

图 6-42　标准横断面图

对于包含道路结构层的路基路面高程计算，同样的方法先查询获得对应里程中桩成型面的设计高程，减去结构层厚度即为该处路基或者路面的设计高程，对于该层路边桩设计高程的方法同上。

2）通过横断面设计文件结合道路坐标计算软件进行计算

如图 6-43 所示，在软件标准横断面数据输入模块中（以左路幅为例），根据设计图纸，依次输入路幅板块名称、宽度、坡比、结构层厚度、板块高差（后一板块相对于前一板块的高程差，如人行道的路缘石边相对于道路边桩的高差有 0.15m，在人行道板块高差处则输入 0.15m），在下面窗口有该横断面的预览图方便检核。左路幅的横断面参数输入完毕后，如果右路幅参数与左路幅一致，可以设置成"与左侧相同"，避免重复输入。

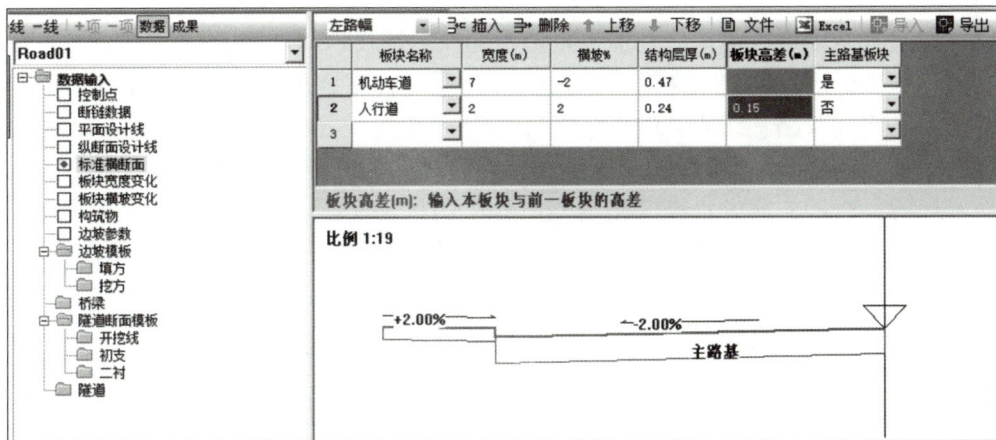

图 6-43　标准横断面参数输入

2. 路基路面高程测设

（1）通过 GNSS-RTK 进行路基高程测设

路基高程测设的方法比较多，最常用的是通过 GNSS-RTK 作业方式，在进行道路中、边桩平面位置测设的同时，采集放样点的高程数据，与设计高程值进行比较，确定好填挖高度；如果在 GNSS 接收机手簿中把道路设计参数（包含平、纵、横）和结构层厚度都已事先输入，则在进行平面位置测设时也可以同时测设出当前高程与设计高程的差值，能方便快捷地指导路基施工。

（2）通过全站仪进行路基高程测设

在通过全站仪进行道路中、边桩平面位置测设时，可以采集放样点的高程数据，与设计高程值进行比较，确定好填挖高度；通过全站仪进行路基高程测设，一般结合工程计算器，如图 6-44 所示，在电脑端通过"道路之星"软件事先输入道路设计参数（包含平、纵、横）和结构层厚度等，再把工程项目文件导入到卡西欧工程计算器中，能自动计算出填挖高度，也能方便快捷地指导路基施工。

图 6-44　卡西欧 fx-CG20、fx-9860、fx-9750 工程计算器

（3）通过水准仪进行路基（精加工）和路面高程测设

在通过水准仪进行路基路面高程测设，一般适用于高程精度要求比较高的场合，比如土路基精加工面层及路基路面各施工结构层高程的测设，一般精度要求达到 1cm 左右。通常的做法是：先通过 GNSS-RTK 或者全站仪作业的方式把道路中边桩的平面位置测设出来，做好标记，然后再通过水准仪精确测出各中边桩的实际高程并与设计高程进行比较，同样可以借助工程计算器进行计算，计算出填料高度后再指导施工。

任务实施

1. 准备工作

搜集已有的设计图纸和测量控制点资料，认真查阅和熟悉设计道路纵断面图、路基路面结构层剖面图等重要资料。

准备好测量仪器设备和工具。检查 GNSS 接收机、接收机手簿、对中杆、卡托、全站仪、三脚架、对中杆、棱镜、水准仪、塔尺、钢卷尺、对讲机、记号笔、红色标志袋、铁锤、钢钉等。

做好交通车辆、防晒防暑防冻、饮水饮食等准备，电子仪器确保充好电并留有备用电池。

2. 选择测量方法并现场组织测量

对于土路基（非精加工面层）的高程测设，优先采用 GNSS-RTK 作业的模式，在完成路基中边桩测设的同时采集其高程值，与设计高程进行比较，确定填挖高度。GNSS-RTK 没有信号或者信号不是很稳定的测区，采用全站仪作业的方式，全站仪完成路基中边桩测设的同时采集其高程值，与设计高程进行比较，确定填挖高度。

对于精加工土路基面层以及路面各结构层（面层、基层和底基层），由于高程测设的精度要求比较高，一般至少要达到 2cm 以内的测量精度。因此高程测设的方法分两步走：平面位置的测设通过 GNSS-RTK 或者全站仪测设的方式来完成，并做好测量标记；高程的测设则用水准仪进行精确测量，实时测出各中边桩的高程与设计高程比较，从而确定填料厚度（需要考虑松铺系数）。

3. 测设数据检核与资料整理

道路边坡桩测设完毕并在实地钉设了标志桩后，项目部要组织相关人员进行检核，可以通过目测初步评估的方法结合仪器抽检的方式进行，确保测量成果准确无误后方可进入下一步工作。

测量阶段性任务结束后，应及时做好测量资料整理数据备份的工作。

课前测试

一、单选题（只有 1 个正确答案，每题 10 分）

1. 道路横断面图上 1.5% 的横坡比，线路 K0 处中桩对应某一结构层设计高程为 50m，半幅路宽度为 10m，此处未设计超高，则 K0 里程对应边桩在同一结构层处的设计高程为（　　）m。

A. 50.15　　　　　B. 49.85　　　　　C. 50　　　　　D. 51.5

2. 公路工程上面层各结构层高程测量一般采用（　　）进行，以保证足够测量精度。

A. 全站仪　　　　　B. 水准仪　　　　　C. GNSS-RTK　　　　　D. 经纬仪

3. 某线路 K0 处中桩的设计高程为 50m，道路结构层厚度为 49cm，则 K0 中桩处土路基的设计高程为（　　）m。

A. 49.51　　　　　B. 50　　　　　C. 50.49　　　　　D. 49

二、多选题（有至少 2 个正确答案，每题 10 分）

1. 路面结构层测量需要提前做好已知成果及资料收集，主要包括（　　）。

A. 施工段导线点成果表　　　　　B. 施工段水准点成果表

C. 直线曲线及转角表　　　　　D. 逐桩坐标表

E. 纵断面设计图

2. 公路工程上面层各结构层铺筑前设计高程放样，常采用的方法有（　　）。

A. 实测点位地面高程放样　　　　　B. 实测点位桩顶高程放样

C. 视线高法放样　　　　　D. 全站仪三角高程放样

E. GNSS-RTK 法

三、判断题（对的画"√"，错的画"×"，每题 10 分）

1. 计算线路上任一中桩设计高程的依据是线路纵断面直线变坡点的里程、变坡点的高程及纵坡度。（　　）

2. 计算线路边桩设计高程的依据是中桩设计高程、中桩至边桩的距离及横坡度。（　　）

3. 在路基填筑高程测设过程中，需要考虑松铺系数，松铺系数的获得常采用试验段的方式。（　　）

4. 路基封顶的测量验收工作包括中线偏位、顶面高程、路基宽度、横坡度等项目。（　　）

5. 路面中桩点各结构层顶面设计高程的计算，需要参考线路纵断面设计图和路面结构层示意图。（　　）

计划单

模块 6	道路施工测量		任务 6.4	路基路面高程测设
计划用时	4 学时	完成人	1.(　　　) 2.(　　　) 3.(　　　) 4.(　　　) 5.(　　　) 6.(　　　) 7.(　　　) 8.(　　　) 9.(　　　)	
序号	计划步骤		具体工作内容	
1	准备工作			
2	组织分工			
3	现场操作			
4	核对工作			
5	成果整理			
计划说明				

作业单

模块 6	道路施工测量	任务 6.4	路基路面高程测设
参加 人员	第　组	开始时间：	
	签名：	结束时间：	
序号	工作内容记录 （根据实施的具体工作记录,包括存在的问题及解决方法）	分工 （负责人）	
1			
2			
3			
...			
小结	主要描述完成的成果及是否达到目标	存在的问题	

评价单

模块 6	道路施工测量			任务 6.4	路基路面高程测设		
评价对象				小组成员			
评价情境	评价内容及要求	分值（100）	自我评价（10%）	组员互评（20%）	教师评价（70%）	实得分（∑）	
实施过程（30）	遵守纪律服从安排	5					
	准备工作完整性	5					
	方案编制合理与可行性	15					
	过程完整性	5					
质量评价（30）	工作完整性	10					
	工作质量	5					
	报告完整性	15					
团队精神（25）	核心价值观	5					
	创新性	5					
	参与率	5					
	合作性	5					
	劳动态度	5					
安全文明（10）	工作过程中的安全保障情况	5					
	工具正确使用和保养、放置规范	5					
工作效率（5）	能够在要求的时间内完成，超时不得分	5					
最终得分							

课后反思

模块 6	道路施工测量	任务 6.4	路基路面高程测设
班 级		第 组 成员姓名	
情感反思	通过对此任务的学习和实训,你认为自己在社会主义核心价值观、职业素养、劳动精神和工匠精神等方面有哪些部分需要提高?		
知识反思	通过学习此任务,你掌握了哪些知识点?		
技能反思	在完成此任务的学习和实训过程中,你主要掌握了哪些技能?		
方法反思	在完成此任务的学习和实训过程中,你主要掌握了哪些分析和解决问题的方法?		

附录

桥梁施工测量

> 为便于学习，拓展内容可随课件一并下载

情境导入

某城市道路于 AK0+773.2 位置，跨越一处河流，该处水域顶宽为 15.334m，堤顶两侧各考虑设置 4m 宽防汛路，河道与路线交角约 60°，拟设置一座 1×30m 预应力混凝土小箱梁桥跨越。桥梁采用左右两幅桥分幅设计，单幅桥横断面宽度组成为：5.0m（人行道）＋_.0m（非机动车道）＋0.5m（分隔栏）＋11.5m（机动车道）＋0.5m（防撞墙）＝23.5m，全桥宽度组成为 23.5m（左幅桥）＋3m（中央分隔带）＋23.5m（右幅桥）＝50m。

上部结构：采用预应力混凝土小箱梁，30m 跨小箱梁梁高 1.6m，整体层厚 10cm，沥青混凝土桥面铺装层厚 10cm。

下部结构：桥台采用扶壁式桥台，桩径 1.2m，基础采用钻孔灌注桩基础。

施工单位组织工程测量技术人员会同监理单位、建设单位、设计单位完成了测量控制_点的交接工作，并对桥梁拟建施工现场进行了踏勘和技术交底工作。

在桥梁施工过程中，首先需测设桥梁基础部分平面位置和高程。本项目采用桩径 1.2m_的钻孔灌注桩，精确测设出桩中心位置指导桩基础施工；桥梁两侧基础严格按照设计图纸要_求准确定位和高程控制。桥梁墩、台部分的测设精度要求很高，需要反复校正验核，平面位_置通过全站仪准确测设，高程通过水准仪准确测设，从而高效准确地指导整个桥梁的施工。

学习目标

1. 爱岗敬业，能吃苦耐劳。
2. 团结协作，能互帮互助。
3. 认真细致、精益求精，培养工匠精神。

1. 掌握施工桥梁平面图各项内容的识读。
2. 掌握桥梁基础与墩台平面位置测设的原理及方法。
3. 掌握桥梁基础与墩台高程测设的原理及方法。

1. 能读懂施工桥梁各项施工图纸。
2. 能完成施工桥梁基础与墩台平面位置的测设。
3. 能完成施工桥梁基础与墩台高程的测设。

工作任务

序号	任务名称	参考学时
1	桥梁基础与墩台测设	4
2	桥梁基础与墩台高程测设	4

参考文献

［1］ 中华人民共和国住房和城乡建设部 . 工程测量标准：GB 50026—2020［S］. 北京：中国计划出版
社，2020.

［2］ 中华人民共和国住房和城乡建设部 . 卫星定位城市测量技术标准：CJJ/T 73—2019［S］. 北京：中
国建筑工业出版社，2019.

［3］ 中华人民共和国国家测绘地理信息局 . 国家三、四等水准测量规范：GB/T 12898—2009［S］. 北
京：中国标准出版社，2009.

［4］ 中华人民共和国国家测绘地理信息局 . 国家基本比例尺地图图式 第 1 部分：1∶500 1∶1000 1∶2000
地形图图式：GB/T 20257.1—2017［S］. 北京：中国标准出版社，2017.

［5］ 中华人民共和国交通运输部 . 公路路基施工技术规范：JTG/T 3610—2019［S］. 北京：人民交通出
版社，2019.

［6］ 中华人民共和国交通运输部 . 公路桥涵施工技术规范：JTG/T 3650—2020［S］. 北京：人民交通出
版社，2020.

［7］ 李强，秦雨航，李桂芳，等 . 工程测量［M］. 西安：西北工业大学出版社，2016.

［8］ 唐杰军，赵欣 . 道路工程测量［M］. 北京：人民交通出版社，2010.

［9］ 贾琇明 . 建筑施工测量［M］. 北京：北京理工大学出版社，2011.

［10］ 赵国忱 . 工程测量［M］. 北京：测绘出版社，2011.

［11］ 王天成 . 路桥工程测量技术［M］. 北京：中国铁道出版社，2013.